超宽带室内定位系统应用技术

赵红梅 著

电子工业出版社
Publishing House of Electronics Industry
北京·BEIJING

内 容 简 介

本书主要讲述基于脉冲超宽带无线通信技术的室内定位系统中的几大关键技术，包括有源标签设计、小型化超宽带天线设计、滤波器设计、室内电波传播建模及预测、室内定位系统基站设计分析、基于 TDOA 方法的高精度定位算法研究、移动目标跟踪定位算法研究等。本书基本涵盖了超宽带室内定位系统的整个系统设计内容，包括理论研究、硬件设计及软件设计等。

本书主要章节是基于脉冲超宽带技术的室内定位系统各个组成部分一层层展开，具有较强的工程背景，可读性强。本书可被工科电子信息类以及仪器科学类高年级本科生及研究生作为无线定位技术研究的教材使用，也可作为室内定位技术、电波传播、超宽带无线通信技术科研人员的参考书。

图书在版编目（CIP）数据

超宽带室内定位系统应用技术 / 赵红梅著. —北京：电子工业出版社，2017.9

ISBN 978-7-121-32542-7

Ⅰ. ①超… Ⅱ. ①赵… Ⅲ. ①超宽带技术—应用—无线电定位 Ⅳ.①TN95

中国版本图书馆 CIP 数据核字（2017）第 209177 号

策划编辑：米俊萍

责任编辑：董亚峰　　　　　　特约编辑：刘广钦　刘红涛

印　　刷：北京七彩京通数码快印有限公司

装　　订：北京七彩京通数码快印有限公司

出版发行：电子工业出版社

　　　　　北京市海淀区万寿路 173 信箱　　　邮编：100036

开　　本：787×1092　1/16　印张：16.5　字数：412 千字

版　　次：2017 年 9 月第 1 版

印　　次：2022 年 5 月第 4 次印刷

定　　价：66.00 元

凡所购买电子工业出版社图书有缺损问题，请向购买书店调换。若书店售缺，请与本社发行部联系，联系及邮购电话：(010) 88254888，88258888。

质量投诉请发邮件至 zlts@phei.com.cn，盗版侵权举报请发邮件至 dbqq@phei.com.cn。

本书咨询联系方式：mijp@phei.com.cn。

导航定位关乎国家安全，是全球大国竞争的核心利益。对于室外环境，全球导航卫星系统诸如美国的全球定位服务，基本满足了用户在室外场景中对基于位置服务的需求。然而，个人用户、服务机器人、扫地机器人等有大量定位需求发生在室内场景。而室内场景受到建筑物遮挡，卫星导航信号快速衰减，甚至完全拒止，无法满足室内场景中导航定位的需要。室内外高精度位置服务技术是继互联网、移动通信之后发展最快的新一代信息技术，已成为国际科技经济竞争的制高点。

相对室外导航定位，室内定位技术起步较晚，为实现精确定位与服务，美国国防部高级研究计划局于 2013 年制订"洞悉战场"计划，提出建设更精确锁定位置的打击系统；2013 年美国联邦通信委员会提出"下一代 911 项目"，要求实现精度在 60 米以内的位置服务；德国电信于 2011 年将高精度位置服务定位为未来移动通信服务的核心；日本于 2009 年颁布了《紧急呼叫法案》，要求室内位置服务精度达到 10 米以内。我国在《国家卫星导航产业中长期发展规划》和《国家中长期科学和技术发展规划纲要（2006—2020）》任务中明确提出要加快室内位置服务建设。目前在各行业应用需求的推动下，室内定位技术得到了快速发展，近几年来成为工业界和学术界研究的热点。

随着室内定位技术的发展，各类室内定位技术百花齐放，包括基于 WiFi 的定位、蓝牙定位、小基站定位、LED 可见光定位、超宽带定位、RFID、惯性导航、地磁定位、伪卫星等多种室内定位技术。而在这些定位技术中，超宽带室内定位技术是一种优势全面的专业级定位技术，具有定位精度高（1～15cm）、抗干扰能力强、分辨率高、功耗低等优点。本书内容来源于作者多年的研究成果，内容丰富，有独特的观点和创新点，对基于脉冲超宽带技术超宽带定位系统各个组成部分设计方案和关键部件及算法进行了详细的介绍，包括超宽带室内定位系统的构成、新型有源标签的设计、多种结构的小型化天线设计、滤波器设计、超宽带信号室内及室内—室外电波传播特性预测及信道建模、定位基站设计和高精度定位算法设计等。本书是一本详细阐述超宽带室内定位技术的书籍，在目前室内定位技术蓬勃发展和市场需求日益增长的大形势下，可供国内研究超宽带定位的有关人员和企业参考，以推动室内定位技术的市场化。

张明高

中国工程院院士

根据诺基亚、谷歌等提供的数据，人们的日常生活中超过 80%的时间都发生在室内，室内位置服务是真正实现万物互联的基础，室内定位技术已经成为解决定位导航最后 100 米的关键手段。《中国卫星导航与位置服务产业发展白皮书》认为，面向大众和面向行业应用的室内定位导航成为刚需，于此同时，大型城市综合体越来越多，大型医院、大型停车场、大型办公楼、大型商场等建筑物室内空间也更加复杂，传统的指示牌已经无法满足人们找寻目的地的需求。室内定位精度高，能够实现跨楼层指引，可以极大提升便利性精准室内定位技术，可为智慧大楼、智慧停车场、智慧工厂、智慧医院、大型会展等行业领域提供诸多室内定位解决方案，当前市场对室内定位的需求越来越多，所以衍生出各种各样的定位技术。

超宽带技术是近年来新兴的一项全新的、与传统通信技术有极大差异的通信无线新技术。它不需要使用传统通信体制中的载波，而是通过发送和接收具有纳秒或纳秒级以下的极窄脉冲来传输数据，从而具有 3.1～10.6GHz 量级的带宽。目前，包括美国、日本、加拿大等在内的国家都在研究这项技术，其在无线室内定位领域具有较强的应用前景。

超宽带室内定位技术是一种基于脉冲超宽带技术的无载波无线通信技术，具有传输速率高、发射功率较低、穿透能力较强、定位精度高等优点，使它在室内定位领域独占鳌头。超宽带室内定位技术常采用 TDOA 测距定位算法，通过信号到达的时间差，利用双曲线交叉实现定位。定位过程中由 UWB 接收器接收标签发射的 UWB 信号，通过过滤电磁波传输过程中夹杂的各种噪声干扰，得到含有效信息的信号，再通过中央处理单元进行定位算法分析，解析出位置信息。

基于智慧城市、物联网、移动互联网等相关行业的需求，位置服务也已成为我国经济转型升级的迫切需求。位置服务和移动互联网技术是一种业务支撑的关系，无论是信息消费还是战略信息产业，在国民经济中都是新增长点。由于室内不仅是人们的生活场所，还是工作场所，而且人们大部分时间生活在室内，室内位置服务的发展至关重要。导航与位置服务攸关国家安全、经济发展和社会民生，在新一代信息技术这一战略性新兴产业中，具有举足轻重和不可或缺的地位。

本书的研究内容主要包括：提出了基于双非门结构的新型超宽带窄脉冲信号发生器设计，避免了传统的基于数字逻辑的方法对器件自身的依赖性，改善了脉冲性能；利用小型化、宽带化微带天线设计方法，提出了多种新型结构的小型化超宽带天线及带阻天线设计方法；采用微带线和多指谐振腔设计方法，提出了新型结构的超宽带滤波器设计方法；利用频域测量手段和射线追踪方法，研究了超宽带信号的电波传播特性，揭示了超宽带信号室内—室外传播的电波传播规律，给出了解析数学模型；分析给出了基于数模混合接收超宽带定位系统定位基站方案，提出了可控积分电路高速模数转换电路方法；构建了到达时间差和物理距离关系模型，提出了偏最小二乘粒子群定位算法，加快了算法的收敛，增强了算法的鲁棒性；分析了 IEEE802.15.3a 信道模型下定位算法的适应性，提出了导频辅助的 2LS-PSO 定位算法，定位误差小于 10cm(TDOA 误差小于 0.5ns 时)；提出了自适应卡尔曼平滑滤波跟踪算法，解决了移动目标机动变化、不良测量条件带来的定位不准确问题。

本书主要章节基于脉冲超宽带技术的室内定位系统各个组成部分一层层展开，具有较强的工程背景，可读性强。本书内容来自作者近几年来发表的论文、获奖、申请专利等，涉及最新的电路结构、算法及分析方法，可借鉴性、工程性强，具有较强的工程指导价值。

本书由赵红梅副教授独立编著，负责全书大纲及内容的拟定并定稿。在前期研究及本书撰写过程中，充分借鉴和引用了国内外同行在本领域的的相关研究成果，同时也得到了郑州轻工业学院河南省"超宽带无线通信技术"院士工作站研究团队的各位老师和研究生们的大力支持，他们对本书的撰写及研究成果都做出了大量的贡献，并提出了许多宝贵的意见与建议，在此对他们表示感谢。

CONTENTS 目录

第1章

绪　　论

● ● ● ● ● ● ● ●

1.1　无线定位技术简介

随着信息化时代的深入，信息产业的各行各业都呈现出蓬勃发展的趋势，如移动通信已经发展到"4G"通信，正逐步向"5G"迈入；家庭网络也已步入百兆带宽时代。"位置"作为一类信息也开始被人们所关注，尤其是随着信息化时代新生产物无线定位技术的快速发展，使得这一类信息可被广泛使用于日常生活中，促使了许多依赖位置的服务 LBS（Location-Based Services）产生，基于 GPS 定位技术的相关服务，以及使用电信运营通信实现的 110/120 急救服务都是 LBS 在日常生活中的典型实例。现代定位技术最早应用在军事领域，如全球定位系统（Global Positioning System，GPS），用以提供精确制导、战场监控和单兵作战等系统保障。目前，GPS 是世界上应用最广泛和成功的一种定位技术。然而，特别是随着多媒体和数据业务的快速增加，人们对定位与导航的需求日益增大，尤其是在复杂的室内环境下，常常需要确定移动终端或其持有者、设施与物品在室内的具体位置信息。近几年，随着移动设备与智能终端的广泛普及，LBS 更是渗入人们生活的各个方面，如信息查询（旅游景点、交通情况、商场等）、车辆调度、物资管理、交通指挥、行车导航等服务，体现出了其巨大的潜在价值。

无线定位技术和方案有很多，常见的定位技术包括红外线、超声波、射频信号等[1~3]。不同于室外的建筑物，室内环境具有更复杂的特性，室内的布置、材料的结构、空间尺度的不同将会导致信号的路径损耗很大。红外线容易受室内灯光的干扰，在定位精度上有一定的局限性；超声波则受非视距传播和多径效应的影响较大；射频信号广泛应用在室外定位系统中。故这些技术都不适合室内定位系统的开发。随着新兴无线网络技术（如 WiFi、ZigBee、蓝牙和超宽带等）的出现，在现有无线定位技术基础上，结合成熟的无线信息融合和网络通信技术，实现精度高、稳定性强、适应性好的短距离室内定位和导航系统将是未来无线定位技术的发展趋势。目前，室内无线定位技术的研究主要集中在射频（RF）信号的基础上，同时结合无线网络技术，如 ZigBee、超宽带、WiFi、蓝牙和射频识别（Radio-Frequency Identification，RFID）等定位技术[4,5]的研究。

随着定位技术的发展和定位服务需求的不断增加，未来无线定位技术必须克服现有技术的缺点，满足以下几个条件：①抗干扰能力强；②定位精度高；③生产成本低；④运营成本低；⑤信息安全性好；⑥能耗低及发射功率低；⑦收发器体积小[6]。

不管是 GPS 定位技术还是利用无线传感器网络或其他定位手段进行定位都有其局限性。各种无线定位技术的对比如表 1-1 所示。无线定位技术的趋势是室内定位与室外定位相结合，实现无缝的、精确的定位。

表 1-1　各种无线定位技术的对比

类别	名称	定位机制	精度	优缺点
室外定位	GPS	多颗卫星联合定位	1m	室外使用方便/无法在室内使用
	基站定位	基于 Cell ID 定位	小区半径	室内室外都可以用/精度较低
室内定位	WiFi	基于 RSSI 和 TOA	1m	成本低/能耗高，干扰大，限于 2D
	ZigBee	基于 RSSI	3～5m	成本低/精度较低
	RFID	近距离感应激活	可变	能耗低，成本低/需要感应
	超声波	回波测距定位	10cm	精度高/易受干扰，成本高
	光学成像	机器视觉或模式识别	1cm	精度高/需视距，复杂度、成本高
	超宽带	TDOA 和 AOA	15cm	精度高，抗干扰，实时 3D 定位

在室内定位上，由于其定位机制的限制，表现出的性能差强人意，达不到人们所需求的厘米级高精度定位。此时，国内外学者纷纷将目光投向了短距无线定位技术，试图从这方面找到突破口，研究出更加适合室内定位的技术。多年来，经过学者们不懈的努力与钻研，针对电磁环境复杂、多障碍物（墙壁、货物等）遮挡的室内定位提出了多种解决方案，目前新兴的无线网络技术，如 WiFi、ZigBee、BlueTooth 和 Ultra Wide Band（UWB）等，在办公室、家庭、工厂、公园等大众生活的各个方面逐渐得到了广泛应用，未来基于无线网络的定位技术的应用将具有更加广阔的发展前景。依据投资银行 Rutberg 公司、无线数据研究集团和国际数据公司等的预测，网络新兴技术将在未来的 3 年内达到几百亿美元甚至上千亿美元的营业收入，而无线定位技术的应用将在其中占有至少上百亿美元的份额，因此，如何最大限度地开发利用无线定位技术已经成了国内外研究的主要热点。表 1-2 从精确度、穿透性、抗干扰性、布局复杂度、成本方面分析了各种定位系统用于室内定位的优劣。

表 1-2　各种定位系统用于室内定位的性能对比

定位系统	精确度	穿透性	抗干扰性	布局复杂度	成本
红外线	★★★★☆	☆☆☆☆☆	☆☆☆☆☆	★★★★★	★★☆☆☆
超声波	★★★★★	★☆☆☆☆	★★★☆☆	★★☆☆☆	★★★★★
RFID	★★★★★	★★★☆☆	★★☆☆☆	★★☆☆☆	★★★★★
蓝牙	★★★☆☆	★★★☆☆	★★★☆☆	★★★☆☆	★★★☆☆
WiFi	★☆☆☆☆	★★★☆☆	★★★★★	★☆☆☆☆	★☆☆☆☆
ZigBee	★★☆☆☆	★★★☆☆	★★☆☆☆	★★☆☆☆	★★★☆☆
超宽带	★★★★★	★★★★★	★★★★☆	★★★☆☆	★★★★☆
地磁场	★★★★☆	★★★☆☆	★★★☆☆	★★★☆☆	★★★★☆

从表 1-2 的对比中可以看出，UWB 技术不同于其他无线通信技术，它具有隐蔽性好、抗多径和窄带干扰能力强、传输速率高、系统容量大、穿透能力强、功耗低、系统复杂度低等一系列优点，而且可以充分利用频谱资源，很好地解决了频谱资源拥挤不堪的问题[1,2]。超宽带无线通信技术已经成为短距离无线通信中最具竞争力和发展前景的技术之一，被视为无线互联时代的关键技术。

1.2　超宽带技术概述

UWB 技术的历史可追溯到 20 世纪 60 年代，它最早出现在时域电磁学的研究中，通过冲激响应应用来完整地描述某一类微波网络的瞬时特性。初期，超宽带作为一项脉冲雷达技术被军方用于战场中通信与雷达探测，在此期间超宽带技术的发展可谓停滞不前，速度缓慢。直到 20 世纪 60 年代，人们为了利用冲激响应来研究某类微波网络的瞬态特性，将超宽带技术引入到了电磁学[11]，之后超宽带迎来了一个发展期。之后，此种技术被用于设计宽带辐射的天线振子，接着又被用于开发短脉冲的雷达通信系统。最为显著的是 Sperry 研究中心和 Sperry Rand 公司将这项技术用于各种雷达通信系统的研究与开发，取得了多项发明专利。1972 年，一种高灵敏度的短脉冲接收设备的成功研制，进一步加快了 UWB 技术的发展进程。1973 年 Ross 获得了第一个 UWB 通信系统的专利，成为 UWB 发展的一个里程碑[12]。同年，Morey 获得了第一个用于地球物理测量的 UWB 穿地雷达专利[13]。1978 年 Ross 实现了 UWB 在自由空间内的通信，并在 1978 年完成了 UWB LPI/D（低截获/检测概率）通信的演示系统开发。在此之前，UWB 作为一类非正弦、单周期或少数几个周期的极窄脉冲串无线电信号，并没有统一的术语，叫法甚多：impulse，carrier-free，time domain，orthogonal function and large-relative-bandwidth radio/radar signal。直至 1989 美国国防部将其称为 Ultra Wide Band 后，才统一采用了 UWB 这一术语[14]。到 1989 年，超宽带（UWB）这个名称才被美国国防部启用，在此之前，这项技术常常被称为冲激无线电（Impulse Radio，IR）技术或者基带无载波调制（Baseband Carrier - Free）。在美国，绝大部分关于 UWB 技术的早期研究工作，尤其是冲激无线电（IR）通信领域，都是在美国政府机密的计划支持下完成的。直到 1994 年以后，保密的限制才逐渐被解除，从而使超宽带方面的研究取得了飞速的发展。随着超宽带通信技术的飞速发展，越来越多的研究者希望能够允许超宽带无线电技术转入民用。自 1998 年起，美国联邦通信委员会（Federal Communications Commission，FCC）就关于超宽带无线设备对原有窄带无线通信系统的干扰及其电磁兼容的问题开始广泛征求业界意见。2002 年 2 月 14 日，FCC 首次批准了这项无线技术可以用于民用通信的规定，与此同时，FCC 还修正了关于超宽带的定义，通过了超宽带在限制功率辐射条件下的商用许可，并为超宽带通信规划了频谱使用范围 3.1～10.6GHz，这是超宽带技术发展史上的又一重要的里程碑[7]。这充分说明此项技术所具有的广阔应用前景和巨大的市场诱惑力。

超宽带技术向民用领域的开放极大地刺激了全球各界对 UWB 技术的研究热情。2003 年 12 月，在美国新墨西哥州的阿尔布克尔市举行的 IEEE 有关 UWB 标准的大讨论：一方是以 Intel 与德州仪器为首支持的 MBOA 标准,该方采用的是多频带的方式来实现 UWB 技术;另一方是以摩托罗拉为首的 DS-UWB 标准,坚持采用单频带方式。这两个阵营各不相让,都表示将单独推动各自的技术。虽然经过讨论,UWB 标准仍尘埃未定,但这两大阵营有了新的加入者。三星采用摩托罗拉的第二代产品 Xtreme Spectrum 芯片实现了全球第一套可同时播放三个不同的 HSDTV 视频流的无线广播系统。而在另一阵营中,Intel 公司首次展示了多家公司联合支持的、采用本公司设计的 UWB 芯片的、应用范围超过 10M 的 480Mbps 无线 USB 技术。美国在 UWB 的积极投入,引起其他国家的重视,欧盟和日本也纷纷开展研究计划。由 Wisair、Philips 等 6 家公司和团体成立了 Ultrawaves 组织,研究家庭内 UWB 在 AV 设备高速传输的可行性研究。PULSERS 是由位于瑞士的 IBM 研究公司、英国的 Philips 研究组织等 45 家以上的研究团体组成,研究 UWB 的近距离无线界面技术和位置测量技术。日本在 2003 年元月成立了 UWB 研究开发协会,共计有 40 家以上的业者和大学参加,并在同年 3 月构筑 UWB 通信试验设备。多个研究机构可在不经过核准的情况下,先行从事研究。

在国内,超宽带无线通信技术受到相当的重视。我国在 2001 年 9 月初发布的"十五"国家"863 计划"通信技术主题研究项目中,首次将"超宽带无线通信关键技术及其共存与兼容技术"作为无线通信共性技术与创新技术的研究内容,鼓励国内学者加强这方面的研究工作。国家自然科学基金委员会信息科学部也积极鼓励相关超宽带无线通信理论与关键技术的探索性研究。随后国内许多高校和研究机构都在进行有关超宽带技术和产品的研究,但还主要以理论和技术研究为主,如由张乃通院士承担的国家自然科学基金《超宽带高速无线接入理论与关键技术》的课题研究,许多高校也已经开展了有关超宽带技术方面的研究,并且已经取得大量的研究成果。与理论研究相比,国内应用产品的开发还处于次要地位,因此,对超宽带定位系统的研究和开发对我国超宽带应用产品的发展具有重要的推进作用。

超宽带(UWB)技术与其他无线通信技术有很大的不同,它为无线局域网(Wireless Local Area Network,WLAN)和个域网(Personal Area Network,PAN)的接口卡和接入技术带来了低功耗、高带宽和结构相对简单等优点。同时,超宽带技术解决了困扰传统无线技术多年的关于传播方面的难题。超宽带技术在无线通信方面的创新性、利益性具有非常大的潜力,在商业多媒体设备、家庭和个人网络方面很好地满足了人们对未来无线网络的要求。

1.2.1　UWB 技术定义

超宽带技术最早使用在包括军用雷达和遥感等军事领域中。21 世纪初,美国联邦通信委员会(FCC)批准超宽带技术可以运用到民用领域中。由于该技术得到民用通信方面的巨大关注,因此,得到了的迅速发展。FCC 对超宽带信号的定义如下:

$$\frac{f_H - f_L}{f_H + f_L} \geqslant 20\% \text{ or } f_H - f_L = 500\text{MHz} \tag{1-1}$$

即相对带宽大于 20%或者绝对带宽大于 500MHz。f_H、f_L 指信号功率谱密度的峰值衰减 10dB 时所对应的上下限频率。

为了避免对其他通信系统的干扰，FCC 将超宽带的发射功率限定在一定范围内[10~11]，即在超宽带通信频率范围内的每个频率上都规定一个最大的允许功率，这个功率值一般通过辐射掩蔽来决定。FCC 规定的各类定位系统的频谱对比图如图 1-1 所示，超宽带通信使用的频谱范围在 3.1～10.6GHz 多达 7.5GHz 的范围内。如此低的功率谱密度共享频谱的方式在频谱资源相当匮乏的今天有着极其重要的意义，这也是当今社会超宽带能够兴起和快速发展的主要原因之一。针对超宽带的应用环境，FCC 同样规定了室内通信系统的限制功率和室外手持超宽带通信设备的限制功率，如图 1-2 所示。

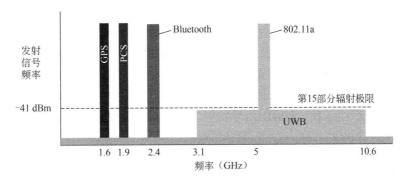

图 1-1　各类定位系统的频谱对比图

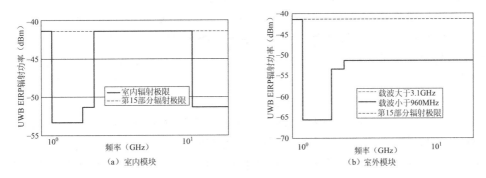

图 1-2　FCC 规定的超宽带系统有效全向辐射

1.2.2　UWB 技术特点

UWB 技术是利用纳秒甚至皮秒级的极窄脉冲来实现信息的传输的。由于是在较宽的频谱上传送极低功率的信号，UWB 可以在 10m 左右的范围内实现数百 Mbps 甚至数 Gbps 的数据传输速率[15~19]。

现对于 UWB 的特点总结如下：

（1）抗干扰性能强。在 UWB 常用的跳时系统中，由于超宽带信号本身的频谱特性，再加上跳时扩频，频谱可以达到几千兆赫兹，是一般扩频系统的 100 多倍，抗干扰性也就更强了。

（2）多径分辨能力强。UWB 是利用极窄的脉冲进行信息的传输的。由于其占空比低，在多径的情况下可以实现时间上的分离，能够充分利用发射信号的能量。据相关实验表明，对常规无线电多径衰落深达 10～30dB 的多径环境，对超宽带无线电信号的衰落最多不到 5dB。

（3）系统容量大。随着无线通信系统技术的不断发展，频谱资源变得越来越紧张，而超宽带技术的通信空间容量却具有相当大的优势。根据 Intel 公司的研究报告，IEEE 802.11b、Bluetooth、IEEE 802.11a 的空间容量分别约为 1 kbps/m^2、30 kbps/m^2、83 kbps/m^2，而 UWB 技术的空间容量可达 1000 kbps/m^2。

（4）传输速率高。UWB 的数据速率可以达到几十 Mbps，理论上传输速率甚至可以达到 Gbps 以上。

（5）安全性高。由于 UWB 信号拥有 7.5GHz 的频带，而且 FCC 对其功率谱密度的限制低于环境噪声电平，因此，很难被基于频谱搜索的电子侦测设备截获。

（6）低成本、低功耗。基于超宽带技术的发射端，可以完全由易于集成的数字电路来实现，因此，可以极大地降低生产成本。同时由于 UWB 信号拥有非常宽的频带，为了避免与其他窄带系统产生干扰，UWB 信号发射的功率谱密度受到 FCC 的严格限制，发射功率非常低。

1.2.3 UWB 技术的应用

最初，UWB 技术起源于军事领域，多年来美国也一直将 UWB 技术作为军事作战的技术之一，这在一定程度上限制了 UWB 技术在商用方面的发展。随着无线频谱资源日益紧缺，UWB 技术开始在民用领域蓬勃发展。基于其功率谱密度低、抗多径衰落能力好，超宽带技术被越来越多地应用在室内短距离的保密通信。此外，UWB 技术精确的定位能力也促进了一系列精度高的 UWB 雷达和定位器的应运而生。就目前的发展现状来说，UWB 技术的应用主要分为军用和民用两个方面。

在军用方面，主要应用于 UWB 雷达、UWB 低截获率（LPI/D）的无线内部通信系统（如预警机、舰船等）、警戒雷达、战术手持和网络的 LPI/D 电台、地波通信、无线标签、探测地雷、无人驾驶飞行器、检测地下埋藏的军事目标或以叶簇伪装的物体，等等[20]。

在民用方面，自 2002 年 2 月 14 日 FCC 批准可将 UWB 用于民用产品以来，UWB 技术凭借着短距离范围内高速传输的巨大优势，将其主要的应用锁定在无线局域网（WLAN）及无线个域网（WPAN）上。通常短距离小范围内的高速通信主要是靠有线连接完成的，而超宽带技术的应用可以使这种通信变为无线，从而使人们能够摆脱线缆的束缚，使通信变得简洁方便。人们也可以利用超宽带技术的成像定位功能，协助警察搜寻室内范围内逃犯，以及搜寻被困在坍塌物下面的人员，甚至可以开发汽车防撞系统。相信在不久的将来，类似这样的应用将层出不穷，大大超过人们的想象。而就目前的发展趋势来看，超宽带技术的应用主要集中在以下几个方面：

1. 家庭无线多媒体网络

在家庭无线多媒体网络中，各种数字家用多媒体设备，如数码摄像机、数字电视、MP3/MP4 播放器、计算机、数字机顶盒及各种智能家电等，可以根据各自的需要在短距离小范围内组成一个 Ad-hoc 网络，从而相互之间传送多媒体数据，并且可通过家中的宽带网关接入 Internet，构成一个智能的家庭网络，使一些相互独立的多媒体能够有机地结合起来。现有的各种短距离的无线通信技术（如 ZigBee、红外、蓝牙等）中，仅有 UWB 技术能够满足多种无线多媒体传输速率的要求。

2．无线传感网络

在无线传感网络中，常常要求传感器的功耗较小，要能够连续工作数个月甚至数年之久且无须经常充电。现有的做法是通过媒体接入控制（MAC）层和网络层的协议设计，以尽量减少不必要的传输，进而有效地利用无线信道的能量资源。无线传感网络在这些基础上，采用超低功耗的超宽带物理层，可大大简化控制层和网路层的复杂度，从而使系统的总功耗进一步降低。

3．智能交通系统

超宽带（UWB）系统同时具有无线定位和通信功能，能够方便地应用于智能交通系统中，为汽车测速、防撞系统、监视系统、智能收费系统等提供低成本、高性能的解决方案。此外，如果在驾车的过程中遇到紧急情况，司机可以利用车载的超宽带系统向外界发送求助和报警信息。

4．室内定位系统

超宽带系统，特别是采用基带窄脉冲方式的超宽带系统，具有较强的穿透障碍物能力，能够满足室内复杂环境下无线定位的要求，同时由于超宽带具有小于 1ns 的时间分辨率，可以在保持通信的同时实现厘米级的定位精度。

当然超宽带技术的应用还不仅仅局限于以上几个方面，它在服务、医疗等方面也有诸多应用，未来的超宽带应用将和其他不同的网络协调共存，实现随时随地、无缝的通信。

1.3 超宽带室内定位技术简介

UWB 技术用于室内定位较之 WiFi、ZigBee、RFID 等优势突出，前景相当乐观，尤其适合室内高精度跟踪定位。这是因为 UWB 是以极窄脉冲传输数据的短距离无线载波通信技术，由于抗干扰、低功耗、低截获、强穿透等优点，尤其适合室内高精度定位，使用时对 UWB 参考点与移动目标上的 UWB 标签进行距离、时间的解算，从而可获得厘米级的精度，该技术广泛用于战场定位、虚拟商场、物流管理、电力巡检等领域，市场空间超百亿元。UWB 技术与互联网结合，三维地图形成协同，更是有望涉足智能家居、可穿戴设备市场，可预见超宽带室内定位系统的智能化将是必然趋势。

1.3.1 超宽带室内定位原理及系统构成

无线定位系统要实现精确定位，首先要获取定位解算所需的参数信息，然后构建相应的解算模型，根据这些参数信息和模型求解定位目标的准确位置。UWB 具有超高的时间和空间分辨率，保证其可以准确获得待定位目标的时间和角度信息，时间信息可以转化为距离信息，最终求得待定位目标的位置。

基于 UWB 的定位技术通常采用测向和测距来实现定位[20]，按照其测量参数的不同可以分为 3 种方法：基于接受信号强度（Received Signal Strength，RSS）的检测方法、基于到达角度（Angle Of Arrival，AOA）估计的检测方法和基于到达时间（Time/Time Difference Of Arrival，TOA/TDOA）估计的检测方法。

3 种常用的 UWB 定位方法中基于 AOA 的检测方法属于测向技术，需要多阵列天线或波束赋形技术等，增加了系统成本，而且定位的精度也取决于波到达角度的估计；基于 RSS 的方法则依赖于线路损耗模型，精度和节点间的间距密切相关，对信道的环境极为敏感，鲁棒性较低；和前两种方法相比，基于 TOA/TDOA 的检测方法是通过估计信号到达时延或时延差从而来计算发射与接收两端的距离或距离差，这种方法充分利用了超宽带信号高的时间分辨率，能体现超宽带在精确定位方面的优势，在目前的研究中受到较多的关注。

典型的超宽带室内定位系统框图如图 1-3 所示，该系统采用基于 TDOA 的检测方法。系统主要由标签（Tags）、接收机和中心处理器三部分构成，每个接收机都与中心处理器相连，它们都被固定在已知的位置，并且接收机到处理器的传输时延已知。标签在空间的位置是未知的，每隔一段时间标签就发送一次定位信号。系统简化的工作流程如下：

（1）标签向接收机发送定位信号。

（2）各个接收机检测到标签发送的定位信号并将其发送给中心处理器。

（3）中心处理器收到传输的时间差，通过某种特定的算法，就可推算出标签的位置。

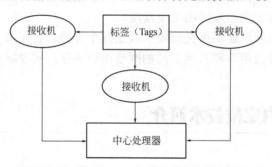

图 1-3　超宽带室内定位系统框图

整个系统的数据信息处理过程如图 1-4 所示。标签发射电路的时钟读出存储器中的伪随机调制编码信息，用来控制调制电路中脉冲间隔的变换。经过伪随机码调制的时钟序列激励窄脉冲产生电路产生窄脉冲，然后通过天线发射出去。在某些特殊的场合要求较高的探测距离，则需要在窄脉冲产生器的后端连接脉冲放大电路，对脉冲进行放大，之后再利用天线辐射向室内空间。UWB 接收机在系统时钟的控制下接收标签电路发射的 UWB 信号。由于电磁波在辐射的过程中，会混杂入各种噪声和其他干扰信号，所以，必须将无用信号过滤出去，得到包含有用信息的信号。其次，因为脉冲的宽度极窄，必须先对接收到的信号等效采样，然后才能进行筛选，提取有效信息。最后经过中心处理单元特定的定位算法，得到精确的标签位置信息。简而言之，超宽带定位系统就是产生、发射、接收和处理极窄脉冲信号的无线电系统，而定位标签在整个系统的功能是产生和发射定位信号，是超宽带室内定位系统的基础，在整个系统中占有举足轻重的地位，因此，研究和设计出性能良好的超宽带定位标签对超宽带室内定位系统的发展具有重要的意义。

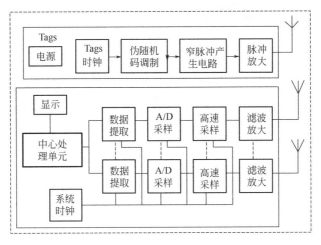

图 1-4 超宽带室内定位系统的数据信息处理过程

1.3.2 超宽带室内定位系统的应用前景

近几年来，无线通信技术的快速发展，移动计算设备也与人们的日常生活联系越来越密切，这都大大增加了与无线定位相关的应用场景，引起了室内定位的研究热潮。超宽带技术以其独特的优势成为了开发室内定位系统的最佳选择，未来，超宽带室内定位系统将会在军事、商业及公共安全等领域广泛应用。在公共安全和军事方面，超宽带室内定位系统将用于跟踪监狱里的犯人，以及给消防员、士兵导航，方便他们快捷安全地完成任务。在商业应用方面，室内定位系统可以方便地追踪一些特殊的人群，如离开看护人员的老人、儿童，或者给盲人导航。除此之外，室内定位系统还可以定位医院有需要的病人、仪器等。在一些商场或仓库也可以应用室内定位系统来定位特殊的商品和货物。作为功能强大且用户可以随时携带的通信处理设备，下一代移动定位设备将越来越普遍地应用于室内环境。因此，超宽带室内精确定位技术在未来有广阔的发展空间和巨大的商业价值。

1.4 超宽带室内定位技术现有产品

早在 2003 年，Robert J.Fontanat 等人就成功地开发出了可产品化的，用于财物定位的 PAL650 定位系统，如图 1-5 所示，其中，（a）所示的是带有天线屏蔽器的定位标签，（b）是用于安置在房顶的 UWB 接收器，（c）为中央处理 HUB，可与电脑相连，（d）所示的是一个圆盘天线，（e）和（f）分别展示了定位标签天线端和 UWB 接收器的射频电路部分，（g）则表示 UWB 接收器的数字处理部分，定位系统的架构连接图。该系统的定位精度可以达到 15cm 以内。

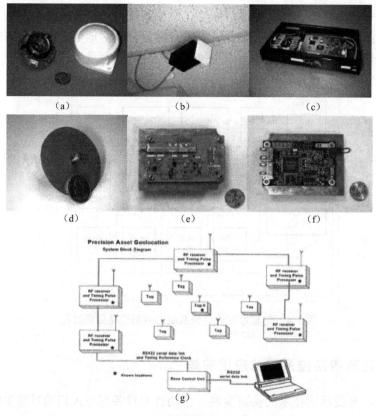

图 1-5 PAL650 定位系统

英国 Ubisense 公司开发的 Ubisense7100 超宽带实时定位系统是目前商用较成功的一个产品，如图 1-6 所示。该系统主要由 3 部分组成：便携的微型 UWB 定位标签（Tags）、多个位置经预先校准的 UWB 传感器（Sensors），以及一个集采集、分析、显示和控制为一体的软件平台。其定位过程如下：定位标签以某一更新率向区域内的所有传感器发送 UWB 信号，多个传感器在接收到信号后，通过特定的算法来综合计算并优化该定位标签的二维或者三维坐标预测估计值，并将其发送至配套的软件平台界面上，通过图形界面实时显示该定位的精确运动轨迹。

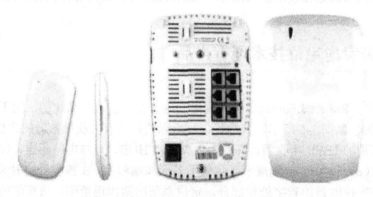

图 1-6 Ubisense7100 超宽带实时定位系统

美国 Time Domain 公司也在超宽带定位技术的产品化过程中做出了较大的贡献。其开发的 PLUS RTLS 及 PULSON400 系统提供了室内超宽带的完整系统，同样包括定位标签、超宽带传感器等一系列模块，和英国 Ubisense7100 的区别在于整个系统内所有通信内容，包括定位和数据交互等，全通过超宽带信号来传递。尤其是 PULSON400 系统，本质上是一个片上系统（System On-a-Chip，SOC），因此，能够提供灵活的二次开发功能，可以为研究仿真提供很大的帮助。

国内最早发布的超宽带室内定位系统产品是唐恩 iLocate 定位系统，该系统是由江苏唐恩科技资讯有限公司设计的。经过数年的技术更新，2013 年，唐恩发布了其最新产品 LocateSys 物联定位系统 V4，该产品采用 UWB 技术和 TDOA（时间到达差）技术，主要用于室内、室外人员或物品定位，二维定位精度高达 10cm，算得上是相关产品界内精度最高的商用无线定位系统。2014 年 3 月，郑州联睿电子开发出"Uloc 定位系统"，用于跟踪、导航类的多种应用[20]，该产品以超宽带技术为核心，与类似产品相比较，该产品可配置性非常灵活，成本也下降了。

采用 UWB 进行无线定位，可以满足未来无线定位的需求，在众多无线定位技术中有相当大的优势，目前的研究表明超宽带定位在实验室环境已经可以达到 10cm 的精度。此外，超宽带无线电定位，很容易将定位与通信结合，快速发展的短距离超宽带通信无疑将带动 UWB 在定位技术的发展，而常规无线电难以做到这一点。随着超宽带技术的不断成熟和发展，市场需求的不断增加，相信不久的将来超宽带定位技术就可以完全实现商业化，精确的超宽带定位系统将会得到广泛应用。

小结

本章首先简要介绍了各种无线定位技术，并对多种定位技术性能做了对比。通过与其他室内定位技术比较得出了超宽带技术作为室内定位系统开发技术的优越性。之后介绍了超宽带技术的发展历史与研究现状，详细阐述了超宽带的定义及其特点，同时简要介绍了超宽带室内定位系统的结构构成及工作原理，分析了超宽带室内定位系统的应用前景和开发此系统的重要意义，最后介绍了超宽带室内定位技术现有的产品。

参考文献

[1] 余艳伟，徐鹏飞. 近距离无线通信技术研究[J]. 河南机电高等专科学校学报，2012，20(3):18-20.

[2] 张和平. 浅析短距离无线通信技术[J]. 信息时代，2012(2)：53-54.

[3] 张凡，陈典铖，杨杰. 室内定位技术及系统比较研究[J]. 广东通信技术，2012(11)：73-79.

[4] 余艳伟，徐鹏飞. 近距离无线通信技术研究[J]. 河南机电高等专科学校学报，2012，20(3)：18-20.

[5] Jin-Shyan Lee, Yu-Wei Su, and Chung-Chou Shen. A Comparative Study of Wireless Protocols: Bluetooh, UWB, ZigBee, and WiFi[C]. The 33 rd Annual Conference of the IEEE Industrial Electronics

Society(IECON), 2007,5:46-51.

[6] 张中兆. 超宽带通信系统[M]. 北京：电子工业出版社，2010：52-200.

[7] FCC. First Report and Order on Ultra-wideband Technology[R]. Technology Report, FCC, 2002.

[8] 葛利嘉，朱林，袁晓芳，等. 超宽带无线电基础[M]. 北京:电子工业出版社，2006：1-137.

[9] 孟琰，史健芳. 超宽带无线通信技术发展浅析[J]. 科学之友，2012(9)：155-156.

[10] 王鹏毅. 超宽带隐蔽通信技术[M]. 北京:电子工业出版社，2011：2-59.

[11] Zhenyu Xiao, Depeng Jin, Li Su et al.. Performance superiority of IR-UWB over DS-UWB with finite-resolution Matched-Filter receivers[C]. 2010 IEEE International Conference. 2010(1): 1-4.

[12] 张玉梅，康晓霞. 救援队员室内定位技术分析[J]. 灭火指挥与救援，2012(6)：637-639.

[13] UNwoo Lee, Young-Jin Park, Myunghoi Kim. System-On-Package Ultra-Wideband Transmitter Using CMOS Impulse Generator[J]. IEEE Transactions on Microwave Theory and Techniques, 2006 54(4)

[14] Takayasu Norimatsu, Ryosuke Fujiwara, Masaru Kokubo. A UWB-IR Transmitter With Digitally Controlled Pulse Generator[J]. IEEE Journal of Solid-State Circuits, 2007 42(6).

[15] 王鹏毅. 超宽带隐蔽通信技术[M]. 北京:电子工业出版社，2011：2-59.

[16] 曾兆权，刘江南. 超宽带技术概述及展望[J]. 石河子科技，2012，202(4):24-26.

[17] Michael Tuchler, Volker Schwarz, Alexander Huber. Location accuracy of an UWB localization system in a multi-path environment[C]. IEEE International Conference on Ultra-Wideband, Zurich, September 2005.

[18] Patrick P. Mercier, Denis C. Daly, Anantha P. Chandrakasan. An Energy-Efficient All-Digital UWB Transmitter Employing Dual Capacitively-Coupled Pulse-Shaping Drivers[J]. IEEE Journal of Solid-State Circuits, 2009 44(6).

[19] Sanghoon Sim, Dong-Wool Kim, Songcheol Hong. A COM UWB Pulse Generator for 6-10GHz Applications[J]. IEEE Microwave and Wireless Componements Letters, 2009 19(2).

[20] 施长宝，李瑾. 基于超宽带技术的室内无线定位的研究[J]. 科技信息，2012(7)：171-172.

第 2 章

IR-UWB 窄脉冲设计

● ● ● ● ● ● ● ●

标签作为超宽带室内定位系统的前端，对整个系统起到至关重要的作用。而超宽带是利用纳秒甚至皮秒级的脉冲传递信息的无载波通信技术，因此，本章在目前超宽带脉冲产生技术的基础上，设计了一个基于数字电路逻辑特性的 UWB 脉冲发生器，通过对该脉冲发生器仿真结果的分析，本章又提出了一种双非门结构的超宽带窄脉冲的产生方法，该方法由于利用两个非门的延时差，对器件的要求不高，同时由于采用了两级电路的缘故，严格抑制了之前脉冲的拖尾和抖动现象。本书根据此仿真原理图制作了相应的实物并进行了测试，测得微分之前的脉冲宽度约为 1.47ns，幅度约为 1.6V，带宽为 1GHz。

2.1 超宽带脉冲的产生方法

超宽带信号的实现方式可以分为脉冲无线电和载波调制方式。前者为传统的超宽带通信方式，后者是 FCC 规定了通信频谱的使用范围和功率限制后，在超宽带无线通信标准化过程中逐渐提出来的，是目前主流的超宽带技术的延伸。常见的超宽带通信体制有三种：基于脉冲无线电的超宽带系统（Impulse Radio Ultra Wideband，IR-UWB）、基于直接序列扩频超宽带系统（Direct Sequence Ultra Wideband，DS-UWB）及基于多频带复用的超宽带系统（Multi-Band Multiplexing，MB-UWB）。

1. 脉冲无线电 IR-UWB

脉冲无线电技术就是直接以占空比很低的，脉冲宽度为纳秒级甚至亚纳秒级的基带窄脉冲作为信息载体的无线电技术。窄脉冲序列携带信息，无须本地振荡器、混频器、滤波等直接通过天线传输，所以，实现起来比较简单。在用信息数据符号直接对窄脉冲进行调制时，其调制方式有许多种。最常用的是脉冲位置调制（PAM）和脉冲幅度调制（PPM）。例如，TH-SS PPM 系统结构框图如图 2-1 所示。

IR-UWB 的特点分析如下。

（1）传输速度方面：理论上，一个宽度为 0 的脉冲具有无限的带宽，因此，脉冲信号要想发射出去并有足够的带宽，必须具有陡峭的上升沿和下降沿，以及足够窄的脉冲宽度。UWB 脉冲宽度一般在纳秒级，这意味着信息的传递速率在 1Gbps 左右。

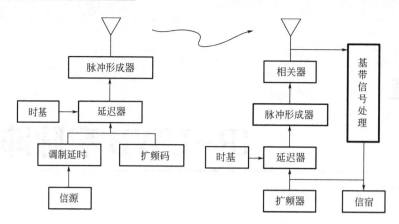

图 2-1　TH-SS PPM 系统结构框图

（2）功耗方面：UWB 因为不使用载波，仅在发射窄脉冲时消耗少量能量，避免了发射连续载波的大量能量消耗。IR-UWB 的这一特点可以使 UWB 通过缩短脉冲的宽度来提高带宽，却不会增加功耗，特别是针对室内定位的手持设备，UWB 还可以通过大幅降低脉冲的占空比使功耗大幅度降低。

（3）成本方面：由于 IR-UWB 不需要对载波信号进行调制和解调，所以，不需要混频器、本地振荡器等一些复杂的元件，同时更容易集成到 CMOS 电路中，这就降低了整个系统的成本[1]。

IR-UWB 技术除了上述优点之外，由于该系统的信号频谱宽，含有低频成分，而低频成分具有穿透性，所以 IR-UWB 信号有穿透性，同时还拥有抗多径干扰能力强、定位精度高等优点。但是 IR-UWB 用于高速通信的脉冲波形为了满足 FCC 要求的功率辐射限制，实现较难[2,3]。

2. 直接序列扩频的 DS-UWB

DS-UWB 系统是在 FCC 制定了民用超宽带系统的功率辐射限制后对传统的 IR-UWB 系统的改进，是在 DS-SS BPM 系统的基础上，增加了频移措施之后发展过来的，最初的版本称为 DS-CDMA，后改进形成现在的 DS-UWB。DS-UWB 发射系统的原理框图如图 2-2 所示。

图 2-2　DS-UWB 发射系统的原理框图

实现该方案的主要特点如下：

（1）频带划分。DS-UWB 是 DS-CDMA 系统，使用了载波调制，将窄脉冲的频谱搬移到 FCC 规定的范围。该方案是将 3.1～10.6GHz 之间 7.5GHz 的频谱分成了两个频带，一个频带在 802.11a 频带的上面，另一个在 802.11a 频带的下面，如图 2-3 所示。两个频带之间的部分没有利用是为了避免与美国非特许的国家信息基础设施（UN Ⅱ）频段和 IEEE

802.11a 系统的干扰。

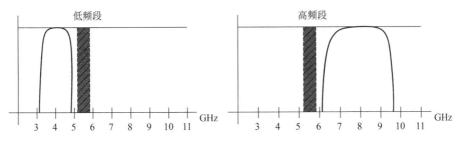

图 2-3　DS-UWB 的工作频段示意图

低频带适合相对较长距离、较低数据速率的应用，而高频带适合相对较短距离、较高数据速率的传输，通过选择不同的频带组合方式，可以得到 3 种不同的工作模式。如果同时使用两个频带，总的数据速率可望达到 1.2Gbps。此外，为了适应不同地区频谱的规定，中心频率和带宽还可以修改。此外，由于 DS-UWB 系统发射的脉冲信号是经过频移之后的，不存在低频分量，容易满足 FCC 要求的频谱限制，与其他无线通信系统共存性较好。

（2）采用直扩 CDMA。扩频技术提供了 14dB 的增益，有助于抑制窄带干扰。为了获得更好的抗窄带干扰性能，还可以进一步使用可调的陷波滤波器，在每个抑制频率上提供 20～40dB 的保护。

（3）纠错编码。前向纠错编码采用卷积码，辅助以交织措施分散突发性错误，卷积编织时使用打孔（Puncturing）增加编码速率。

综合上述分析，可以得出，DS-UWB 是先用待传输的数据调制极窄脉冲来获得超宽的频带，然后通过频移将频谱搬移到规定的传输频带上，在无线信道传输上仍然是极窄脉冲，所以，DS-UWB 仍然可以看做 IR-UWB 方式的超宽带系统[4,5]。

3. 基于多频带复用的 MB-UWB

MB-UWB 技术方案是将应用于无线局域网中的正交频分复用技术（Orthogonal Frequency Division Multiplexing，OFDM）与多频带技术相结合的实现方案，是一种纯粹的载波调制技术。该方案具体介绍如下：

（1）多频带划分。MB-OFDM 方案的频带划分如图 2-4 所示，它将 3.1～10.6GHz 的整频带划分为几个 528MHz 的频带。每个 528 MHz 的频带使用 OFDM 方式传输信息，一共有 128 个子载波，其中 100 个用于传输信息，使用 QPSK 调制；12 个子载波用于载波和相位跟踪，10 个子载波用于用户自定义的导频，剩下 6 个子载波备用。OFDM 子载波的信号可以通过 128 点的 IFFT/FFT 快速傅里叶正、反变换来产生。

（2）调制与编码。采用 MBOK（M-ary Binary Orthogonal Keying）+QPSK 调制，然后进行正交频分复用 OFDM 调制到载波上。

纠错编码采用 Outer Reed-Solomon 码系统结构也接纳 Punctured Convolutional Codes、Concatenated Convolutional + Reed-Solomon code、Turbo codes、低密度校验码 LDPC 这些纠错码。

（3）多址通信。采用时频码（Time-Frequency Code）实现多址通信，表 2-1 中频带组

1~频带组 4 分别定义了 4 个时频码，为频带组 5 定义了 2 个时频码，一个时频码对应一个逻辑信道，故 MB-UWB 有 18 个潜在的逻辑信道[11]。

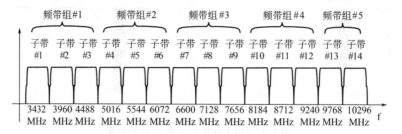

图 2-4　MB-OFDM 方案的频带划分

表 2-1　MB-UWB 的时频码

频带组	序号	时频码长度	时频码					
1, 2, 3, 4	1	6	1	2	3	1	2	3
	2	6	1	3	2	1	3	2
	3	6	1	1	2	2	3	3
	4	6	1	1	3	3	2	2
5	1	4	1	2	1	2	—	—
	2	4	1	2	2	2	—	—

另外，该系统还采用了扰频和插入导频信号保证接收端正确接收信号。根据上述MB-UWB 的技术方案，MB-UWB 发射系统的结构框图如图 2-5 所示。

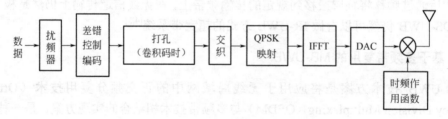

图 2-5　MB-UWB 发射系统的结构框图

MB-UWB 运用了 OFDM 技术使信号带宽大于 500MHz，来实现高速通信，同时该方案对民用的超宽带频谱进行了合理规划，运用时频码实现多址通信。除此之外，该方案还具有很高的频谱灵活性，避免了对一些已有的通信系统造成干扰。而且 MB-UWB 使用的是 OFDM 技术，各子载波的信号是正交的，在载波复用的时候各子载波的频谱可以重叠，因此，MB-UWB 具有很高的频谱利用率。但是该方案需要快速跳频的本地振荡器来实现多址通信，实现的复杂度较高。同时由于 MB-UWB 是连续的载波调制，不具有脉冲调制所具有的特别低的功耗[6,7]。

2.2　常用的脉冲模板

不同于传统的正弦载波通信系统，UWB 系统作为一种全新的通信体制，其标签（Tag）

的设计和实现存在着很多技术上的挑战，窄脉冲的产生和控制就是其中两个关键的难点，也是领域内备受关注的问题[19,20]。由于 UWB 系统的瞬时工作带宽大于 500MHz 或者相对带宽大于 20%，因此，不可避免地与现有的无线电通信系统如全球定位系统（GPS）、蓝牙（Bluetooth）、无线局域网（IEEE 802.11a/b/g）等产生相互干扰。为了减少与现有窄带系统的相互干扰，FCC 严格规定了 UWB 系统的工作频段及频谱掩蔽。为了满足 FCC 的频谱掩蔽设计，UWB 脉冲在频域上必须是一个带限信号。同时为了实现高速率和低符号间干扰，脉冲的持续时间也要尽可能短，所以，UWB 脉冲在时域上必须是一个时限信号[20]。

综上所述，UWB 脉冲的设计规则如下：

（1）脉冲宽度窄，以确保占用超宽的频谱，典型的脉冲宽度为 1ns 以下。

（2）频谱利用率高。要求所设计的脉冲能够充分利用 FCC 给定的频率范围 3.1～10.6GHz，频域越宽，相应的时域就越窄，信号在传输过程中就能够携带更多的信息。

（3）高效的天线辐射功率要求脉冲具有较小的直流分量，因此，追求零直流分量的脉冲也是设计中需要考虑的因素，微分电路可以作为设计参考。

（4）提高脉冲重复频率，以实现高速率的数据传输。

（5）满足 FCC 的频谱掩蔽要求。由于 UWB 通信占用很宽的频带，对辐射功率的限制必须严格，以免对其他系统造成干扰，也是隐藏自身传递信息的方式。

（6）稳定性。UWB 技术不仅能实现高速率的数据通信，还能实现高精度的定位。传输信号的稳定性为整个系统的收发提供了重要保证，避免了信号不稳定时带来的误码率，确保信号的同步和解调的正确性。

（7）所设计的 UWB 脉冲信号应该容易实现、可控制。

2.2.1　高斯脉冲及其各阶导数

目前，用于超宽带无线通信系统的脉冲波形主要包括高斯脉冲及其各阶导数、基于正弦载波调制的脉冲、Hermite 正交脉冲等。由于高斯脉冲的时域波形及频谱形状类似于钟形，符合超宽带脉冲既是时限又是带限的要求，而且容易实现，因此，高斯脉冲及其各阶导数成为超宽带无线通信系统应用最为广泛的脉冲波形[8]。

1. 高斯脉冲的时域及频域分析

1）高斯脉冲的时域分析

高斯函数的时域表达式如下

$$p(t) = \pm \frac{1}{\sqrt{2\pi\delta^2}} \exp\left(-\frac{t^2}{2\delta^2}\right) \tag{2-1}$$

令 $\delta^2 = \alpha^2 / 4\pi$，则高斯函数的表达式变为

$$p(t) = \pm \frac{\sqrt{2}}{\alpha} e^{-\frac{2\pi t^2}{\alpha^2}} = \pm A_p e^{-\frac{2\pi t^2}{\alpha^2}} \tag{2-2}$$

适当地改变式中的参数 α 时，将会使 $p(t)$ 的宽度也随之发生变化。因此，通过选取合适的 α 值就可以得到一个合适脉宽的高斯窄脉冲。由于参数 α 决定了高斯脉冲的宽度和幅

度，通常将 α 称为高斯脉冲的成形因子。图 2-6 显示了 α 取 0.5ns、1ns、2ns 所对应的高斯脉冲波形。从图 2-6 中可以看出，随着 α 的减小，脉冲的幅度增大，脉冲的宽度逐渐变窄。

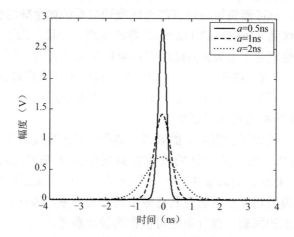

图 2-6 α 取不同值时高斯脉冲的波形

2）高斯脉冲的频域分析

设基本高斯脉冲的傅里叶变换为

$$p(\omega) \leftrightarrow \pm A_p \frac{\alpha}{\sqrt{2}} e^{-\frac{\alpha^2 \omega^2}{8\pi}} \tag{2-3}$$

为了便于分析，将上式改为

$$p(f) \leftrightarrow \pm A'_p e^{-\frac{\pi \alpha^2 f^2}{2}} \tag{2-4}$$

将上式中的 α 分别取 0.5ns、1ns、2ns 得到的高斯脉冲的频谱图如图 2-7 所示。将图 2-6 与图 2-7 比较之后，可以发现，当 α 减小时时域的波形是逐渐变窄的，相对应的频域带宽却变宽了。这是因为脉冲变窄，信号的上升沿和下降沿变得更加陡峭，信号变化快，脉冲中所含的频谱分量增多所造成的。信号时域的宽度与频域的宽度成反比。

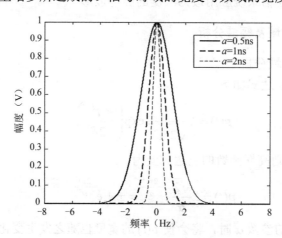

图 2-7 α 取不同值高斯脉冲的频谱图

从高斯脉冲的时域及频域波形来看,高斯脉冲的能量聚集在低频端,而为了有效辐射,馈送给天线发送的脉冲应该满足一个基本要求,既无直流分量,又提出利用高斯函数的各阶导函数作为发送的基本脉冲。

2．高斯脉冲导函数的时域及频域分析

1)高斯脉冲导函数的时域分析

将高斯脉冲归一化处理后得

$$p(t) = \mathrm{e}^{-\frac{2\pi t^2}{\alpha^2}} \tag{2-5}$$

通过计算可以得到归一化处理后的高斯脉冲的各阶导函数:

$$p'(t) = -\frac{4\pi t}{\alpha^2}\mathrm{e}^{-\frac{2\pi t^2}{\alpha^2}} \tag{2-6}$$

$$p''(t) = \frac{4\pi}{\alpha^4}(-\alpha^2 + 4\pi t^2)\mathrm{e}^{-\frac{2\pi t^2}{\alpha^2}} \tag{2-7}$$

$$p^{(3)}(t) = \frac{(4\pi)^2}{\alpha^6}(3\alpha^2 t - 4\pi t^3)\mathrm{e}^{-\frac{2\pi t^2}{\alpha^2}} \tag{2-8}$$

$$p^{(4)}(t) = -\frac{(4\pi)^2}{\alpha^6}\left[3\alpha^2 - 24\pi t^2 + \frac{(4\pi)^2}{\alpha^2}t^4\right]\mathrm{e}^{-\frac{2\pi t^2}{\alpha^2}} \tag{2-9}$$

$$p^{(5)}(t) = -\frac{(4\pi)^3}{\alpha^{10}}(-15\alpha^4 t + 40\pi\alpha^2 t^3 - 16\pi^2 t^5)\mathrm{e}^{-\frac{2\pi t^2}{\alpha^2}} \tag{2-10}$$

图 2-8 所示为 α 取值为 0.5ns 时,高斯脉冲和它的前 5 阶段导函数的时域波形图。

从图 2-8 中可以看出,高斯脉冲导数的阶数越高,脉冲的峰值越多,可是峰值越多却不利于信号的检测和捕获。因此,从时域角度来说,导数的阶次越小,脉冲波形越好,并且多次微分,增加了实现的难度。

另外,从时域波形可以看出,基本脉冲的 $2k+1$ 阶导数直流分量趋于零。另外,基本高斯脉冲的 $2k$ 阶导数的直流分量远比基本高斯脉冲小。因此,用高斯脉冲的导数做发射脉冲,信号能够有效辐射[8]。

2)高斯脉冲导函数的频域分析

$f(t)$ 的 k 阶导数为 $f^{(k)}(t)$,如果 $|t| \to +\infty$,$f^{(k)}(t) \to 0$,只有有限个可去间断点,则 $f^{(k)}(t)$ 的傅里叶变换为

$$F[f^{(k)}(t)] = (\mathrm{j}\omega)^2 F[f(t)] \tag{2-11}$$

式(2-11)中 $F[f^{(k)}(t)]$ 为 $f(t)$ 的傅里叶变换。显然,对于上述条件,满足要求的 $p(t)$ 使得高斯脉冲的 k 次微分的傅里叶变换为

$$p^{(k)}(t) \leftrightarrow \pm A_p\frac{\alpha}{\sqrt{2}}\mathrm{e}^{-\frac{\alpha^2\omega^2}{8\pi}}(\mathrm{j}\omega)^k \tag{2-12}$$

得

$$F(\omega) = \left| F[p^{(k)}(t)] \right| = A_p \frac{\alpha}{\sqrt{2}} e^{\frac{\alpha^2 \omega^2}{8\pi}} \omega^k \qquad (2\text{-}13)$$

$$F'(\omega) = A_p \frac{\alpha}{\sqrt{2}} k\omega^{k-1} e^{-\frac{\alpha^2 \omega^2}{8\pi}} - A_p \frac{\alpha}{\sqrt{2}} \frac{2\alpha^2 \omega}{8\pi} \omega^k e^{-\frac{\alpha^2 \omega^2}{8\pi}} \qquad (2\text{-}14)$$

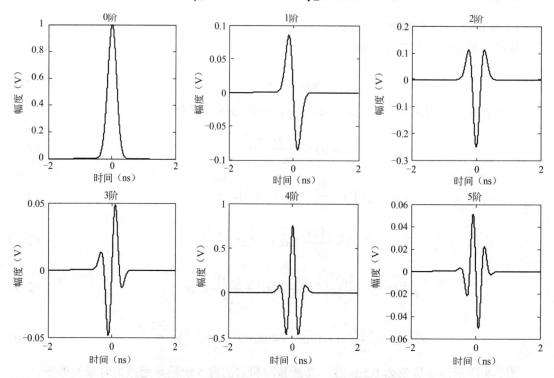

图 2-8　高斯脉冲和它的前 5 阶导函数的时域波形图

由 $F'(\omega) = 0$ 可求得对应幅度谱的峰值频率：

$$f_0 = \frac{\omega}{2\pi} = \frac{\sqrt{k}}{\alpha\sqrt{\pi}} \qquad (2\text{-}15)$$

当脉冲成形因子 α 一定时，高斯脉冲 k 阶导数的峰值频率会随阶数 k 的增大而增大，也就是信号的频谱向高频移动，如图 2-9 所示。通过改变脉冲成形因子 α 和阶数 k，就可能得到满足 FCC 频谱要求的 UWB 脉冲信号，无须频移（载波调制）。图 2-10（a）和图 2-10（b）表示脉冲成形因子 α 分别等于 0.5ns 和 0.4ns 时，k 阶高斯脉冲的能量谱密度曲线，其中，k =0, 1, 2, 3,4,5。

图 2-9 表明，阶数 k 越高，峰值频率就越高，脉冲的频谱向高频端移动，使得系统发射信号的功率谱密度能够满足 FCC 对 UWB 设备的辐射限制。从图 2-9 中可以看出高斯脉冲五阶导数的功率谱密度已经基本满足 FCC 的频谱规范。同时当脉冲成形因子 α 减小时，各阶脉冲频谱的覆盖范围将变宽。

通过对高斯脉冲及其导函数的分析，可以得出以下结论[8~10]：

（1）可通过改变脉冲成形因子 α 来控制高斯脉冲及其导函数波形的脉冲宽度和频谱宽度。

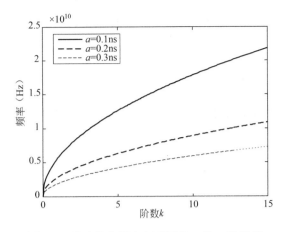

图 2-9　脉冲峰值频率与不同的 α 和 k 的关系

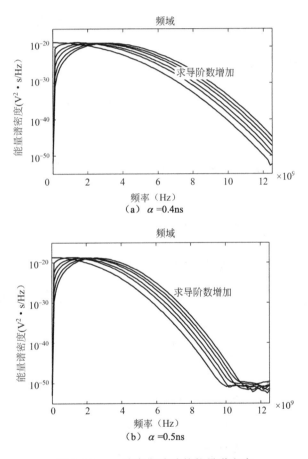

图 2-10　k 阶高斯脉冲的能量谱密度

（2）可通过改变求导阶数 k 来控制脉冲频谱的峰值频率。k 越高，得到的脉冲频谱的峰值频率就越高。

（3）从频域上来说，求导阶数 k 越高，得到的脉冲信号就越容易满足 FCC 对 UWB 的辐射掩蔽要求。但是从时域上来说，求导阶数 k 越高，脉冲时域波形的主峰就越不明显，不易捕获，这会导致整个系统误码率的提高。而且从工程实现上来说，求导阶数 k 越高，电路就越复杂，越不容易实现，同时对信号功率的衰减也非常大[11]。

2.2.2 正交 Hermite 脉冲

正交 Hermite 脉冲是超宽带系统中一种常见的正交波形集合，由 Hermite 多项式和高斯函数的乘积构成，有些文献也称为 Hermite-Gaussian 函数。下面，首先介绍 Hermite 多项式。

Hermite 多项式可以表示为

$$\begin{cases} h_{e_0}(t) = 1 \\ h_{e_n}(t) = (-1)^n e^{\frac{t^2}{2}} \frac{d^n}{dt^n}(e^{-\frac{t^2}{2}}), \quad n = 1, 2, \cdots; -\infty < t < +\infty \end{cases} \tag{2-16}$$

由于普通的 Hermite 多项式并不具有正交性，需要对其修正，得到正交 Hermite 脉冲（Orthogonal Hermite Pulse，OHP）。

正交 Hermite 脉冲的表达式为

$$h_n(t) = e^{-\frac{t^2}{4}} h_{e_n}(t) = (-1)^n e^{\frac{t^2}{4}} \frac{d^n}{dt^n}(e^{-\frac{t^2}{2}}) \tag{2-17}$$

因为存在

$$\int_{-\infty}^{\infty} h_n(t) h_m(t) dt = \begin{cases} \delta_{nm} 2^n n! \sqrt{2\pi}, & n = m \\ 0, & n \neq m \end{cases} \tag{2-18}$$

所以，修正的 Hermite 多项式构成正交的函数集。

正交 Hermite 脉冲满足下面的微分方程：

$$h_{n+1}(t) = \frac{t}{2} h_n(t) - h_n'(t) \tag{2-19}$$

式中，"'"代表微分运算。将 n 取不同的值（1,2,3,…）可以得到如下一组相互正交的脉冲：

$$\begin{cases} h_0(t) = e^{-t^2/4} \\ h_1(t) = te^{-t^2/4} \\ h_2(t) = (t^2 - 1)e^{-t^2/4} \\ h_3(t) = (t^3 - 3t)e^{-t^2/4} \\ h_4(t) = (t^4 - 6t^2 + 3)e^{-t^2/4} \\ h_5(t) = (t^5 - 10t^3 + 15t)e^{-t^2/4} \end{cases} \tag{2-20}$$

如果 $h_n(t)$ 的傅里叶变换是 $H_n(f)$，则频域形式的微分方程可以表述为

$$H_{n+1}(f) = j\left[\frac{1}{4\pi} H_n'(f) - 2\pi f H_n(f)\right] \tag{2-21}$$

图 2-11 所示为修正 Hermite 多项式的时域波形图。

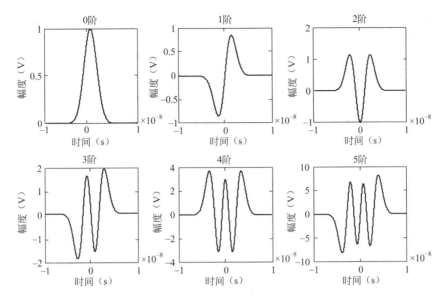

图 2-11　修正 Hermite 多项式的时域波形图

可以得到式（2-20）相应的傅里叶变换：

$$
\begin{cases}
H_0(f) = 2\sqrt{\pi}\mathrm{e}^{-4\pi^2 f^2} \\
H_1(f) = (-\mathrm{j}4\pi f)2\sqrt{\pi}\mathrm{e}^{-4\pi^2 f^2} \\
H_2(f) = (1-16\pi^2 f^2)2\sqrt{\pi}\mathrm{e}^{-4\pi^2 f^2} \\
H_3(f) = (-\mathrm{j}12\pi f + \mathrm{j}64\pi^3 f^3)2\sqrt{\pi}\mathrm{e}^{-4\pi^2 f^2} \\
H_4(f) = (256\pi^4 f^4 - 96\pi^2 f^2 - 3)2\sqrt{\pi}\mathrm{e}^{-4\pi^2 f^2} \\
H_5(f) = (-\mathrm{j}1024\pi^5 f^5 + \mathrm{j}640\pi^3 f^3 - \mathrm{j}36\pi f)2\sqrt{\pi}\mathrm{e}^{-4\pi^2 f^2}
\end{cases}
\tag{2-22}
$$

图 2-12 所示为修正 Hermite 多项式的频域波形图。

由图 2-11 及图 2-12 可以发现正交 Hermite 脉冲具有如下特性[12]：

（1）修正后的时域 Hermite 脉冲的过零点数等于阶数。

（2）各阶函数的时域持续时间随着阶数的增加而增大，其中心频率也随着阶数的增加而上升，其占用的频谱带宽也随之增加。

（3）修正后 Hermite 多项式零阶和一阶的波形类似高斯脉冲的波形。与高斯函数不同，由于增加了固定的衰减因子 $\exp(-t^2/4)$，修正 Hermite 多项式的衰减速度大幅提高，收敛速度加快。

图 2-11 及图 2-12 中的 Hermite 多项式脉冲时域的单位为 s，频域单位为 Hz，无法满足超宽带脉冲的需要。因此，将式（2-20）进行了尺度变换，也就是把 t 改为 t/a，然后通过选择合适的 a，就能得到脉冲宽度为纳秒级的正交 Hermite 脉冲，同时脉冲的频域宽度也相应地变为 GHz 了。图 2-13 所示为 $a=0.5\times10^{-9}$ 所对应的修正 Hermite 脉冲的时域波形图，很显然脉冲宽度变成了纳秒级。

因为不同阶的修正 Hermite 脉冲具有正交性，因此，该脉冲可用于多用户的 UWB 系统中，可以将不同阶数的 Hermite 脉冲分配给不同的用户，以便有效地抑制多径干扰。然而，如果将修正 Hermite 脉冲作为 UWB 室内定位系统的发射信号，从阶数为 0～5 的修正 Hermite 脉冲的能量谱密度（见图 2-14）可以看出，其功率谱密度不能满足 FCC 的辐射掩蔽规定。因此，修正 Hermite 脉冲不能用于 IR-UWB 系统，不过从其时域波形来看，该波形可以作为 DS-UWB 的基脉冲。

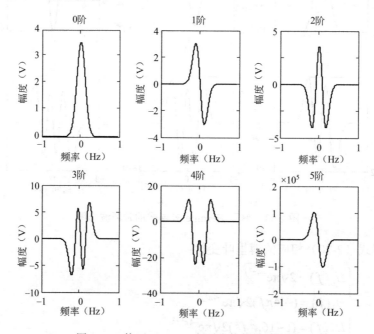

图 2-12　修正 Hermite 多项式的频域波形图

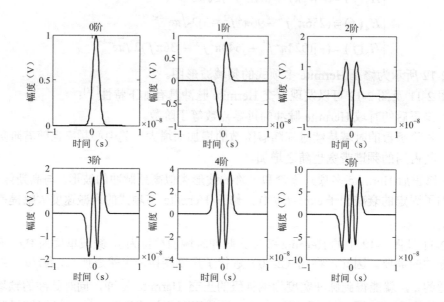

图 2-13　$a=0.5\times10^{-9}$ 所对应的修正 Hermite 脉冲的时域波形图

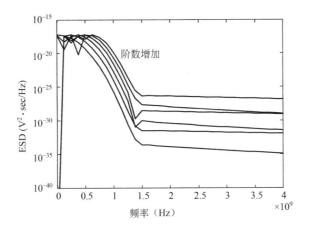

图 2-14　修正 Hermite 脉冲的能量谱密度

2.2.3　升余弦脉冲

由于超宽带脉冲的定义是从频域上定义的，所以，希望先把满足定义的频谱表示出来，再用傅里叶反变换转换到时间上观察是什么样的波形。下面先把满足超宽带频谱的频域表达式表示如下：

$$H(f) = \begin{cases} 1 & (|f| < f_{\text{roll}}) \\ \dfrac{1}{2}\left\{1 + \cos\left[\dfrac{\pi(|f| - f_1)x}{2f_\Delta}\right]\right\} & (f_{\text{roll}} < |f| < B) \\ 0 & (|f| > B) \end{cases} \tag{2-23}$$

式中，B 是脉冲宽度，$f_\Delta = B - f_{6\text{dB}}$，$f_1 = f_{6\text{dB}} - f_\Delta$，$f_{6\text{dB}}$ 是 -6dB 频率点。理想的超宽带频谱形状为阶跃式，难以实现，所以，在之间需要加上过渡带，上式的过渡带即第二行用的升余弦频谱表达式，这种频谱接近理想的超宽带频谱并且增加了接近实际的过渡带。其对应的频域波形如图 2-15 所示。

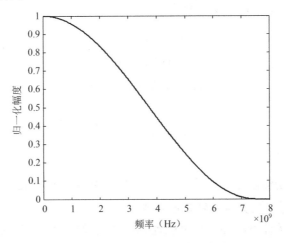

图 2-15　升余弦脉冲的频域波形

已知频域表达式就可通过傅里叶反变换得到相应的时域表达。由于从图 2-15 所示的升余弦脉冲的频域波形可以看出该信号是一个低通信号，所以，需再加上一个载频信号使其频谱搬移到要求的频带上，最终得到该信号的时域表达式如下：

$$h(t) = F^{-1}[H(f)]\cos(2\pi f_c t)$$

$$= 2f_{6\text{dB}} \left(\frac{\sin 2\pi f_{6\text{dB}} t}{2\pi f_{6\text{dB}} t} \right) \left[\frac{\cos 2\pi f_\Delta t}{1 - (4f_\Delta t)^2} \right] \cos(2\pi f_c t) \tag{2-24}$$

图 2-16 所示为升余弦脉冲的时域波形。

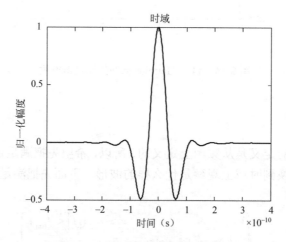

图 2-16　升余弦脉冲的时域波形

升余弦脉冲是根据超宽带脉冲必须满足的频域特性，反傅里叶变换后得到相应的时域信号。通过 MATLAB 观察其时域波形可知，该信号的时域宽度在亚纳秒级，比高斯脉冲更适合 IR-UWB 系统。但是该信号有旁瓣信号，同时需要调制，工程实现上的电路设计相对比较复杂。因此，这种方法虽然能满足频谱上的要求，但是受到时域信号的产生电路的实现限制，相对于其他的脉冲来讲，并不具有全面的优势。

2.2.4　基于窗函数载波调制的脉冲

基于窗函数调制载波的方式产生的脉冲信号，相当于取数个周期的正弦（或余弦）信号，加上适当的包络（Envelope）或是窗函数调制形成[13]的。

例如，高斯窗函数（包络）调制载波的方式如下：

$$g(t) = A_t \exp\left[-2\pi \left(\frac{t}{\alpha} \right)^2 \right] \times \sin(2\pi f_c t) \tag{2-25}$$

式中，f_c 是调制载波的中心频率。

这种方式采用高斯窗函数调制载波，如图 2-17 所示。选择 (α^2, f_c) 不同组合。就可以灵活地调整 UWB 信号，使其满足特定的要求。

在符合频谱规划条件下，为了尽可能地利用频谱模板所允许的带宽与功率，以提高系统的接收性能，克服已有的脉冲设计算法所设计的脉冲存在频谱利用率低的弊端。我们要

对 (α^2, f_c) 进行仿真优化选取。

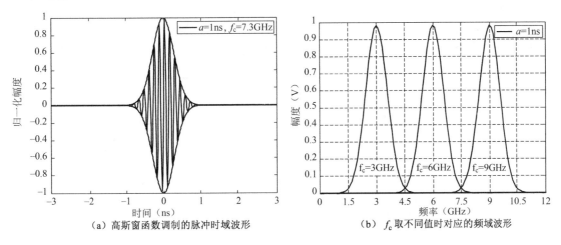

（a）高斯窗函数调制的脉冲时域波形　　　　（b）f_c 取不同值时对应的频域波形

图 2-17　采用高斯窗函数调制载波

同时包络形状（Type-envelop）的选取对于信号设计也有很重要的影响，所以，窗函数的选取是在进行信号设计时必须考虑的问题。下面就几种常见的包络形状的脉冲信号进行比较分析。

① 余弦包络正余弦脉冲时域表达式为

$$g(t) = \begin{cases} A\sin(2\pi f_c t)\cos(\pi t/\tau) & (-\tau/2 < t < \tau/2) \\ 0 & (\text{else}) \end{cases} \qquad (2\text{-}26)$$

② 三角包络正余弦脉冲时域表达式为：

$$g(t) = \begin{cases} A\sin(2\pi f_c t)\left(1 - \dfrac{|2t|}{\tau}\right) & (-\tau/2 < t < \tau/2) \\ 0 & (\text{else}) \end{cases} \qquad (2\text{-}27)$$

③ 高斯包络正余弦脉冲时域表达式为

$$g(t) = A\exp\left[-2\pi\left(\dfrac{t}{\alpha}\right)^2\right] \times \sin(2\pi f_c t) \qquad (2\text{-}28)$$

④ 指数包络正余弦脉冲时域表达式为

$$g(t) = A\exp\left(-\dfrac{|t|}{\alpha}\right) \times \sin(2\pi f_c t) \qquad (2\text{-}29)$$

以上表达式中，t 为时间，A 为载波峰值幅度，τ 为脉冲宽度参数，α 为脉冲形状因子，f_c 为正余弦信号的中心频率[13]。图 2-18 给出了上述 4 种包络形状的脉冲信号的时域波形。

通过前述分析，可以看出，这种方法可以精确地得到 UWB 信号波形，并能够将脉冲频谱准确地搬移至所需的中心频率上。这种思路要求我们选择能更好地满足带宽要求的信号形状。从图 2-19 所示的 4 种常见包络形状的脉冲信号的频域波形可知，信号在时域里的

27

上升沿和下降沿越平滑对应频域中落在旁瓣内的能量越少。很明显高斯脉冲对应的旁瓣最小，也就是说落在主瓣带外的能量最小。而在实际的电路设计中产生的信号一般也是类似高斯（钟形）的包络信号。正如前面所提到的，通过这种特殊的方式，选用高斯钟形包络脉冲信号，选择 (α^2, f_c) 不同组合，就可以灵活地调整 UWB 信号，使其满足特定的要求。

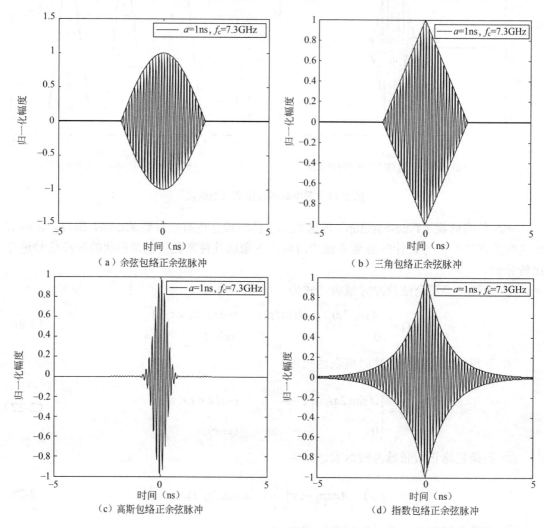

图 2-18　4 种包络形状的脉冲信号的时域波形

2.2.5　小波脉冲

小波函数 $\psi_{a,b}(t)$ 是母小波函数 $\psi(t) \in L^2(R)$ 经过平移和伸缩形成。其中，a 为尺度因子，b 为平移因子。

$$\psi_{a,b}(t) = \frac{1}{\sqrt{a}} \psi\left(\frac{t-b}{a}\right), \qquad a \neq 0 \tag{2-30}$$

母小波函数 $\psi(t)$ 必须满足下式表示的全局积分为零的条件，即波的特性。

$$\int_{-\infty}^{\infty} \psi(t)\mathrm{d}t = 0 \tag{2-31}$$

由于小波具有有限的持续时间和零直流分量等特性，选择合适的尺度因子 a，就可以得到持续时间为纳秒级的窄脉冲，如果小波脉冲在频域是带限的，或者其频谱满足 FCC 的频谱限制，则该小波脉冲就可以进行设计，使其成为超宽带脉冲。下面就对常见的小波函数进行分析。

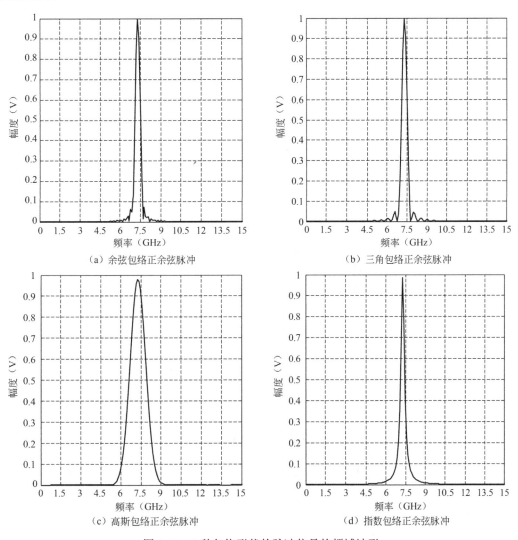

图 2-19　4 种包络形状的脉冲信号的频域波形

1. Morlet 小波

Morlet 小波函数的表达式为

$$\mathrm{Morl}(t) = \exp(-t^2/2)\cos(\omega_0 t), \qquad \omega_0 \geqslant 5 \tag{2-32}$$

从表达式上看，Morlet 小波是使用了载波的指数信号，取 $\omega_0 = 5$，对应的 Morlet 小波的时域波形如图 2-20 所示。

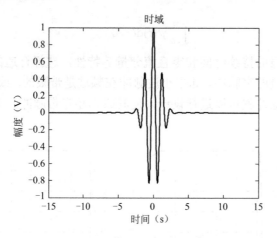

图 2-20　Morlet 小波的时域波形

图 2-20 所示的 Morlet 是母小波的时域波形，令尺度变换因子 a 分别为 0.3×10^{-9}、0.5×10^{-9}、0.7×10^{-9}、0.9×10^{-9}，得到相应的 Morlet 小波如图 2-21 所示。从图中可以看出，通过控制尺度变换因子，可以得到纳秒级的窄脉冲，尺度变换因子减小，则脉冲宽度变小。

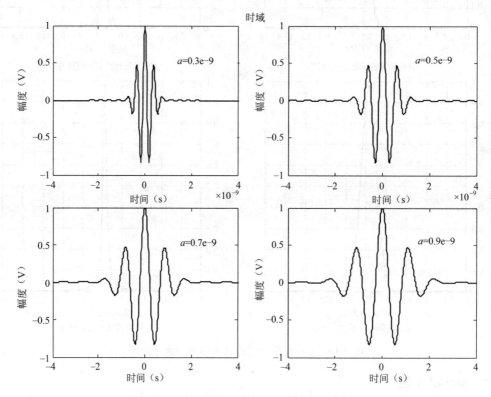

图 2-21　不同尺度变换因子下的 Morlet 小波

Morlet 小波的傅里叶变换为

$$\psi(\omega) = \sqrt{2\pi} \exp\left[-(\omega - \omega_0)^2 / 2 \right] \qquad (2\text{-}33)$$

不同尺寸变换下的 Morlet 小波的频谱图如图 2-22 所示。

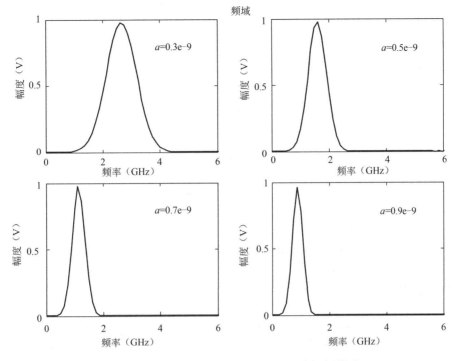

图 2-22　不同尺度变换下的 Morlet 小波的频谱图

由图 2-22 可以看出，Morlet 小波也可以看成带限信号，当尺度变换因子 a 增大时，信号带宽减小，同时由于载波项 $\cos(\omega_0/a)$ 的作用，信号的中心频率随尺度变换因子的增大而减小。

下面分析 Morlet 小波对 FCC 的辐射限制的适应性。选取不同的尺度因子 a，仿真计算得到以相应 Morlet 小波作为 UWB 脉冲的系统发射信号的功率谱密度如图 2-23 所示。

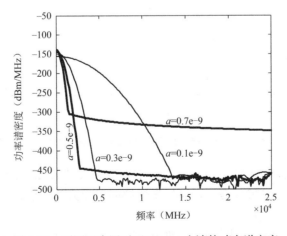

图 2-23　不同尺度因子下 Morlet 小波的功率谱密度

由图 2-23 可以看出，尺度因子为 1×10^{-10} 的 Morlet 小波作为 UWB 脉冲时，UWB 系统

发射信号的功率谱密度能够很好地满足 FCC 对通信应用的 UWB 设备的辐射限制。综合 Morlet 小波的时域和频域特性，Morlet 小波适合作 UWB 脉冲。

2. Mexican hat 小波

Mexican hat 小波的表达式为

$$\text{Mexh}(t) = \frac{2}{\sqrt{3}\pi^{\frac{1}{4}}}\exp\left(-\frac{t^2}{2}\right)(1-t^2) \tag{2-34}$$

Mexican hat 小波的傅里叶变换为

$$\psi(\omega) = \sqrt{2\pi}\omega^2\exp\left(-\frac{\omega^2}{2}\right) \tag{2-35}$$

令尺度因子 a 分别为 0.3×10^{-9}、0.5×10^{-9}、0.7×10^{-9}、0.9×10^{-9}，得到相应的 Mexican hat 小波时域波形如图 2-24 所示。从图中可以看出，Mexican hat 小波可以看成时限信号，减小尺度变换因子，则 Mexican hat 小波脉冲的宽度减小，选择合适的尺度变换因子，可以得到纳秒级的窄脉冲。

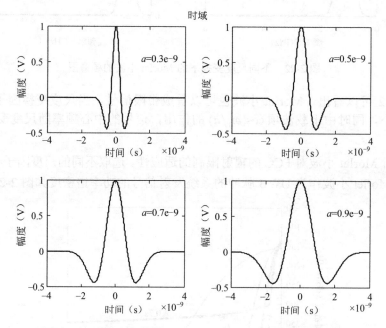

图 2-24 不同尺度变换因子下 Mexican hat 小波的时域波形

不同尺度变换因子下的 Mexican hat 小波的频谱图如图 2-25 所示。从图中可以看到，Mexican hat 小波可以看成带限信号，当尺度变换因子增大时，小波脉冲的宽度减小，同时信号的中心频率减小。

下面分析 Mexican hat 小波对 FCC 的辐射限制的适应性，选取不同的尺度因子 a，仿真计算得到相应的 Mexican hat 小波作为 UWB 脉冲的系统发射信号的功率谱密度如图 2-26 所示。

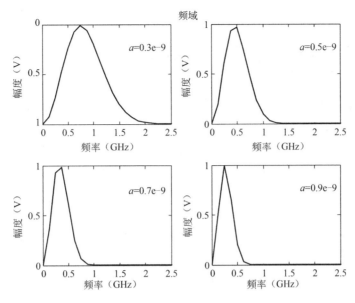

图 2-25　不同尺度变换因子下 Mexican hat 小波的频谱图

　　从图 2-26 中可以看出，Mexican hat 小波的功率谱密度虽然能够满足 FCC 规定的 UWB 的辐射限制，但是选择的尺度因子除了 $1×10^{-9}$ 外，其余尺度变换因子下的 Mexican hat 小波占用的频带偏低，不在超宽带的频谱范围内，所以，该波形不适合用于 UWB 室内定位系统。

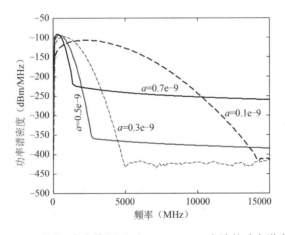

图 2-26　不同尺度变换因子下 Mexican hat 小波的功率谱密度

　　由于小波的直流分量为零，作为发射脉冲可以有效辐射，而且通过尺度因子拉伸小波，可以得到任意宽度的小波脉冲；同时小波又具有较好的时频局域性，能够符合超宽带脉冲的时限和频限要求。通过对 Morlet 小波和 Mexican hat 小波的时域及频域分析，结果表明，只要选择合适的尺度变换因子，Morlet 小波和 Mexican hat 小波都能够作为 UWB 室内定位系统的理想波形。

2.3 基于数字逻辑电路的窄脉冲的设计

超宽带（Ultra-Wideband，UWB）是近年来发展迅速的一种新型的无线通信技术，其通常利用宽度在纳秒甚至亚纳秒级的脉冲信号来实现高速率的数据传输。发送的脉冲要具有高的重复频率、合适的波形、良好的上升和下降沿、较高的功率利用率，同时要求脉冲产生电路具有结构简单、功耗低、体积小等特点[14]。因此，高速窄脉冲的产生是 UWB 室内定位技术中的一项关键技术。

目前产生窄脉冲的方法大致可以分为三类：

第一类是将各种高速器件等效成开关，从而利用储能元件的充放电得到短持续时间的信号，再经过脉冲成形网络整形成满足要求的波形和电压足够高的脉冲[15]。

第二类是采用数字电路中的竞争冒险现象产生窄脉冲，这种方法能够产生类似高斯函数的窄脉冲。

第三类是利用几种简单易控制的波形来合成窄脉冲的波形合成技术，如傅里叶系数合成方式、小波合成技术等，在本书已对合适的波形进行了分析。利用此种方法虽然能克服基于电器件特性产生的窄脉冲形状不易控制，能量效率低，难以保持精确的脉冲重复频率等缺点。其间考虑更多的是数学方面的问题，电路较为复杂，实现较难，为了得到适用于工程的窄脉冲的产生方法，本书主要分析了前两种实现方法。

2.3.1 利用模拟器件的特性产生窄脉冲

采用这种方法的核心是各种高速器件的选择和使用，包括光电器件和高速的电子器件。光导开关是半导体光电技术和超短激光脉冲技术相结合发展起来的新型高功率开关，通过光控实现对半导体材料电导率的控制从而切换开关的导通和关断状态。拥有闭合时间短（ps 量级）、时间抖动小、重复频率高、功率容量大等诸多优点，但产生的脉冲重复频率太低，而且工作时需要几百至几千伏的电源电压，体积庞大，不利于小型化的设计要求。

高速电子器件主要包括隧道二极管、阶跃恢复二极管、雪崩晶体三极管、脉冲放电管等。本书分析比较了这几种器件的脉冲产生电路，以及它们各自的优缺点。

1. 隧道二极管脉冲产生电路

隧道二极管 PN 结两侧的杂质浓度较一般晶体管高很多，其伏安特性曲线如图 2-27 所示。由图可见，它与普通二极管的特性曲线有很大的不同，表现在：在很小的正向电压时，电流就开始剧增，直到出现峰值电流 I_p（对应的电压为峰点电压 U_p），此时若继续增大电压，电流反而减小，出现负阻效应。当电压增加到 U_V 时，电流达到极小值 I_V。当外加电压 $U < U_V$ 时，流过隧道二极管的电流主要是隧道电流。以后随着电压的继续增加，电流又迅速增大，这一段是和普通二极管一样的，流过隧道二极管的电流主要是扩散电流。此外，隧道二极管的反向特性也和普通二极管不同，当反向电压从零略微增大时，电流就很剧烈

地增大。

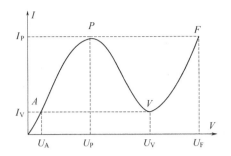

图 2-27　隧道二极管的伏安特性曲线

由于隧道二极管具有良好的隧道效应，能够产生上升时间为几十到几百皮秒的极窄的 UWB 脉冲。但是产生的脉冲幅度比较小，一般仅为毫伏级；同时隧道二极管的低阻抗低电压输出及它的两个终端，这些特性给脉冲产生电路的设计增加了复杂度[15,16]。

2．雪崩晶体管脉冲产生电路

基于雪崩晶体管的脉冲产生电路结构比较简单，脉冲幅度相对较大，曾被认为是超宽带发射机理想的发射元件，其实现电路主要是利用晶体管的雪崩击穿特性。图 2-28 所示为典型的基于雪崩晶体管的脉冲产生电路。

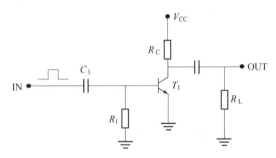

图 2-28　基于雪崩晶体管的脉冲产生电路

输入端 IN 无脉冲输入时晶体管处于截止状态，偏置电压通过集电极电阻 R_C 对电容 C_L 充电，储能电容 C_L 进入稳态后两端电压约为 V_{CC}，输出端 OUT 电压为 0V，同时晶体管处于雪崩临界状态。当正极性脉冲到来时，输入信号经过由 C_1 和 R_1 组成的微分网络后形成尖脉冲加到晶体管的基极，基极的反向偏置电流减小，之后晶体管发生雪崩效应，强烈的正反馈在三极管内部产生负阻效应使晶体管迅速导通，电容 C_L 上的电荷则通过晶体管和电阻 R_L 迅速放电，放电时长约为 $R_L C_L$；由于基极输入触发脉冲的宽度比较大，上升时间比较长，当 C_L 的放电电流不足以维持雪崩效应的时候，三极管进入饱和状态；当输入触发脉冲结束后，晶体管又回到截止区，此时偏置电压再次对电容 C_L 充电，为下次触发做好准备。

通过选择合适功率的雪崩晶体管可以得到脉宽在 1ns 左右，幅值为十几伏的窄脉冲，通过合理搭建晶体管电路，采取级联方式也可以得到上千伏的脉冲。这种电路需要提供足以使晶体管产生雪崩的高达几十伏的电压，一般应用于雷达信号和较大功率的脉冲电路。

3. 阶跃恢复二极管脉冲产生电路

阶跃恢复二极管（Step Recovery Diode，SRD）是一种理想的超宽带脉冲产生元件。这种管子是在高掺杂的硅衬底上外延一层杂质浓度很低的硅单晶，作为 P^+NN^+ 结构，这种 PN 结比一般二极管有更快的转换速度。PN 结正向偏置时，位于 PN 结附近的少数载流子被储存，因为此时结间的阻抗由存储的电荷所决定，所以，可以产生快速的上升沿。在高频或突变电压激励下，正向导通时存储着的大量电荷迅速返回原处，形成很大的反向电流，直到存储的电荷将要耗尽时，反向电流才迅速减小并立即恢复到反向截止状态，这种现象称为阶跃恢复。

阶跃管的直流伏安特性和一般二极管相同，但当偏置正电压迅速跳变至负电压时，反向电流恢复至截止时的电流过程极其迅速。基于 SRD 的脉冲产生电路就是利用 SRD 在负半周某时刻产生的电流跳变，在外电路中形成窄脉冲的。图 2-29 给出了在正弦波激励下的 SRD 与一般二极管的电流波形图。

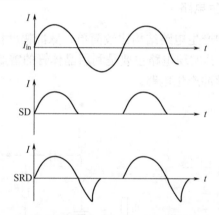

图 2-29　正弦波激励下的 SRD 与一般二极管的电流波形图

文献[16]中采用了如图 2-30 所示的电路产生 UWB 高斯单周期脉冲。此脉冲发生器分为三部分：脉冲产生、脉冲整形、微分电路。其中脉冲产生部分电路为脉冲源提供的方波信号经过 SRD 管后产生一个跳变沿很陡峭的阶跃信号 i_+，在结点处该信号一路继续往前传输，另一路信号则沿短路短截线 A 传输，并在短路短截线的末端反相成为 i_- 之后反射回结点（短路线的特性），与原信号 i_+ 叠加成脉冲信号，脉冲的持续时间完全由短路短截线 A 的长度决定。图 2-31 所示为脉冲信号形成示意图。

脉冲成形网络采用了电阻电路和前面匹配，用来抑制脉冲拖尾，同时对脉冲还起到了整流的作用，此处的开关二极管是为了进一步抑制脉冲的振铃。RC 微分电路是为了得到高斯单周期脉冲，此处电容 C 的值是由负载和所需要的时间常数决定的，而时间常数则是由前级电路所得到高斯脉冲的持续时间得到的。此电路得到了持续时间为 300ps 的高斯单周期脉冲。

此外，还可以利用脉冲放电管产生 UWB 脉冲，它是利用高压电将火花隙击穿后产生电离，可以产生幅度超过几百伏的亚纳秒脉冲，这种电路存在重复频率较低和波形不稳定的问题。

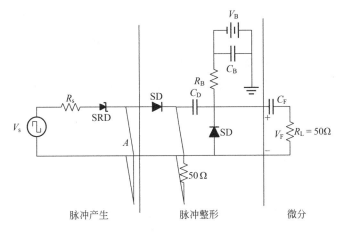

图 2-30　基于阶跃恢复二极管的脉冲发生器

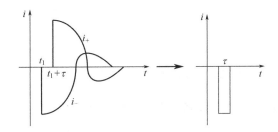

图 2-31　脉冲信号形成示意图

2.3.2　利用数字电路产生窄脉冲

采用隧道二极管、雪崩晶体管、阶跃恢复二极管产生 UWB 脉冲信号的方法均利用了模拟器件的特性，产生的均为模拟信号。UWB 脉冲的各种调制方式如 DS-BPSK（直接序列扩频—二进制异相键控）、TH-PPM（跳时—脉冲位置调制）、TH-BPSK（跳时—二进制移相键控）等都需要对数字信号进行处理和加工，如果脉冲发射是模拟电路而脉冲调制采用数字方式，模拟与数字信号不免会有较大的干扰。必须对模拟与数字信号进行隔离，或者将脉冲产生与调制分别设计于不同的电路板，否则会产生严重的信号失真问题。这就增加了发射系统设计的复杂程度，并且不利于 UWB 信号发射电路的小型化设计。另外，在通信系统中，对于超宽带信号的功率谱有着严格的限制，要求脉冲发生器产生的脉冲幅度要小。同时，出于对电路集成成本的考虑，需要有更简单、更适合与数字电路系统兼容的超宽带信号产生办法。

采用数字电路产生窄脉冲主要是利用数字电路中的竞争冒险现象来产生的，而数字电路中的竞争冒险现象分为两种：一种是组合逻辑电路中的竞争冒险现象；另一种是时序逻辑电路中的竞争冒险现象。下面将分别从这两种实现方式中来分析窄脉冲的产生方法。

1. 利用数字组合逻辑电路中的竞争冒险现象产生窄脉冲

利用数字电路产生窄脉冲，主要是利用数字组合逻辑门电路的竞争冒险现象来完成的。其实现方法主要有两种：一种是采用两输入端与非门（NAND）产生窄脉冲，如图 2-32

（a）、图 2-32（b）所示，其逻辑表达式为 $F = \overline{AB}$。另一种是采用两输入端或非门（OR）产生窄脉冲，如图 2-33（a）、图 2-33（b）所示，其逻辑表达式为 $F = \overline{A+B}$。这两种方式产生的窄脉冲近似钟形，类似于高斯脉冲。从第 2 章中对于高斯脉冲时域及频域的分析可知，高斯脉冲具有较大的直流分量，因此，可以在电路的后端采用微分电路得到无直流分量的高斯单周期脉冲。

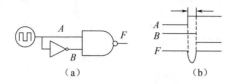

图 2-32　采用两输入端与非门产生窄脉冲

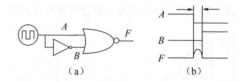

图 2-33　采用两输入端或非门产生窄脉冲

2. 利用数字时序逻辑电路中的竞争冒险现象产生窄脉冲

数字时序逻辑电路通常包含组合逻辑电路和存储电路两个部分，所以，它的竞争冒险现象也包含两个方面。一方面是其中的组合逻辑电路部分可能发生的竞争—冒险现象。另一方面是存储电路（或者说是触发器）工作过程中发生的竞争—冒险现象。

为了保证触发器可靠地翻转，输入信号和时钟信号在时间配合上应满足一定的要求。然而，当输入信号和时钟信号同时改变，而且通过不同路径到达同一触发器时，便产生了竞争。竞争的结果有可能导致触发器误动作，这种现象称为存储电路（或触发器）的竞争冒险现象[17]。因为此种现象一般只发生在异步时序电路中，所以，可以采用异步时序电路来产生窄脉冲，其实现方法如图 2-34 所示。

上述方法中的电路是采用多相时钟来控制 D 触发器，使 D 触发器输出脉冲的上升沿的到达时间有了不同的延迟。由于异或门是当两输入不同时，输出才为"1"，其逻辑表达式为：$F = A \oplus B = A \cdot B' + A' \cdot B$（⊕ 为"异或"运算符），所以，D 触发器的输出经过异或门之后，就产生了一个窄脉冲。由图 2-34 可以看出产生窄脉冲的宽度完全是由时钟的延时来决定的，时钟的延时是由多相时钟来控制的。其中多相时钟的逻辑图如图 2-35 所示，由于 Clk1、Clk2、Clk3、Clk4 之间的延时均为 τ，将使图 2-34 所示的电路中产生的窄脉冲的宽度为 τ。如果想得到满足 FCC 频谱规定的 UWB 窄脉冲，还需要在电路的后端进行滤波整形。

图 2-35 中的延时 τ 一般是通过压控延时线或者 FPGA 控制的延时芯片来实现的。本书利用非门 74S04、74F04、NC7SZ04 之间不同的延时，实现延迟同步时钟。通过对 4 路输出脉冲的波形的分析，选择了合适的逻辑门芯片组合之后产生了持续时间为 2.569ns、重复频率为 10MHz 的窄脉冲。利用时序逻辑电路中竞争冒险现象产生窄脉冲电路图如图 2-36 所示，仿真结果如图 2-37 所示。

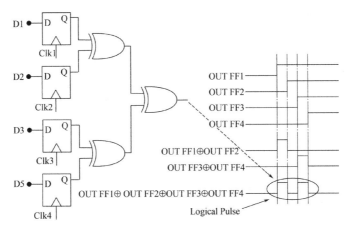

图 2-34　异步时序电路竞争冒险现象产生窄脉冲

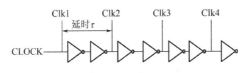

图 2-35　多相时钟逻辑图

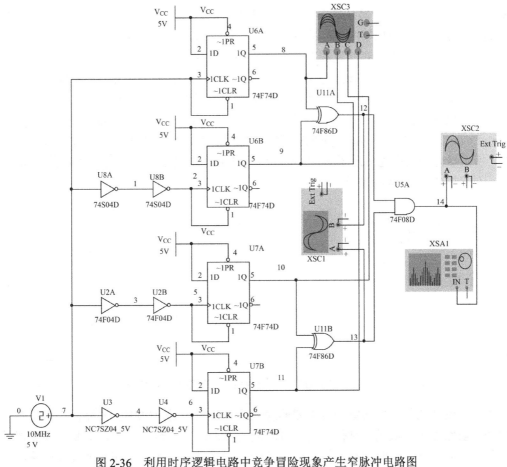

图 2-36　利用时序逻辑电路中竞争冒险现象产生窄脉冲电路图

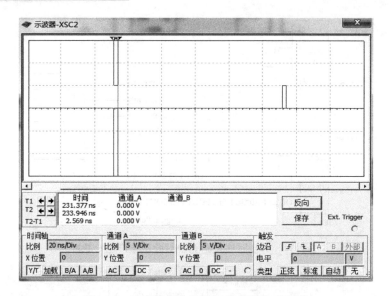

图 2-37　时序逻辑电路脉冲发生器仿真结果

通过选择合适的逻辑芯片，还可以得到不同宽度的脉冲，这等同于改变了延迟同步时钟的延迟时间 τ。所以，利用时序逻辑电路的竞争冒险现象产生窄脉冲，同样能够实现脉冲宽度可控，由于 D 触发器是输入方波上升沿触发的，非常适合应用到跳时脉冲位置的超宽带通信系统中，但是如果产生精确的延时还是要通过压控延时线或者 FPGA 控制的延时芯片来实现的，不过这将在一定程度上增加系统的复杂度及集成成本。

本书在数字电路产生窄脉冲方法的基础上设计了一种脉冲发生器，其电路图如图 2-38 所示。该电路采用的是两输入端或非门产生窄脉冲，所选用的高速逻辑器件 NC7SZ02 或非门和 NC7SZ04 非门是飞兆\仙童半导体公司（Fairchild Semiconductor）的低 ICCT 逻辑门 TinyLogic 器件。TinyLogic 低 ICCT 逻辑门与标准 CMOS 产品相比，静态功耗减少多达 99%，所选器件的超高速体现于在 5V 电源电压的驱动下典型延迟时间为 2.4ns[18]，比 TTL 逻辑门的 74F 系列的延迟时间还要小。

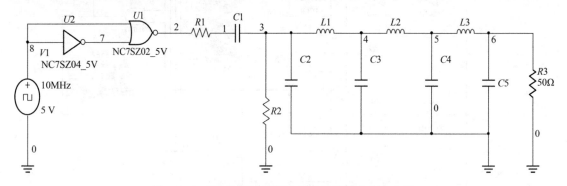

图 2-38　采用数字组合逻辑电路产生窄脉冲电路图

本书所设计的数字电路脉冲发生器的输入信号采用的是 10MHz 的晶振提供的基带方波信号。虽然理论上激励时钟信号的上升时间对脉冲的宽度没有影响，但是考虑到器件的非理想性，应选择上升时间尽量短的时钟信号作为激励源，所以，在实现实际电路的制作时，时钟信号应先经过两个非门，以使输入的激励信号具有足够陡峭的上升沿和幅度，之后再分为两路分别输入到非门 NC7SZ04 和或非门 NC7SZ02 的一个输入端。时钟信号经过非门 NC7SZ04 后会产生一个极性相反、有足够陡峭的上升沿和幅度的信号，该信号和时钟信号经过或非门 NC7SZ02 后产生一个窄脉冲。此窄脉冲的宽度是由非门的延迟时间来决定的。电路后端的微分滤波电路主要用来完成脉冲的成形，通过调整 RLC 的参数，就可以得到适合 UWB 传输的高斯单周期脉冲。另外，在实际电路的制作中，由于传输的是高速的脉冲信号，所以，电路的布线也会对脉冲的延迟时间造成影响[19]。

利用 Multisim 10.0 仿真软件对设计的脉冲发生器进行了仿真，仿真结果如图 2-39 所示。经过该脉冲发生器得到了脉冲持续时间为 857ps、幅度为 3.1V、重复频率为 10MHz 的高斯单周期脉冲。

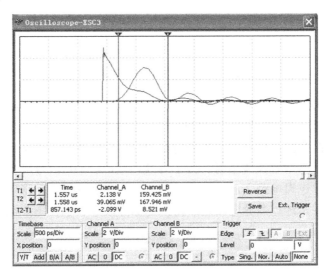

图 2-39　脉冲信号的仿真波形

由以上设计的数字电路脉冲发生器可知利用数字组合逻辑电路中的竞争冒险现象来产生 UWB 窄脉冲结构简单，成本低廉，易于集成。但是，此种电路脉冲宽度完全由非门的延迟量来决定，脉冲宽度不可控，如果要得到极窄的脉冲，必须选择延时量极小的逻辑器件。若采用可编程延时芯片来替代电路中的非门，将能够实现产生的窄脉冲宽度可控，可以采用 FPGA 或者 DSP 来控制电路中的脉冲延时[20,21]。

2.4　基于双非门结构的窄脉冲的设计

利用数字逻辑器件的竞争冒险现象产生窄脉冲，脉冲的持续时间完全由非门的延时决定，选择合适的非门延迟芯片就能得到不同宽度的窄脉冲，脉冲的宽度受非门的延迟的控制，目前使用的高速逻辑器件的非门大部分延迟都在纳秒级，如在 5V 电源电压驱动下74S04 的典型延时为 3ns，74F04 的典型延时为 3.7ns，NC7SZ04 的典型延时为 2.4ns，74HC04 的典型延时为 7ns，这大大限制了极窄脉冲的产生，而利用几个延时相近的高速逻辑器件的延时差却远远小于单个器件的延时，因此，本书在已经设计的脉冲发生器的基础上提出了一种利用两个延迟差极小的逻辑非门产生 ps 级脉冲的方法，该方法由于利用两个逻辑非门的延迟差，对器件的要求不高。图 2-40 所示为所提出的电路设计方案。

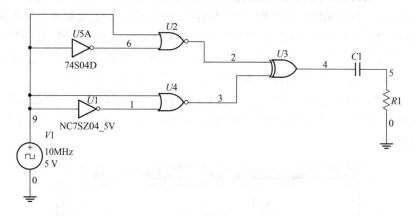

图 2-40 双非门结构脉冲发生器电路图

电路首先由 74S04 和 NC7SZ04 分别和时钟信号经过或非门之后得到两个不同宽度的窄脉冲，如图 2-41 所示。得到的两个脉冲宽度之差 587ps，就是所选择的两个非门的延时量之差。然后将这两路脉冲分别输入异或门得到最后的窄脉冲。由于得到的脉冲含有丰富的低频和直流分量，不适宜天线辐射，为了有效传输，UWB 信号应含有尽可能多的高频分量，所以，在经过逻辑电路之后，又通过微分电路对脉冲进行整形以获得适合 UWB 传输的高斯单周期脉冲。经过微分电路之后得到的脉冲波形表示在图 2-42 中。

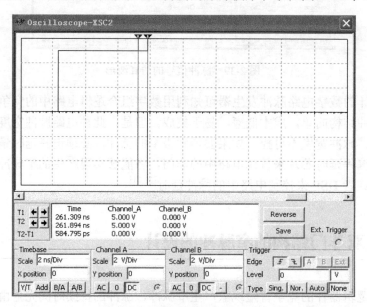

图 2-41 脉冲发生器仿真结果 1

从图 2-42 中可以看到，经过微分整形电路之后得到的脉冲宽度为 150ps。将该结果与图 2-39 中的仿真结果比较分析，发现脉冲的宽度明显变窄。时域脉冲的宽度越窄，频域的频谱宽度也随之增加，而且频带的中心频率也随着脉冲的变窄而升高。同时由于采用了两级电路的缘故，严格抑制了之前脉冲的拖尾和抖动现象。

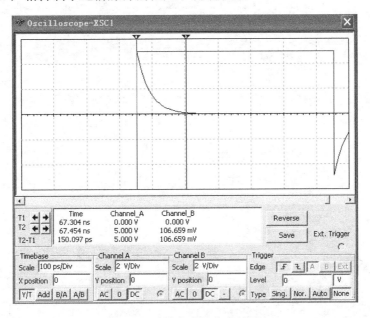

图 2-42　脉冲发生器仿真结果 2

　　根据双非门结构脉冲发生的原理图，制作相应的实物，如图 2-43 所示。电路仿真时，采用 10MHz 的时钟信号源作为触发源输入的，但在实际测试时，在脉冲发生器的前端采用了 10MHz 的晶振电路来作为触发码源。输出波形采用 AgilentMSO9404A 高宽带数字示波器（带宽 4GHz，最高采样速率达 25GHz/s）测量。在非门 74S04 和 NC7SZ04 作用后两路产生的脉冲测试结果如图 2-44 所示。结果测得两路脉冲之间的延时为 1.05ns，经过异或门之后的脉冲测试结果如图 2-45 所示，测得的脉冲宽度约为 1.47ns，幅度约为 1.6V 的窄脉冲。从图 2-46 所示的脉冲频谱可以得到的高斯脉冲的带宽为 1GHz，达到标签的带宽设计要求。

图 2-43　双非门结构脉冲发生器实物

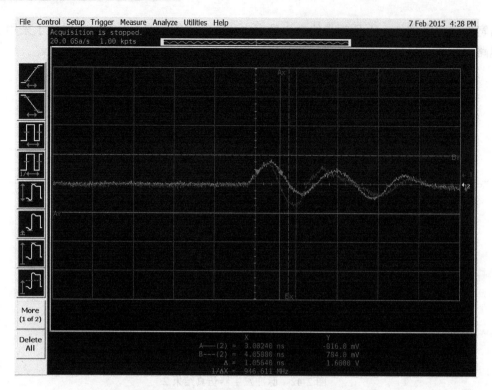

图 2-44　未经过异或门之前的两路脉冲波形

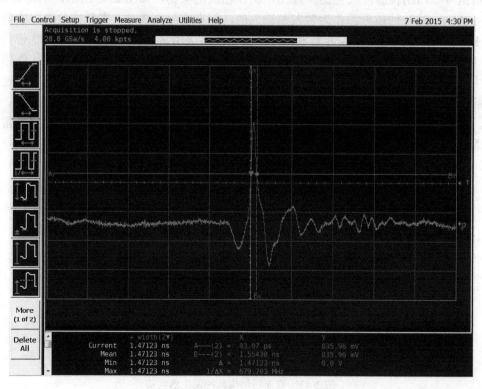

图 2-45　经过异或门之后的时域脉冲波形

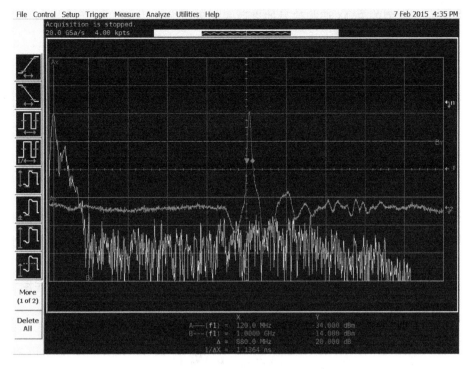

图 2-46　经过异或门之后的脉冲频谱

　　在测试时，输入的触发信号是由晶振电路提供的方波信号，考虑到器件的非理想性，激励时钟信号的上升时间会对脉冲的宽度产生影响，同时由于电路布线等方面的因素都会使实测结果与仿真结果产生一定的偏差，这都是在可接受的误差范围之内的。而且从整个电路的制作成本及体积方面考虑，基于双非门结构的脉冲发生器结构简单，成本低，易于制作，符合超宽带发射机小型化的设计要求，工程实用性较强。

2.5　超宽带脉冲信号的调制

　　调制是通过调整信号的某些参数（如幅度、极性、频率、相位等）使该信号携带有信息的过程，在接收端调制后的信号必须能够被准确的辨别出来。发射信号的调制方式不仅决定了整个系统的可靠性和有效性，也影响了信号的频谱特性及后端接收机的复杂度等。因此，为了保证超宽带无线通信系统的可靠性，必须对发射的超宽带信号进行适当的、高效的调制[22]。目前常用的调制方法有二进制振幅键控（OOK）[23]、二进制移相键控（BPSK）[24]、脉冲幅度调制（PAM）和脉冲位置调制（PPM）等[25]。另外，还有用于多址技术的跳时脉冲位置调制（TH-PPM）[26]以及直接序列扩频调制（DS-SS）[27]等。

2.5.1　脉冲幅度调制（PAM）

　　PAM 调制时将信息调制到脉冲幅度上的一种调制方式，是数字通信系统中比较常用的调制方式之一。典型的 PAM 调制信号的表达式如下：

$$p(t) = \sum_{j=-\infty}^{+\infty} a_j w(t - jT_f) \qquad (2\text{-}36)$$

式中，$w(t)$ 代表基本脉冲信号，T_f 代表脉冲周期，则 $\sum_{j=-\infty}^{+\infty} w(t - jT_f)$ 为脉冲序列；a_j 代表调制数据。设发送序列 $\{a_j\}$ 为独立同分布的随机变量，可以推算出 PAM 的功率谱密度为

$$P(f) = \frac{\sigma_a^2}{T_f} |W(f)|^2 + \frac{\mu_a^2}{T_f^2} \sum_{j=-\infty}^{+\infty} \left| W\left(\frac{j}{T_f}\right) \right|^2 \sigma\left(f - \frac{j}{T_f}\right) \qquad (2\text{-}37)$$

式中，σ_a^2 和 μ_a 分别是序列 $\{a_j\}$ 的方差和均值，$|W(f)|^2$ 是基本脉冲信号的功率谱密度。由于调制信号 $\{a_j\}$ 是一个随机变量，故经过 PAM 调制的超宽带信号功率谱包含了连续谱和离散谱两部分。

设调制信号为 a_1、a_2，即采用二进制 PAM 调制，PAM 调制后的波形表示在图 2-47 中。在 AWGN 信道下相干接收的误码率如下：

$$P_e = Q\left(\sqrt{\frac{(a_2 - a_1)^2 E_b}{2(\sigma_a^2 + \mu_a^2) N_0}} \right) \qquad (2\text{-}38)$$

式中，E_b 为比特平均能量，N_0 为噪声功率谱密度，$Q(\cdot)$ 为误差函数，定义如下：

$$Q(x) = \int_x^\infty \frac{1}{\sqrt{2\pi}} \mathrm{e}^{\frac{-s^2}{2}} \mathrm{d}s \qquad (2\text{-}39)$$

PAM 调制的优点在于硬件的实现简单，仅需要一个脉冲发生器和一个匹配滤波器，而且可以灵活地采用多进制进行调制，方便改变数据的传输速率。但 PAM 调制的误码率却不是最好的，并且在室内复杂的环境下，超宽带信号会受到多径衰落的影响，PAM 调制就不太适合在这样的场合下使用。

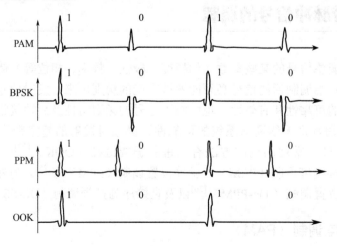

图 2-47　超宽带的调制方式

通过改变序列 $\{a_j\}$ 的值，可以得到 PAM 调制的两种简化形式：OOK 和 BPSK。

1. 二进制振幅键控调制（OOK）

OOK 调制是 PAM 的一种极限，通过脉冲的有无来传递信息。OOK 调制的表达式为

$$p(t) = \sum_{-\infty}^{\infty} b_n w(t - nT_f) \tag{2-40}$$

式中，b_n 代表调制数据 "0" 或 "1"。当 $b_n = 1$ 时，发送脉冲信号；当 $b_n = 0$ 时，不发送脉冲信号。OOK 调制后的波形如图 2-47 所示。AWGN 信道下接收的误码率为

$$P_e = Q\left(\sqrt{\frac{E_b}{N_0}}\right) \tag{2-41}$$

OOK 调制的物理实现简单，只需要利用一个简单的射频 RF 开关就可以来控制脉冲发生器的开和关，实现 "0" 和 "1" 的发送。而它的误码率性能明显不如其他幅度调制技术。

2. 二进制相移键控（BPSK）

在无线通信技术中，BPSK 是利用脉冲的极性进行信息的调制。当调制信息为 "1" 时，发送一个正极性的脉冲；当调制信息为 "0" 时，发送一个负极性的脉冲（见图 2-47）。BPSK 调制的表达式为

$$p(t) = \sum_{-\infty}^{\infty} b_n w(t - nT_f) \tag{2-42}$$

式中，b_n 代表数据 "0" 或 "1"。

BPSK 调制与前两种调制方式相比，其优点是误码率性能比较理想。在 AWGN 信道下接收的误码率为

$$P_e = Q\left(\sqrt{\frac{2E_b}{N_0}}\right) \tag{2-43}$$

BPSK 调制的物理实现较难。例如，采用 BPSK 方式调制的系统就需要两个分别产生相反极性脉冲的脉冲发生器，系统比较复杂，但由于它比较理想的误码率，该调制方式在超宽带系统中仍有应用。

2.5.2　脉冲位置调制（PPM）

在 PAM、OOK 和 BPSK 调制中，发射脉冲的时间间隔是不变的，实际过程中，可以通过改变发射脉冲的时间间隔或者是发射脉冲相对于基准脉冲的位置来传递消息，基于这样的原理出现了 PPM 调制。在 PPM 的过程中，脉冲的幅度及极性是固定不变的。以二进制 PPM 为例，当调制数据为 "1" 时，这个脉冲就出现一个时间的偏移量 δ；当调制数据为 "0" 时，脉冲的位置就保持不变（见图 2-47）。二进制 PPM 的表达式如下：

$$p(t) = \sum_{n=-\infty}^{+\infty} w(t - nT_f - \delta b_n) \tag{2-44}$$

式中，b_n 为调制数据 "0" 或 "1"，δ 为时间偏移量。

设调制数据 "0" 和 "1" 是等概率出现的，则 PPM 的功率谱密度为

$$P(f) = \frac{1}{2T_f} \left| W(f) \right|^2 \left[1 - \cos(2\pi f \delta) \right]$$

$$+ \frac{1}{2T_f^2} \sum_{n=-\infty}^{+\infty} \left| W\left(\frac{n}{T_f} \right) \right|^2 \left[1 + \cos\left(\frac{2\pi n\delta}{T_f} \right) \right] \delta\left(f - \frac{n}{T_f} \right) \tag{2-45}$$

在 AWGN 信道下接收的误码率为

$$P_e = Q\left(\sqrt{\frac{E_b}{N_0}} \right) \tag{2-46}$$

PPM 调制的优点是每个脉冲相对于其他脉冲都独立，容易实现信号的正交性，适合用于多进制和多址调制。PPM 最主要的缺点是在平均能量相同的情况下它的误码率和 OOK 方式相同，明显不如 BPSK 调制；另外，在多进制 PPM 调制中，为了得到高速的数据传输速率，需要用多个脉冲来发送位置信息，脉冲之间的间隙会比较小，这样就容易产生符号间的干扰问题。为了减少符号间干扰的问题，在 PPM 中数据的传输速率会有一个限制，从而导致在同样的条件下，PPM 的速率要比 PAM 低。如果在室内多径的条件下，相邻符号间的干扰会更严重。

2.5.3 多址技术

超宽带无线系统通常采用跳时技术（Time-Hopping）和直接序列（Direct-S equence）作为多址接入技术。跳时技术最早是由 Scholtz 提出来的。前文所提到的几种调制技术都可以采用跳时技术实现多址接入，其中最常用的是分别对 PPM 和 PAM 进行调制，进行调制后的信号就是跳时脉冲位置调制（Time-Hopping PPM，TH-PPM）和直接序列扩频调制（Direct-Sequence SS，DS-SS）。

1. 跳时脉冲位置调制（TH-PPM）

由于超宽带脉冲信号的持续时间可以达到纳秒甚至皮秒级，利用这个特点，可以用某种方式从时间上来区分多个不同的用户。跳时超宽带（TH-UWB）采用 TH 序列作为各个用户的标识码，从而允许多个用户接入系统。结合二进制 PPM 的跳时超宽带调制信号的产生可以系统地描述如下。

给定等待发射的二进制序列 $b = (\cdots, b_0, b_1, \cdots, b_j, b_{j+1}, \cdots)$，其速率 $R_b = 1/T_b(\text{bps})$，图 2-48 中的第一个模块将每个比特重复 N_s 次，产生一个新的二进制序列：

$$(\cdots, b_0, b_0, \cdots, b_0, b_1, b_1, \cdots, b_1, \cdots, b_k, b_k, \cdots, b_k, b_{k+1}, b_{k+1}, \cdots, b_{k+1}, \cdots)$$
$$= (\cdots, a_0, a_1, \cdots, a_j, a_{j+1}, \cdots) = a$$

新序列的比特速率 $R_{cb} = N_s / T_b = 1/T_s(\text{bps})$。这个模块被称为重复码的 $(N_s, 1)$ 分组编码器。上述过程通常被称为信道编码。

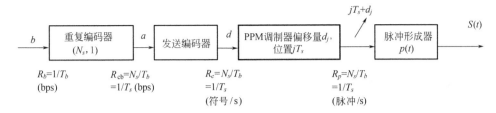

图 2-48　TH-PPM 信号的发射方案

第二个模块完成传输编码，即应用整数值序列 $c = (\cdots, c_0, c_1, \cdots c_j, c_{j+1}, \cdots)$ 和二进制序列 $a = (\cdots, a_0, a_1, \cdots, a_j, a_{j+1}, \cdots)$，产生一个新的序列 d，序列 d 中元素的表达式如下：

$$d_j = c_j T_c + a_j \varepsilon \tag{2-47}$$

式中，T_c 和 ε 都是常量，对所有的 c_j 需满足条件 $c_j T_c + \varepsilon < T_s$，一般 $\varepsilon < T_c$。

考虑到 d 是一个实数值序列，而 a 是一个二进制序列，c 是一个整数值序列。在此，假定 c 是一个伪随机码序列，其中的元素 c_j 是整数，并且满足 $0 \leq c_j \leq N_h - 1$。码序列 c 设为周期序列，它的周期为 N_p，取 $N_p = N_s$。

实数序列 d 输入到第三个模块完成 PPM 调制，产生一个速率为 $R_p = N_s / T_b = 1/T_s$（脉冲/s）的单位脉冲序列。这些脉冲在时间轴上的位置为 $jT_S + d_j$，即脉冲的位置在 jT_S 基础上偏移了 d_j，则脉冲的发生时间可以表示为 $(jT_s + c_j T_c + a_j \varepsilon)$。显然，码序列 c 对信号加入了 TH 偏移，故 c 又被称为 TH 码。

最后一个模块为脉冲形成滤波器，它的冲激响应可表示为 $p(t)$。要求 $p(t)$ 必须能保证脉冲形成滤波器输出的脉冲序列不能有任何的重叠。综合以上所有的处理过程可得典型的 TH-PPM 信号，其表达式如下：

$$s(t) = \sum_{j=-\infty}^{+\infty} p(t - jT_s - c_j T_c - a_j \varepsilon) \tag{2-48}$$

利用 MATLAB 平台仿真得典型的 TH-PPM 调制信号波形如图 2-49 所示。发送信息序列为（10），每个信息比特重复了 5 次，TH 码采用（1 1 2 2 1）。

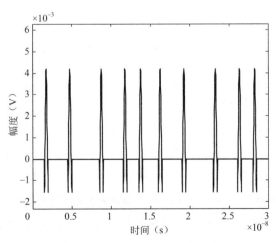

图 2-49　TH-PPM 调制信号波形

定义一个信号，其表达式如下：

$$v(t) = \sum_{j=1}^{N_s} p(t - jT_s - \eta_j) \tag{2-49}$$

将上式进行傅里叶变换得

$$P_v(f) = P(f) \sum_{m=1}^{N_s} \mathrm{e}^{-\mathrm{j}[2\pi f(mT_s + \eta_m)]} \tag{2-50}$$

给定多个脉冲的重复率为 T_b，假设 a 是一个严格平稳离散随机过程，由其抽取的不同随机变量 a_j 是统计独立并具有相同的概率密度函数 w，则可得 TH-PPM-UWB 信号的频谱如下：

$$P_s(f) = \frac{|P_v(f)|^2}{T_b} \left[1 - |W(f)|^2 + \frac{|W(f)|^2}{T_b} \sum_{n=-\infty}^{+\infty} \delta\left(f - \frac{n}{T_b}\right) \right] \tag{2-51}$$

从式（2-51）中可以看出，TH-PPM 超宽带信号的频谱受到了两方面的影响，一方面是 TH 码通过 $P_v(f)$ 的影响，另一方面是 PPM 调制器对时间偏移的影响，并且 PPM 调制器影响的特征取决于信号源的统计特性。同时，频谱的离散部分在 $1/T_b$ 处有谱线，且谱线幅度的大小为信号源统计特性的加权，即 $|W(f)|^2$ 加权。

2. 直接序列扩频调制（DS-SS）

直接序列扩频又称直扩—脉冲幅度调制（DS-PAM），是一种常见的数字调制方式。与 TH-PPM 调制相同，直接序列扩频调制可以用图 2-50 所示的过程产生。

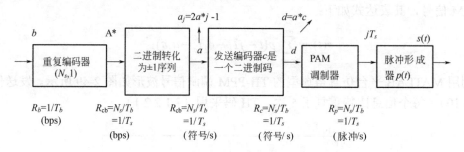

图 2-50　DS-PAM 调制信号的发射方案

第一个模块与 TH 方式相似，系统引入的冗余相当于一个参数为 $(N_s,1)$ 的重复码编码器。第二个模块将 a^* 序列转换为只含有正值和负值元素的序列 $a = (\cdots, a_0, \cdots a_1, \cdots a_j, a_{j+1}, \cdots)$，转换公式为：$(a_j = 2a_j^* - 1, -\infty < j < +\infty)$。发射编码器将一个由 ± 1 组成、周期为 N_p 的二进制码序列 $c = (\cdots, c_0, c_1, \cdots, c_j, c_{j+1}, \cdots)$ 应用到序列 $a = (\cdots, a_0, \cdots, a_1, \cdots, a_j, a_{j+1}, \cdots)$，产生一个新序列 $d = a \cdot c$，其组成元素 $d_j = a_j c_j$。假定 N_p 等于 N_s。序列 d 进入第三个系统 PAM 调制器，产生一个速率为 $R_p = N_s / T_b = 1/T_s$（脉冲/s）的单位脉冲序列，其位置在 jT_s 处。调制器输出的信号进入冲激响应为 $p(t)$ 的脉冲形成滤波器，输出的 DS-SS 信号 $s(t)$ 可以表示为

$$s(t) = \sum_{j=-\infty}^{+\infty} d_j p(t - jT_s) \tag{2-52}$$

利用 MATLAB 平台仿真得典型的 DS-PAM 调制信号波形如图 2-51 所示。

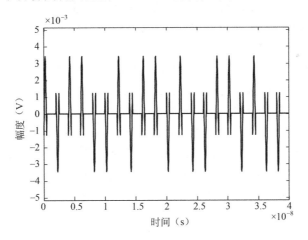

图 2-51　DS-PAM 调制信号波形

2.5.4　TH-PPM 脉冲序列的电路实现

对于 UWB 标签电路，信息的调制方式是非常重要的。UWB 标签电路可以用不同的伪随机码（PN 码）来区分每个标签。UWB 通信系统最常用的多址调制技术是 TH-PPM 调制，其中跳时序列是超宽带系统实现多址通信的根本来源，跳时序列中序列的数目将决定超宽带无线通信系统中用户的数目，也即定位跟踪标签的数量，其跳时序列调制性能的优劣将直接影响整个超宽带无线通信系统性能的优劣。典型的 TH-PPM-UWB 调制信号波形表达式为

$$s(t) = \sum_{j=-\infty}^{+\infty} p(t - jT_s - c_j T_c - a_j \varepsilon) \tag{2-53}$$

式中，整数值序列 $c = (\cdots, c_0, c_1, \cdots, c_j, c_{j+1}, \cdots)$、二进制序列 $a = (\cdots, a_0, a_1, \cdots, a_j, a_{j+1}, \cdots)$、$T_c$ 和 ε 是常量，对所有的 $c_j T_c + \varepsilon < T_s$，通常 $\varepsilon < T_c$。

采用 PIC18F242 单片机来完成 TH-PPM 调制。TH-PPM 脉冲序列产生模块的结构框图如图 2-52 所示。

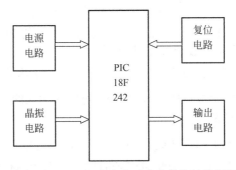

图 2-52　TH-PPM 脉冲序列产生模块结构框图

PIC18F242 是一种高性能、低功耗、高速的增强型带有 10 位 A/D 的 Flash 单片微型处理器。其具有如下特点：28 个引脚，16KB 程序存储器和 8K 指令存储器，768 字节 RAM，256 字节 EEPROM，3 个并行端口，4 个计数器/定时器，2 个捕捉/比较/PWM 模块，2 个串行通信模块，5 个 10 位 ADC 通道。中央处理单元（CPU）包含有 8 位 ALU（算术逻辑单元）、工作寄存器和 8 位×8 位硬件乘法单元。18F242 的指令集由 75 条指令构成，时钟晶振可以工作在 DC 到 40MHz。

单片机 18F242 的主要作用是从存储器中取出标签的数据信息，并对数据信息进行 TH-PPM 编码，得到每位数据特定的位置信息，然后利用单片机内部的定时/计数器在特定的位置输出基带脉冲。图 2-53 所示为 TH-PPM 脉冲序列产生的程序流程图。首先进行程序初始化，定义输出端口，设定定时/计数器的工作模式；接着设定标签数据信息、跳时码序列、码元时间和 PPM 偏移量，根据 TH-PPM 调制表达式计算每位数据信息的偏移位置并将其存入特定的存储器中；然后从存储器中读取数据，利用定时/计数器的定时功能完成特定时间的延时，当定时器溢出时，在特定的输出端口输出一个脉冲。

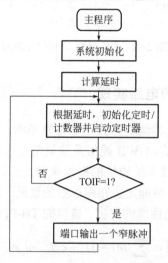

图 2-53　TH-PPM 脉冲序列产生的程序流程图

单片机实现 TH-PPM 调制的具体步骤如下：

① 设置数据码信息。N 为一个二进制序列，在此将其设为 b。

② 设置 TH 码序列。设伪随机码序列 c，它的元素 c_j 为整数值，满足 $0 \leqslant c_j \leqslant N_h - 1$。

③ 计算相应脉冲的位置。首先根据均匀脉冲的重复周期来确定脉冲的位置，然后加上 TH 码所引起的脉冲时间位移，最后加上输入信息码所引起的 PPM 脉冲位移。具体算法：a）将数据码重复编码，重复次数为 N_s，从而生成一个新的序列 a，此时数据信息序列的长度为 $N \cdot N_s$；b）取 TH 码的长度为 N_p，满足 $N_p = N_s$，然后将 TH 码序列按周期延扩，使其序列长度等于重复编码后数据码的长度；c）对每次输入的一个信息码，根据 TH 码和信息码计算相应脉冲的位置 S_k：

$$S_k = (k-1)T_s + C_k T_c + a_k \varepsilon \qquad k = 1, 2, 3, \cdots \tag{2-54}$$

式中，T_s 为均匀脉冲重复周期，T_c 为跳时码片时间，ε 为 PPM 偏移量，对所有的 c_k 必须

满足条件 $c_k T_c + \varepsilon < T_s$。

④ 根据 S_k 计算定时器/计数器初值。

⑤ 对计数器依次赋初值，定时完成后在设定的端口输出一个窄脉冲。

设计标签的参数信息如下：

TH-PPM 调制参数：脉冲均匀重复周期 $T_s = 5\mu s$，跳时码片周期 $T_c = 2\mu s$，PPM 偏移量 $\varepsilon = 1\mu s$，信息码重复次数 $N_s = 5$。

编码前：

$$DataBits = (10110)$$
$$THcodes = (11221)$$

编码处理后：

$$DATA = (11111\ 00000\ 11111\ 11111\ 00000)$$
$$CODE = (11221\ 11221\ 11221\ 11221\ 11221)$$

延时计算：

$$Delay(f) = k \cdot T_s + CODE[J] \cdot T_c + DATA[d] \cdot \varepsilon$$

定时/计数器的初值设定：

$$Num = 255 - (Delay / 一个机器周期)$$

表 2-2 列出了经过计算后，每个脉冲相对于前一个脉冲的延时时间及每个脉冲需要给定时/计数器赋的初值。

表 2-2　计算所得脉冲位置信息

脉冲编号 k	相对起始脉冲的延时 （μs）	相对于前一个脉冲的延时 （μs）	定时/计数器初值 （十六进制）
0	3	3	E2
1	8	5	CE
2	15	7	BA
3	20	5	CE
4	23	3	E2
5	27	4	D8
6	32	5	CE
7	39	7	BA
8	44	5	CE
9	47	3	E2
10	53	6	C4
11	58	5	CE
12	65	7	BA
13	70	5	CE
14	73	3	E2
15	78	5	CE
16	83	5	CE
17	90	7	BA
18	95	5	CE

脉冲编号 k	相对起始脉冲的延时 （μs）	相对于前一个脉冲的延时 （μs）	定时/计数器初值 （十六进制）
19	98	3	E2
20	102	4	D8
21	107	5	CE
22	114	7	BA
23	119	5	CE
24	122	3	E2

程序经过软件调试和硬件测试无误后，利用单片机烧写器将调试好的程序烧写进单片机以供后面电路设计与测试使用。

图 2-54 所示为 TH-PPM 脉冲序列产生的电路图。外加 5V 电源经过电源耦合电路，滤除低频和高频的杂波，然后给单片机上电。晶振电路采用 HS+PLL（锁相环的高速晶体/谐振器），在 OSC1、OSC2 引脚外接 10MHz 晶振，经过内部 PLL 电路将振荡频率倍增到 40MHz。除此之外，单片机还外接了上电复位电路。

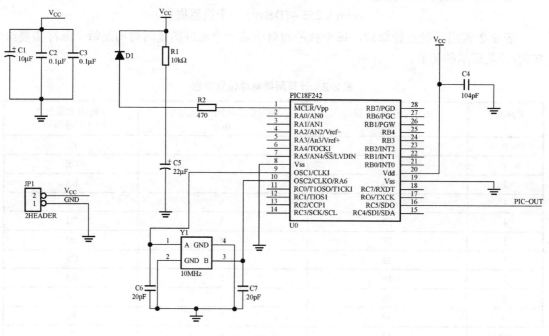

图 2-54　TH-PPM 脉冲序列产生的电路图

在单片机的输出端采用了安捷伦公司的高速采样示波器 MSO9404A 来观察脉冲序列，示波器的带宽为 4GHz，采样率为 20GSa/s。如图 2-55 所示，TH-PPM 脉冲序列产生电路得到了比较准确的 TH-PPM 基带脉冲序列。经过测试，每个脉冲的相对位置与理论计算所得的虽然有些误差（见表 2-3），但这是由于在实测的过程中，导线的长短对信号的传输有一定的延时，这些都是在可以接受的误差范围内。综合考虑，实测和仿真还是比较一致的，验证了电路设计的正确性。

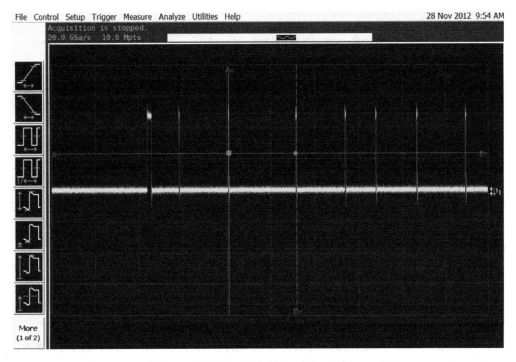

图 2-55　TH-PPM 脉冲序列的测试结果

表 2-3　理论计算与实测脉冲位置信息

脉冲编号 k	相对于前一个脉冲的延时理论值（μs）	相对于前一个脉冲的延时测试值（μs）
0	3	3.6
1	5	5.6
2	7	7.7
3	5	5.6
4	3	3.5
5	4	4.7
6	5	5.6
7	7	7.7
8	5	5.6
9	3	3.5
10	6	6.5
11	5	5.6
12	7	7.7
13	5	5.6
14	3	3.5
15	5	5.6
16	5	5.6
17	7	7.7

脉冲编号 k	相对于前一个脉冲的延时理论值 （μs）	相对于前一个脉冲的延时测试值 （μs）
18	5	5.6
19	3	3.5
20	4	4.7
21	5	5.6
22	7	7.7
23	5	5.6
24	3	3.5

小结

　　本章全面讨论了 UWB 的脉冲产生方法，以及常用脉冲波形的时域和频域特性，分析它们是否能够满足 FCC 的频谱要求，能否作为 UWB 室内定位的合适波形。

　　（1）高斯脉冲虽然容易获得，但是含有较大的直流分量，不利于天线的有效辐射。高斯各阶导函数脉冲虽无直流分量，而且通过选择合适的脉冲成形因子 α 和微分次数 k 就能得到满足 FCC 频谱规范的 UWB 发射脉冲，但是随着微分次数的增加，工程实现难度也相应增加。

　　（2）修正 Hermite 脉冲相互正交，作为发射脉冲可以降低整个系统的误码率，但是还需要通过载波调制才能满足 FCC 的频谱要求。

　　（3）基于窗函数载波调制的脉冲，中心频率可控，通过选择合适的包络波形就能得到满足要求的 UWB 脉冲。

　　（4）从频域出发得到相应时域波形的升余弦脉冲，受到发射功率模板的限制，作为 UWB 发射脉冲，并不具有优势。

　　（5）基于小波的超宽带脉冲波形设计，需要选择合适的尺度变换因子，才能得到 UWB 理想的室内定位波形。

　　其次针对超宽带室内定位系统的应用，文章对几种常用的窄脉冲的产生方法进行了比较分析，着重分析了利用数字电路产生窄脉冲的方法。在此基础上首先设计了一种简单的 UWB 脉冲发生器，通过对该脉冲发生器仿真结果的分析，可知基于数字电路产生的窄脉冲的宽度完全取决于非门的延迟。基于此本书又提出了一种双非门结构的超宽带窄脉冲的产生方法，仿真结果表明，采用该方法可以得到重复频率为 10MHz、持续时间为 150ps 的窄脉冲。采用该方法对于常规的数字电路的设计方法而言，不仅对逻辑器件的要求不高，而且脉冲宽度变窄了十几倍，极大地提高了室内定位精度。根据仿真原理图本书制作了基于双非门结构脉冲发生器的实物，经过对该实物的测试，验证了此电路的可行性。本章最后总结了几种常用的调制技术，如 OOK、BPSK、PAM 和 PPM 调制，并对各自的误码率进行了分析比较。

参考文献

[1]　胡君萍. 直接序列超宽带系统的脉冲波形研究[D]. 武汉：武汉理工大学，2008.

[2]　Sayed Vahid Mir-Moghtadaei, Abolghasem Zeidaabadi Nezhad, and Ali Fotowat-Ahmady. A New IR-UWB Pulse to mitigate coexistence issues of UWB and Narrowband systems[C]. 2013 21st Iranian Conference on Electrical Engineering, 2013.

[3]　Mir-Moghtadaei S.V., Nezhad A.Z., Fotowat-Ahmady A.. A new IR-UWB pulse to mitigate coexistence issues of UWB and narrowband systems [C]. 2013 21st Iranian Conference on Electrical Engineering (ICEE). 2013.

[4]　姜永. 超宽带移动通信系统脉冲波形优化设计[D]. 上海：上海交通大学，2012.

[5]　孟琰，史健芳. 超宽带无线通信技术发展浅析[J]. 科学之友，2012(9):155-156.

[6]　王争艳. MB-UWB 系统的资源分配研究[D]. 郑州：河南工业大学，2012.

[7]　周冉. MB-OFDM-UWB 无线通信系统的仿真研究[D]. 南京信息工程大学，2008.

[8]　He Jin, Luo Jiang, Wang Hao, et al. A CMOS fifth-derivative Gaussian Pulse generator for UWB applications[J]. Journal of Semiconductors, 2014 35(9).

[9]　徐建敏，李争，李韵，等. 基于高斯脉冲各阶导函数优化组合的超宽带脉冲设计[J]. 弹箭与制导学报，2007（1）：356-359.

[10]　张霞，李国金. 基于高斯导函数的 UWB 脉冲信号分析[J]. 微计算机信息，2010，26(6):216-218.

[11]　贾占彪，陈红，蔡晓霞，等. 正弦高斯组合的 UWB 脉冲波形设计[J]. 火力与指挥控制，2012，37(2):95-98

[12]　S.Mishra, A.Rajesh and P.K.Bora. Performance of Pulse Shape Modulation of UWB Signals Using Comosite Hermite Pulses[C]. 2012 National Conference on Communications. 2012.

[13]　陈维富. 基于高速 UWB 通信系统中 TX 射频系统的研究与实现[D]. 桂林：桂林电子科技大学，2007.

[14]　张海平. 超宽带（UWB）窄脉冲发生的研究[D]. 成都：西南交通大学，2007.

[15]　赵陈亮. 典型超宽带信号的发射与接收技术[D]. 南京：南京理工大学，2013.

[16]　J. Han and C. Nguyen. A New Ultra-Wideband，Ultra-Short Monocycle Pulse Generator with Reduced Ringing [J]. IEEE Microwave and Wireless Components Letters，2002，12(6)：206-208.

[17]　阎石，等. 数字电子技术基础（第五版）[M]. 北京：高等教育出版社，2006.

[18]　吴大晨. 基于多相时钟产生电路的 DLL 的研究与应用[D]. 西安：西安电子科技大学，2010.

[19]　Ming Shen, Yingzheng Yin, Hao Jiang, et al. A 3-10 GHz IR-UWB CMOS Pulse Generator With 6 mw Peak Power Dissipation Using A Slow-Charge Fast-Discharge Technique[J]. IEEE Microwave and Wireless Components Letters, 2014 24(9): 634-636.

[20]　陈学卿，王玫，高凡. UWB 定位系统标签的设计与实现[J]. 微计算机信息，2009, 25(9):132-134.

[21]　张红辉. 高速一次微分 UWB 脉冲发生器设计[J]. 湖南环境生物职业技术学院学报，2009，15(3):9-12.

[22]　张震. 超宽带无线通信中窄脉冲的实际及调制技术的研究[D]. 辽宁：辽宁工程技术大学，2009.

[23]　David D. Wentzloff, Anantha P. Chandrakasan. A 47pJ/pulse 3.1-to-5 GHz All-Digital UWB Transmitter in 90nm CMOS[J]. IEEE International Solid-State Circuits Conference, 2007: 118-119.

[24] Victor Karam, Peter H. R. Popplewell, Atif Shamim. A 6.3 GHz BFSK Transmitter with On-Chip Antenna for Self-Powered Medical Sensor Applications[J]. IEEE Radio Frequency Integrated Circuits Symposium, 2007: 101-104.

[25] 张建良，张盛，王硕，等. 一个全集成的 CMOS 脉冲超宽带发射机[J]. 电路与系统学报，2010，15(3):1-6.

[26] 黄志清，王卫东. TH-PPM 超宽带通信系统抗脉冲干扰研究[J]. 计算机仿真，2010，27(4):117-119.

[27] 段吉海，王志功，等. 跳时超宽带通信集成电路设计[M]. 北京：科学出版社，2012：7-41.

第 3 章

小型化超宽带天线设计

●●●●●●●●

    天线（Antenna）是一种变换器，它把传输线上传播的导行波，变换成在无界媒介（通常是自由空间）中传播的电磁波，或者进行相反的变换，在无线电设备中用来发射或接收电磁波。无线电通信、广播、电视、雷达、导航、电子对抗、遥感、射电天文等工程系统，凡是利用电磁波来传递信息的，都是依靠通信来进行工作的。此外，在用电磁波传递能量方面，非信号的能量辐射也需要天线。

    超宽带天线，顾名思义就是带宽非常宽的天线，这种说法其实是在频域的对天线带宽的定义是就某个参数而言，天线的性能符合规定标准的频率范围。在此范围内天线的特性如输入阻抗、效率、波瓣指向、波瓣宽度、副瓣电平、方向系数、增益、极化等在允许的范围内。也就是，某项给定的技术指标不超出给定的范围所对应的频率范围。其实这正是传统的窄带天线性能分析方法。因为以前窄带天线要发送的信号基本都是已经调制过的正弦波信号，所以，在设计天线时对带宽并没有要求非常苛刻（极宽的带宽）。只要针对某个载波频率设计就可以了，在这个载波频率附近天线的性能满足要求，变化不大。但是，当要发送的信号不是正弦波调制信号，而是几百皮秒或者纳秒级的窄脉冲信号时，一般的窄带那么传统的宽带天线能否满足要求呢？UWB 天线与常规意义上的宽带大线还是有着显著区别的。常规的宽带天线大都是非频变天线，是指天线可以根据无线系统需要工作在不同频段，而并不是指天线的各个部分同时在整个宽频段内工作。例如，TEM 喇叭天线，对数周期偶极子天线和自相似螺旋天线都是典型的宽带天线，虽然可以工作在宽频带内的多个频率上，但是由于其相位中心和 VSWR 是随频率变化的，导致了信号时域上的色散，如图 3-1 所示，因而不适合于发射和接收 UWB 信号。因此，对于 UWB 天线来说，固定的相位中心和低驻波电压比是非常重要的两个电指标，它们决定着 UWB 天线的性能。

    在窄带通信系统里，传统的天线参数，如输入阻抗匹配、效率、波瓣指向、波瓣宽度、副瓣电平、方向系数、增益、极化等，被用来评估天线的技术性能，因此，天线工程师只要根据这些参数的确定就能评估天线。但是在超宽带应用中，由于天线发射窄脉冲序列，系统要求天线的相对带宽很宽，情况就变得很复杂，因此，超宽带天线也就有了不同于传统窄带、宽带天线的一些技术特点[1~3]，主要表现如下：

    （1）在工作带宽内要保证 UWB 天线具有很好的匹配阻抗，这要求 UWB 天线在整个工作频带内驻波电压比低而平稳。驻波电压比（VSWR）是衡量天线输入/输出之间阻抗匹配额的参数，要求在工作带宽内，驻波电压比越小越好，即要求天线的反射波很小。

（2）要使辐射的极窄脉冲波形尽量不失真，尽量减小频率色散和空间色散，这就要求 UWB 天线在整个工作频带内相位中心不变。相位中心的变化可能会导致发射脉冲失真和接收机的性能变坏。

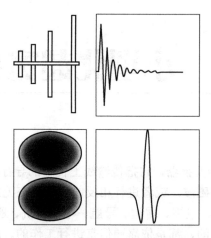

图 3-1　对数周期天线（左上）发出色散电磁波（右上），
椭圆偶极子 UWB 天线（左下）发出非色散电磁波（右下）

（3）在工作带宽内天线要保证具有高而稳定的辐射效率。尤其是对于移动设备的 UWB 通信，由于设备功率受限，则对功率稳定性要求更高。如式（3-1）所定义的 UWB 天线的效率，其中激励源功率 $P_{\text{inc}}(f)$ 和回波损耗 $|S_{11}(f)|$，还与源脉冲的频谱有关。为了增加辐射效率，在工作带宽内要求源脉冲电路和 UWB 天线之间有很好的阻抗匹配。

$$\eta_{\text{uwb\_trans}} = \frac{\int_0^\infty P_{\text{inc}}(f)(1-|S_{11}(f)|^2)\mathrm{d}f}{\int_0^\infty P_{\text{inc}}(f)\mathrm{d}f} \tag{3-1}$$

（4）在工作带宽内天线还要保持具有稳定的天线增益、极化，在各个频点上的功率方向图要大致相同。

3.1　小型化超宽带天线设计研究现状

从 20 世纪 40 年代开始，各国的理论和技术研究人员对应用到民用领域的 UWB 天线开始了深入的研究，设计出了许多性能良好的 UWB 天线。特别是 20 世纪 60 年代以后，随着各种电磁问题的数值方法的不断成熟和完善，UWB 天线的理论研究和改进设计也不断发展。UWB 天线的结构复杂多样，早期的 UWB 天线结构主要是立体结构，主要用于短脉冲雷达中，如双锥天线、扇形偶极子天线、喇叭天线、对数周期天线、螺旋天线、球形天线、反射面天线、椭圆单极和偶极天线等。这些天线存在体积大、馈电难、辐射效率低等缺点，并且螺旋天线和对数周期天线这类非频变天线，存在色散效应，影响脉冲的性能，并不适合应用在窄脉冲调制的 UWB 定位系统。自从 2002 年，FCC 在 02-48 号报告及规则中规定了 UWB 信号的发射规则，UWB 信号的频段规定为 3.1～10.6GHz。从此对工作在这个频段的 UWB 天线的研究飞速发展，高性能、小型化、线性相位的超宽带天线成为 UWB 无线系统研究的一个重点。随着微波集成电路的发展，UWB 贴片天线不断发展起来，如微带天线、槽线天线等。这些天线结构简单，平面结构，易于小型化，可集成，非常有利于便携通信设备中的应用。槽线天线属于行波天线，具有良好的宽带特性，但其设计参数较多，给天线设计带来很大的困难。与槽线相比，微带天线十分适于 PCB 电路板集成，因此受到广泛关注。此外，由于 FCC 规定的超宽带的频段覆盖了无线局域网所在的 5.15～5.825GHz 这个频段，为防止相互干扰，近几年来，多种具有带阻功能的超宽带天线已经得到研究。从现有的文献资料可以看出，目前针对 FCC 规定的 3.1～10.6GHz 的超宽带通信系统的天线设计研究正在朝着具有高性能、小型化、平面化、具有线性相位和带阻特性方向发展。

文献[2]提出一种超宽带锥形缝隙天线，该天线采用相对介电常数为 2.65 的介质材料，尺寸为 40mm×40mm×1.5mm，接地面由矩形和对称的抛物线形组成，辐射单元由圆锥与矩形组成，通过调整接地面上的缝隙来改善天线的超宽带性能，其反射损耗在 2～11GHz 内小于-10dB，在低频段具有很好的全向辐射特性。文献[3]提出一种共面波导馈电的平面单极子天线，该天线采用介电常数为 4.4 的介质板，尺寸为 30mm×45mm×0.8mm，采用矩形贴片作为辐射单元，通过在矩形贴片的下边缘开梯形槽来扩展天线的阻抗带宽，以及接地板加载对称型 SRR 缝隙以实现带阻功能。天线在 2.38～12GHz 驻波比小于 2，具有 3 个带阻频段，且在 H 面具有全向辐射特性。文献[4]设计了一种半椭圆形状的超宽带平面印制单极天线，该天线由椭圆天线得到，采用半椭圆贴片作为辐射单元，采用微带馈电，通过在贴片上边缘切去两个对称型扇形来增加带宽。该天线采用厚度为 0.8mm 的 FR4 介质材料，介质板大小为 26×26mm²，微带线的宽度为 1.5mm，驻波比小于 2 的阻抗带宽为 2.5～25GHz，具有超宽带特性，H 面在整个工作频段内具有全向辐射特性。文献[5]提出的超宽带天线结构特征如下：采用厚度为 1.6mm 的相对介电常数为 4.5 的 RT Duroid 材料作为介质板，采用共面波导馈电，传输线宽度为 3.5mm，圆形单极子辐射单元和外环形接地面在同一平面，在圆形贴片中引入 U 形和弧形缝隙，可实现无线局域网（WLAN）的带阻特性。U 形和弧形缝隙天线总尺寸 33mm×30mm，反射损耗在 3～10.6GHz 内具有超宽带特性，并且具有带阻功能，在 H 面具有较好的全向辐射特性。

目前市场上已有不少 UWB 天线的产品，但大多数产品还是传统的 UWB 天线，如喇叭天线、双锥天线、螺旋天线等。针对 3.1～10.6GHz 的小型化 UWB 天线产品还比较少，主要有美国 SkyCross 公司开发的 UWB 天线，其尺寸为 10mm×8mm×1mm；FDK 公司生产的 UWB 天线，其尺寸只有 6.0mm×3.0mm×1.0mm，该天线由陶瓷制成；日本的三美电机也开发了采用陶瓷的超宽带天线，其尺寸为 10mm×10mm×1mm；日本太阳诱电也开发了采用陶瓷的超宽带天线，其尺寸为 10mm×8mm×1mm；韩国三星开发的小型陶瓷 UWB 天线，尺寸为 10mm×5mm×1mm；此外还有日本的 NEC 和东芝也开发了 UWB 天线。而国内，针对小型化平面 UWB 天线的研制目前还都是实验室产品，主要集中在上海大学、哈尔滨工业大学，郑州轻工业学院等。

3.2 天线基本理论概述

3.2.1 天线发展的历史

一切无线电通信、广播、雷达、电视、导航等工程系统都是利用无线电波来进行工作的。而无线电波的发射与接收，则依靠天线来完成。天线是无线电波的出口与入口。在发射终端中，末级回路的高频电流经过馈线送到发射天线。此时，天线的作用是将高频电流变换成电磁波发射出去。反之，接收天线的作用是将来自某一方向的无线电波还原成高频电流，通过馈线送回接收机。通过接收设备高频放大器放大，本地振荡器混频，中频放大，检波，最后通过终端设备输出语言、音乐、文字、图像、数据等各种信号。所以，天线的作用就是对高频电流和电磁波进行转换。从理论上说，发射天线可作为接收天线，反之亦然。同样一副天线，无论是进行发射还是接收，其基本特征参量保持不变。天线是无线电通信、无线电广播、无线电导航、雷达、遥测遥控等各种无线电系统中不可缺少的设备。

自赫兹和马可尼发明天线以来，天线在人类的社会中发挥着越来越重要的作用。天线是发射和接收电磁波的一个重要的无线电设备，是无线通信系统中重要的一环，天线的性能将直接影响到通信系统的品质。

天线辐射的原理如图 3-2 所示。当导线上有交变电流通过时，就可以发生电磁波的辐射，辐射的能力与导线的长度和形状有关。若两条导线的距离很近，电波被束缚在两条线之间，那么辐射很微弱。当两条导线张开，电场就散播在周围的空间内，那么辐射增强。需要指出的是，当导线的长度 L 远小于波长 λ 时，辐射很微弱；当导线的长度增大到可与波长 λ 相比拟时，导线上的电流将大大增加，因而能形成较强的辐射。

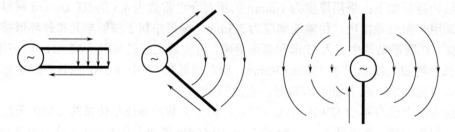

图 3-2　天线辐射的原理

天线按照工作性质可以分为发射天线和接收天线；按照用途可以分为通信天线、雷达天线、广播天线和电视天线等；按照波段可以分为长波天线、中波天线和短波天线等。一般常见的天线结构为线天线、环天线（反射）、面天线、喇叭天线、介质天线、微带天线和缝隙天线等，为了实现特定的工程任务，天线经常也组成天线阵列。

3.2.2 天线的基本电参数

进入设计天线的设计领域，首先必须了解表征天线的基本性能参数，如方向图、方向性系数、效率、增益、天线的极化、输入阻抗、频带宽度、反射系数和驻波比等。下面就来简单介绍一下表征天线的主要性能参数及其定义。

1. 方向图与方向性系数

天线的辐射场[6~9]在固定距离上随球坐标系的角坐标（θ, φ）分布的图形被称为天线的辐射方向图或辐射波瓣图，简称方向图。方向图通常是在远区场确定的。用辐射场强表示的方向图称为场强方向同，用辐射功率密度表示的方向图称为功率方向图，用相位表示的方向图称为相位方向图。方向图习惯上采用极坐标绘制，角度表示方向，矢径长度表示场强值或功率密度值。图 3-3 所示为基本振子的的方向图。其中图 3-3（a）为三维方向图；图 3-3（b）为 E 面方向图，而 E 面[10,11]方向图是经过天线最大辐射方向并且平行于电场矢量的平面与三维方向图的正交平面；图 3-3（c）为 H 面方向图，所谓 H 面[12,13]方向图是指经过天线最大的辐射方向并且平行于磁场矢量的平面与三维方向图的正交平面。

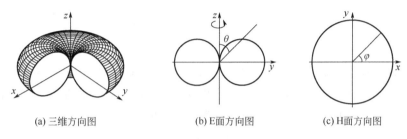

(a) 三维方向图　　　　　　(b) E面方向图　　　　　　(c) H面方向图

图 3-3　基本振子的方向图

天线的方向性系数 D 是指在远区场的某一球面上天线的辐射强度与平均辐射强度之比，即

$$D(\theta,\varphi) = \frac{U(\theta,\varphi)}{U_0} \qquad (3\text{-}2)$$

式中，平均辐射强度 U_0 实际上是辐射功率除以球面积，即

$$U_0 = \frac{1}{4\pi} \int_0^{2\pi} \int_0^{\pi} U(\theta,\varphi) \sin\theta \mathrm{d}\theta \mathrm{d}\varphi \qquad (3\text{-}3)$$

通常所说的方向性系数指的都是在最大辐射方向上的方向性系数，即

$$D = \frac{U_{\max}}{U_0} \qquad (3\text{-}4)$$

已知有向天线的辐射功率主要集中在主射方向上，因此，有向天线所需的辐射功率一定小于无向天线的辐射功率，显然，$D>1$ 方向性越强，方向性系数 D 值越高。

方向性系数包括发射天线方向性系数和接收天线方向性系数。两者在含义上不同，但是在数值式是一样的。

2. 效率与增益

由于天线系统中存在导体损耗、介质损耗等，因此，实际辐射到空间内的电磁波功率要比发射机输送到天线的功率小。天线效率[13~15]就是表征天线将输入高频能量转换为无线电波能量的有效程度，定义为天线辐射功率和输入功率的比值。假设分别用 P_{in} 和 P_{rad} 表示天线的输入功率和辐射功率，则天线效率为

$$\eta_A = \frac{P_{rad}}{P_{in}} \tag{3-5}$$

方向性系数是以辐射功率为基点的，没有考虑天线将输入功率转化为辐射功率的效率，为了更好、更完整地描述天线的特性，特以天线的输入功率为基点定义了一个增益。天线增益是表征将输入给它的功率按特定方向辐射的能力，定义为在相同输入功率、相同距离的条件下，天线在最大辐射方向上的功率密度与无方向性天线在该方向上的辐射功率密度的比值。设该天线和无方向性天线的输入功率分别为 P_{in} 和 P_{in0}，而且 $P_{in} = P_{in0}$，则该天线的增益 G 可以由下式计算得出：

$$G = S_{max} / S_0 \tag{3-6}$$

对比上面的式子，且考虑到 $P_{in} = P_{in0}$，可以得到

$$G = \eta_A D \tag{3-7}$$

由此可见，提高天线增益的办法如下：提高天线的效率 η 或者是增大天线的方向性系数 D。同理，天线增益也包括发射天线增益和接收天线增益，两者在含义上不同，但在数值上是一样的。天线增益通常也可以用分贝来表示，即

$$G_{dB} = 10 \lg G \tag{3-8}$$

3. 天线的极化

天线的极化通常是指天线辐射电磁波的电场的方向，即时变电场矢量端点运动轨迹的形状、取向和旋转方向，天线极化包括天线的主极化分量（Co-Polarization）和交叉极化分量（Cross Polarization），Cross-Polarization 一般与 Co-Polarization 垂直，极化是指在最大辐射方向上辐射电波的极化，其定义为在最大辐射方向上电场矢量端点运动的轨迹，由于天线本身的物理结构等原因，天线辐射远场的电场矢量除了有所需要方向的运动外，还在其正交方向上存在分量，这就是指天线的交叉极化。一般的交叉极化是指与主极化正交的极化分量，一般出现在双极化天线中，尤其是民用移动通信基站天线中的±45°双极化天线。天线需要的极化分量称为主极化分量，与其正交的极化分量称为交叉极化分量。交叉极化分量一般是由设计加工过程出现的误差所产生的，是不需要的分量。根据电场矢量端点轨迹呈直线、椭圆和圆形等不同形状，天线极化可以分为线极化、椭圆极化和圆极化；对于椭圆极化和圆极化而言，根据其旋转方向的不同，又可以分为左旋极化和右旋极化两种类型。

考察有页面向外（沿 z 轴方向）行进的平面波，一般而言，电场同时有 x 轴分量和 y 轴分量，在确定的 z 点处电场矢量 E 作为时间的函数而旋转，若其端点轨迹为椭圆，则称为椭圆极化波。椭圆极化有两种极端情况，一是电场只有 x 分量或者只有 y 分量，此时电场始终沿着 x 轴方向或者 y 轴方向，我们将其称为线极化；二是电场 x 分量和 y 分量相等，此时称为圆极化。

对于任意方向的椭圆极化波，可以分别用沿着 x 轴方向和 y 轴方向的两项线极化分量来描述。如果沿着 z 轴方向（垂直于纸面向外）行进，则 x 轴方向和 y 轴方向的电场分量分别为

$$\begin{cases} E_x = E_1 \sin(wt - \beta t) \\ E_y = E_2 \sin(wt - \beta t + \delta) \end{cases} \tag{3-9}$$

式中，E_1 为沿着 x 轴方向的线极化波幅度，E_2 为沿着 y 轴方向的线极化波幅度，δ 为 E_y 滞后于 E_x 的相位角。

在 $z=0$ 处，有

$$\begin{cases} E_x = E_1 \sin wt \\ E_y = E_2 \sin(wt + \delta) = E_2(\sin wt \cos \delta + \cos wt \sin \delta) \end{cases} \tag{3-10}$$

式（3-10）消去 wt，再经整理可得

$$\frac{E_x^{\,2}}{E_1^{\,2}} - \frac{2E_x E_y \cos \delta}{E_1 E_2} + \frac{E_y^{\,2}}{E_2^{\,2}} = \sin^2 \delta \tag{3-11}$$

式（3-11）描述了极化椭圆。

若 $E_1=0$，则波是沿着 y 轴方向极化的；若 $E_2=0$，则波是沿着 x 轴方向极化的。

若 $E_1=E_2$ 且 $\delta = \pm 90°$，则波是圆极化的。当 $\delta = +90°$ 时，波是左旋极化的；当 $\delta = -90°$ 时，波是右旋极化的。

轴比（Axial Ratio）是表征天线极化的参数，其定义为极化椭圆的长轴和短轴的比值。对于线极化波，轴比为无穷大；对于圆极化波，轴比等于 1。

4．输入阻抗与频带宽度

天线一般都是通过馈线和发射机相连的，天线和馈线的连接处称为天线的输入端，天线输入端呈现的阻抗值定义为天线的输入阻抗。天线在馈电点的电压与电流的比值就是天线的输入阻抗，即

$$Z = \frac{V_i}{I_i} \tag{3-12}$$

当输入电压与输入电流同相时，天线的输入阻抗呈现纯阻行。在一般情况下，天线的输入阻抗包括电阻和电抗两个部分，即

$$Z_i = R_i + \mathrm{j}X_i \tag{3-13}$$

输入阻抗的大小反映了天线与接收机或发射机之间的匹配状态，表征了导行波与辐射波之间能量转换的好坏。

天线作为发射机的负载，能够将发射机发出的功率辐射到空间。这就有一个天线与馈线阻抗的匹配问题，阻抗匹配的程度将直接影响功率传输的效率。在射频微波频段，馈线通常是使用 50Ω 标准阻抗。所以，在设计天线时，需要尽可能地把天线的输入阻抗设计在 50Ω，在工作频带内保证尽可能小的驻波比。

天线的输入阻抗取决于天线的结构、工作频率和周围环境的影响，仅在极少数情况下

可以用理论严格计算。工程中通常采用近似计算或者用实验的方法测得。

任何天线的工作频率都有一定的范围。当工作频率偏离中心工作频率 f_0 时，天线的电参数变差，其变差的容许程度取决于天线设备系统的工作特性要求。

当工作频率变化时，天线的有关电参数变化的程度在所允许的范围内，此时对应的频率范围称为频带宽度。根据频带宽度的不同，可以把天线分成窄频带天线（相对带宽百分之几，如引向天线）、宽频带天线（相对带宽百分之几十，如螺旋天线）、超宽频带天线（绝对带宽可达几个倍频程，如对数周期天线）。

对于窄频带天线，常用相对带宽，即 $\dfrac{f_{\max} - f_{\min}}{f_0} \times 100\%$

对于超宽带天线，常用绝对带宽，即 $\dfrac{f_{\max}}{f_{\min}}$ 来表示频带宽度。

它们的区别如表 3-1 所示。

表 3-1　不同天线的频带宽度划分标准

无线类别	信号带宽/中心频率
窄带	≤1%
宽带	%1≤…≤25%
超宽带（UWB）	≥25%或带宽≥500Mbps

天线带宽的表示方法有两种：一种是绝对带宽，它是指天线高端频率与低端频率之差；另一种是相对带宽，它是指绝对带宽与中心频率之比的百分数。

5. 反射系数与驻波比

当馈线和天线匹配时，高频能量全部被负载吸收，馈线上只有入射波，没有反射波。馈线上传输的是行波，馈线上各处的电压幅度相等，馈线上任意一点的阻抗都等于它的特性阻抗。

而当天线和馈线不匹配时，也就是天线阻抗不等于馈线特性阻抗时，负载就不能全部将馈线上传输的高频能量吸收，而只能吸收部分能量。入射波的一部分能量反射回来形成反射波。入射波和反射波两者叠加，在入射波和反射波相位相同的地方振幅相加最大，形成波幅；而在入射波和反射波相位相反的地方振幅相减为最小，形成波节。其他各点的振幅则介于波幅与波节之间。这种合成波称为驻波。而反射波和入射波幅度之比称为反射系数，即

$$\text{反射系数 } \Gamma = \frac{\text{反射波幅度}}{\text{入射波幅度}} = \frac{(Z - Z_0)}{(Z + Z_0)}$$

驻波波腹电压与波节电压幅度之比称为驻波系数，又称电压驻波比（VSWR），即

$$\text{驻波比 VSWR} = \frac{\text{驻波波腹电压幅度最大值} V_{\max}}{\text{驻波波节电压幅度最小值} V_{\min}} = \frac{1 + \Gamma}{1 - \Gamma}$$

天线的"驻波比"描述天线的匹配状况，天线越不匹配，反射的功率越多，驻波比越大，驻波比数值在 1 到无穷，一般发射的时候驻波比要小于 1.5。当终端负载阻抗和特性阻抗越接近，反射系数越小，电压驻波比 VSWR 越接近于 1，匹配也就越好。在工程中，

通常取 VSWR 为衡量标准，当驻波等于 1 时，系统完全匹配，工程中不太可能实现；当驻波小于 1.5 时，系统匹配优良；当驻波小于 2 时，系统匹配良好；当驻波小于 3 时，系统匹配程度基本满足要求；当驻波大于 3.5 时就被认为匹配比较差。在电子战设备中，单个天线或天线阵列的输入电压驻波比 VSWR 小于 2.5 最为常用；对于窄带天线，其驻波特性 VSWR 小于 1.5；对于超宽带天线，一般要求其驻波特性 VSWR 小于 2，而"陷波"功能则要求在需要抑制的频带范围内大于 2。

3.2.3　天线的馈电方法

天线的馈电方式主要有共面波导（CPW）馈电、微带线馈电和同轴线馈电等方式。微带线或共面波导馈电时，馈线与微带贴片是共面的，因而可方便地进行光刻。但此时馈线本身也要辐射，从而干扰方向图，使得增益降低。为此，用微带线馈电时，一般要求微带线宽度不能太宽，希望远小于 λ，这就要求平面单极天线的特性阻抗值要高些，或者基片厚度相对较小，介电常数大些。在理论计算中，微带馈线可等效为沿 z 轴方向的一个薄电流片，其背后是空腔磁壁。为计入边缘效应，此电流片的宽度要比微带馈线的宽度宽（取有效宽度）。微带线馈电点位置的不同将决定贴片激励哪种模式的波。当天线元的尺寸确定以后，可按下法进行匹配：先将中心馈电的天线贴片同 50Ω 的馈线一起光刻，测量输入阻抗并设计出匹配变阻器；再在天线元与馈线之间接入该匹配变阻器。

1．共面波导（CPW）馈电

共面波导馈电结构图如图 3-4 所示，是在介质基片的一个表面上制备三条金属带而构成，中间宽为 w 的金属带为信号带，两边金属带同时接地。它可用光刻工艺制作，且容易与其他无缘微波电路和有源微波器件连接，实现微波电子系统的小型化、集成化。共面波导馈电比微带来说好处很多，共面波导容易制作、容易和无源或有源的表面贴装元件实现串联或者并联连接、不需要过孔、辐射损耗小、相互之间的串扰小，并且共面波导的特性阻抗是由中间导带宽度和缝隙之比决定的，可以自由设计其尺寸。共面波导传输线[16]相对常规微带线来说，具有辐射损耗小、易于和其他元器件串并连接、提高电路集成度的优点。随着通信的发展，需要一种成本低、易于加工且便于和微波电路集成的天线，显然共面波导馈电的天线符合这一要求。共面波导传输的波是 TE 波。

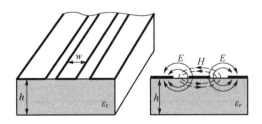

图 3-4　共面波导馈电结构图

2．微带线馈电

微带线馈电结构图如图 3-5 所示，由厚度为 h、宽度为 w 的导带和金属接地板组成，导带和接地板之间是介电常数为 ε_r 的介质基片。微带线是微波集成电路（MIC）中使用最多的一种传输线。其结构不仅便于同有源器件连接构成有源固态电路，而且可在一块介质基片上制作完整的微波电路，有利于提高微波组件和系统的集成化、固态化和小型化。由于微带线是一种双导体导波系统，根据电磁场理论可知，若其导带与接地板之间不存在介质基片（介质是空气）或整个微带线均被一种均匀的介质全部包围时，导波系统的传输主模应为 TEM 模，但实际微带线只是在导带和接地板之间填充相对介电常数为 ε_r 大于 1 的介质基片，而其余部分是空气，即存在着介质与空气的交界面，属于混合介质系统。这表明微带线的结构与平行双导线、同轴线等完全不同。后两者都处于均匀介质的空间中，除了有导体边界外，再也没有其他的边界条件，这是 TEM 模存在的充要条件。

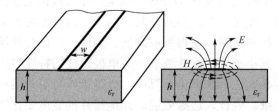

图 3-5　微带线馈电结构图

3. 同轴线馈电

同轴线馈电结构图如图 3-6 所示，由内导体和外导体组成，内外导体之间填充介电常数为 ε_r 的介质基片。它是一种双导体结构，主模是 TEM 模。同轴线为非平衡传输线，与平衡传输线或平衡元器件直接连接会失配，一般要进行平衡—不平衡转换。在超宽带天线的设计中，也有许多采用同轴线馈电的结构，但是其缺点是不易集成微带集成电路，这就限制了其使用范围。

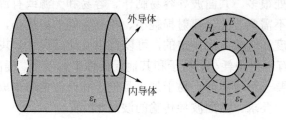

图 3-6　同轴线馈电结构图

3.3　天线设计数值方法

超宽带天线数值分析方法主要包括矩量法、有限元法、时域有限差分法等。由于我们所要求解的电磁场问题最终都可以归纳于对麦克斯韦方程组的求解，而一般人工求解麦克斯韦方程组解析式都是比较困难的，因此，利用这些算法可以将电磁场解析表达式转化成为计算机能够识别的数值离散形式，通过计算机来求解电磁场问题就显得异常简单。下面具体介绍一下比较常用的数值计算方法[17,18]。

3.3.1　矩量法

矩量法（Method of Monent）大约在 20 世纪 60 年代开始引进电磁学，从此矩量法在各种各样的电磁学研究中得到了广泛的应用，包括天线问题、天线设计、微波网络、散射及辐射效应、微带结构分析、电磁兼容等各种问题。在矩量法的发展中，许多电磁学科学家做出了贡献，如 Richmond、Wilton。矩量法，就其数值分析而言就是广义 Galerkin（伽略金）法。矩量法包括两个过程：离散化过程和选配过程，从而把线性算子方程转化为矩阵方程。

矩量法在电磁场分析中有着广泛的应用，其基本思想如下：将泛函方程化为矩阵方程，并求解该矩阵方程，利用线形空间和算子来加以表达。

矩量法的原理如下：如果非齐次方程为

$$L(f) = g \tag{3-14}$$

式中，L 是线性算子，g 为已知函数，f 为未知函数。令 f 在 L 的定义域中被展开为的组合，如

$$f = \sum_n a_n f_n \tag{3-15}$$

式中，a_n 是系数，f_n 被称为展开函数或基函数。对于精确解，式（3-15）通常是无穷项之和，而 f_n 形成一个基函数的完备集。对于近似解，则通常是有限项之和。将式（3-15）代入式（3-14），再应用算子 L 的线性便可以得到

$$\sum_n a_n L(f_n) = g \tag{3-16}$$

对此问题若定义一个适当的内积$<f,g>$，在 L 的值域内定义一个权函数或检验函数 $[\omega_1, \omega_2, \cdots]$ 的集合，并对每个 ω_m 取式（3-16）的内积，则

$$\sum_n a_n < \omega_m, Lf_n > = < \omega_m, g > \tag{3-17}$$

在式（3-17）这一个特定的问题中，主要任务是确定 ω_n 和 f_n，并且 f_n 必须是线性无关的，且使得它们的某种叠加形式如式（3-15）能够很好地逼近 f，ω_n 也应该是线性无关的，并且也应该使得内积$<\omega_m, g>$取决于 g 的相对独立性。

3.3.2　有限元法

有限元法[19]是近似求解数理边值问题的一种数值技术，最早由柯朗（Courant）于 1943 年提出的，20 世纪 50 年代应用于飞机的设计，在 60～70 年代被引进到电磁场问题的求解中。

正如前面所介绍的，加权残数法这类变分解法可以在某一个内积空间中求得的近似解，如果相应的支配方程是麦克斯韦方程组演化而来的亥姆霍兹方程或者泊松方程解，则可以

得到有限元法。

有限元方法的建模过程可以分为以下几个步骤：

（1）区域离散。在任何有限元分析中，区域离散是第一步，也是最重要的一步，因为区域离散的方式将影响计算机内存的需求、计算时间和数值结果的精确度。

（2）插值函数的选择。在每一个离散单元的结点上的值是我们要求的未知量，在其内部的其他点上的值是依靠结点值对其进行插值。我们在一维例子中选择了线性插值，而在很多复杂的其他问题中，如果选用高阶多项式插值，则精度应该更高，但公式也更复杂。Ansoft HFSS 软件中有很多种插值方式。

（3）方程组的建立。对麦克斯韦方程利用变分方法建立误差函数，由于问题已经离散化为很多个子域的组合，因此，可以首先在每个单元内建立泛函数对应的小的线性表达式；其次，将其填充到全域矩阵中的相应位置，最后应用边界条件来得到矩阵方程的最终形式。

（4）方程组的求解。方程组的求解是有限元分析的最后一步。

3.3.3 时域有限差分法

1966 年，K.S.Yee 针对原始的时域麦克斯韦方程组，采用差分格式模拟空间和时间域上微波问题中电磁场的时空演变过程，称为时域有限差分法。

连续算子可以离散化近似：

$$\left.\frac{\mathrm{d}f}{\mathrm{d}x}\right|_{x=a} = \frac{f(a+\Delta x) - f(a)}{\Delta x} \tag{3-18}$$

在微波工程中，很早就开始应用这一原理去获得微波问题的近似解。微波工程中的差分法的一般原理如下：

（1）将微波问题的待求解区域进行离散化剖分。

（2）将微波问题的支配方程中的算子进行离散化近似。

在该算法中，空间中的电、磁场互相间隔取值，在变化的时间步长 n_t 上也相互交替，其模拟过程可以用框图表示。

和基于加权残数法的方法不同，差分法是利用差分近似模拟电磁场的运动变化情况，没有误差泛函等技术来保证解的正确性，也容易出现数值离散等问题。

3.4 小型化、宽带化天线设计方法

随着电子工艺的提高和集成技术的进步,各种无线通信设备都在朝着小型化方向发展,研制出小型的超宽带天线成为当前市场的迫切需要。

本节首先介绍天线小型化的设计方法以及扩展天线带宽的技术，然后提出 3 种小型化超宽带天线，分别通过 HFSS 软件对各天线进行仿真分析，并对阶梯型超宽带微带天线进行实物制作。

3.4.1　天线的小型化技术

1. 增大介质介电常数

介电常数越大，介质中电磁波的波长就越小，介质电尺寸就越大。因此，使用介电常数大的介质，可以在一定程度上减小天线体积[20]。文献[21]提出一种超宽带谐振器天线，通过在单极子两侧加载相对介电常数为 38 的陶瓷谐振器，使单极子与谐振器之间产生耦合，达到扩展天线带宽，减小天线尺寸的目的。文献[22]通过对比的方式介绍了采用高介电常数缩小天线体积的工作步骤：分别选取介电常数为 2.8、6.3、18 的天线支架，通过调整天线尺寸或调整天线走线的方式，使天线都工作于中心频点为 1575MHz 的 GPS 频段和中心频点为 2450MHz 的 WiFi 频段，观察最终天线尺寸。结果表明：介电常数由 2.8 变化为 6.3，天线有效面积减少 3mm×9mm；介电常数由 2.8 变化为 18，天线有效面积减少 10mm×9mm。

由上述可见，适当选用高介电常数的介质，可以在一定程度上减小天线的体积。但高介电常数天线也有其缺点：介电常数的升高，将会使辐射单元与接地面形成的谐振腔 Q 值增大，使天线谐振点带宽变窄，同时较高的介电常数，会产生较强的表面波，降低辐射效率[23]。

2. 对称切半

将结构对称的天线按对称轴切割，并对其进行参数优化，得到的天线仍能实现超宽带特性，采用此方法，其体积将会缩小到原来的 50%[24]。J.C.Batchelor 和 B.Sanz lzquierdo 通过对由 LTCC 工艺制作的平面单极子天线对称切半，大大缩减了天线结构[25]。同样，他们将对称切半技术应用于一个由带状线馈电的单极子天线，取得了较好的效果[26]。

文献[27]将渐变缝隙、类锥形馈带结构与直接对称切半的小型化思想相结合，设计出尺寸仅为 11mm×22.6mm 的平面超宽带天线，文中通过对共面波导五边形天线、MCS 四边形天线、渐变 MCS 四边形天线进行仿真对比，指出对称切半虽然会使天线阻抗特征、反射损耗等性能变差，但通过对对称切半后的天线进行优化，仍能得到良好的效果：天线的阻抗随频率变化平稳；反射损耗带宽甚至大于未切半时的天线带宽；频率为 4GHz、7GHz、11GHz 时都能在 H 面保持接近全向的辐射特性。文献[28]通过对具有渐变结构的超宽带微带天线进行对称切半，有效地减小了天线的宽度，并通过对天线各参数的调整来达到阻抗匹配的目的，使天线在切半后仍具有超宽带特性，且在整个工作频带内具有稳定的辐射方向图，最终天线制作尺寸仅为 24mm×12mm。文献[29]通过对提出的共面波导馈电单极子天线对称切半，设计出半 CPW 馈电单极子天线，并通过仿真分析与调整天线接地板尺寸、辐射贴片尺寸、馈线的宽度等较敏感参数，改善了天线阻抗匹配，扩展了天线低频带工作带宽，实现了超宽带特性，天线最终仿真结果：反射损耗在 1.99～40GHz 的频带范围内小于-10dB；天线最终尺寸与原天线相比减小了 40%。对天线在频率分别为 2GHz、9GHz、27GHz、36GHz 的辐射方向图进行观察，发现在低频带，天线辐射方向图与传统单极子辐射方向图较为相似，H 面具有较好的全向辐射特性；随着频率的升高，天线 H 面呈现不对称性，这主要是由于天线结构的不对称性造成的。因此，对称切半可以减小天线的尺寸，但同时也会导致天线在高频带的辐射方向图出现不对称分布。

3．加载技术

微带贴片天线的辐射体一般采用 $\lambda/2$ 的长度，利用辐射体两开路端呈现电压波腹点的特点，使天线实现谐振特性。而加载短路结构，可以使天线辐射体在短路结构处产生波节点，当短路结构与辐射体边沿相距 $\lambda/4$ 时，即可使天线谐振，实现天线对电磁波的有效辐射。加载短路结构是在通信终端中经常使用的一种天线小型化方法，如 PIFA 天线[30]。

文献[31]对加载技术实现天线小型化、宽带化的方法进行了研究，指出天线的加载结构可以为电阻、电抗或导体等线性或非线性无源元件、有源网络，通过调整加载结构的位置，改变天线的谐振频率、辐射方向图等特性，可达到天线小型化的目的。但文中同时指出，加载阻抗结构将会牺牲天线的增益，具有一定的局限性，因此，提出加载技术与折合单元、分形技术、遗传算法、宽带匹配网络等技术相结合的思想，既可方便地引入加载元件，又可以改善天线驻波特性，实现天线小型化的目的。其中文献[32]利用了短路线与开槽相结合的方式设计了一种小型的手机天线。文献[33]提出利用加载短路探针和开槽等小型化技术相结合的方式实现减小天线尺寸的目的。

4．表面开槽技术

表面开槽技术通常也称为"曲流法"，是设计小型化天线经常使用的方法之一。通过在辐射贴片上开槽，可以有效地增加电流的流经路径，降低天线谐振频率，相对减小了天线的体积。文献[32]设计了一种小型化手机天线，通过对辐射贴片进行开槽，使天线结构发生变化，以较小的天线尺寸得到相同的谐振频率。文中通过改变开槽的长度观察天线在各频点的回波损耗得出如下结论：天线在 900MHz 频段的谐振频点随着开槽长度的增加而减小，依据此规律实现天线的小型化设计。文献[34]通过在圆形贴片开槽设计了一种小型圆极化微带贴片天线，文中指出，新型贴片通过开槽抑制了高次模的谐振，通过优化使天线具有 16% 的阻抗匹配带宽，24% 的 3dB 轴比带宽，具有良好的圆极化性能与较宽的 3dB 波瓣宽度，而且尺寸远小于普通圆形贴片天线。

虽然表面开槽技术有助于实现天线小型化，但开槽不宜过密，否则会延长天线仿真时间，增加天线结构复杂度和加工难度。

5．分形结构

分形这一概念是在 20 世纪 70 年代由 Mandelbrot 提出的；近几年这一理论被应用到了天线设计中来；常用的分形结构包括 Cantor 集、Koch 雪花、Sierpinski 分形、Hilbert 曲线及三叉树等。分形结构的优点如下：分形结构由自相似变换得到，与欧几里得几何结构相比没有点、线、面的数量的限制，在有限的平面上，通过分形结构有效填充，可以得到很长的电流路径，从而减小天线单元面积，实现天线的小型化设计；同时，分形结构所设计的天线，存在很多尺寸不同的相似结构，可以产生不同的谐振频点，有助于展宽带宽[35]。因此，采用分形结构设计 UWB 微带天线是实现超宽带天线小型化的一个有效手段。

文献[36]采用两点格式法设计了一种新型的微带分形贴片天线，文中通过仿真分析指出，该天线的零阶分形结构谐振频率为 1.97GHz，一阶分形结构谐振频率为 1.45GHz，二阶分形结构谐振频率为 1.255GHz。由此可见，分形结构使天线谐振频点降低，一阶和二阶分形贴片天线尺寸比传统天线缩小 46.85% 和 60.01%。文献[37]设计了一种共面波导馈电的分形缝隙天线，文中分析指出：分形结构电流分布的相似性，导致分形天线产生多个谐振频率；同时由于分形结构的空间自填充性，使天线电流分布长度增加，有助于展宽低频带带宽，实现天线小型化。文中将分形天线与未加分形的天线进行仿真对比：使用分形结构后谐振点由 2 个增加到 3 个，低频带下限由 4GHz 下降到 2.1GHz。通过使用分形结构，使天线尺寸缩小近 50%。

分形结构也有其缺点：迭代次数的增加将会使天线变得复杂，天线仿真的计算量也会急剧增加；并且通常天线在二阶迭代之后其性能已经不会再得到明显的改善。

3.4.2　扩展带宽的技术

对于超宽带天线，如何有效地扩展天线的带宽是天线设计研究的重点。下面介绍几种常用的扩展带宽的方法。

1. 加载空气层法

通过加载空气层，一方面可以降低介质整体的介电常数，另一方面还能有效地调节不同贴片之间的耦合，可以在一定程度上扩展天线带宽。文献[38]中采用了双层介质，下层介质介电常数为 2.65、厚度为 1mm，上层空气介电常数为 1、厚度为 13mm，下层辐射贴片边长为 70mm，上层辐射贴片边长为 95mm，两贴片产生不同的谐振点，通过调整上层贴片的高度可以调节两谐振点的间距，当两谐振点相互靠近时即可达到展宽频带的目的；仿真结果如下：天线带宽为 140MHz，相对带宽为 11.04%，远远高于一般的微带天线（2%～5%）；文献[39]采用双层介质结构，其中上层是介电常数为 2.25、厚度为 0.3mm 的介质，下层是介电常数为 1、厚度为 1mm 的空气；增加的空气层减小了介质等效介电常数，展宽了天线带宽；仿真结果如下：带宽 26.1～41.1GHz，相对带宽达到了 44.64%。

2. 双负材料

双负材料是一种介电常数与磁导率都为负值的媒质，又可称为左手材料。在此媒质中，麦克斯韦方程仍成立，但电磁波传播方向、电场矢量、磁场矢量构成左手螺旋定则。文献[40]与文献[41]都以双负材料作为介质设计微带贴片天线，通过实物测试表明，用双负材料制作的天线阻抗带宽远远宽于普通微带天线带宽。

3. 有损微带结构（DMS）

DMS 技术可以有效地展宽低频带带宽，在对辐射单元进行馈电的过程中，可以起到电磁辐射的作用。文献[42]通过在距馈线边沿 0.3mm 的位置引入尺寸为 19mm×0.25mm 的缝隙，该缝隙在馈电过程中对外辐射电磁波，在低频段产生谐振频率，与辐射单元产生的谐振频率相结合，扩展了低频带带宽，文中通过分析 2.2GHz 时天线贴片表面电流分布发现，DMS 周围的电流密度很强，意味着其在改善天线低频带性能方面起到重要的作用。

4．贴片切角

馈电的不连续性将使电磁场产生不必要的反射，导致能量损耗，减弱天线增益，降低天线辐射效率。在接地面上靠近辐射单元端引入平滑的切角，可以较好地改善阻抗匹配，扩展频带带宽[43]。文献[42]中采用斜角处理：接地面斜角约 18.7°，辐射单元斜角约 17.3°，使得共面波导到辐射单元之间阻抗变换平缓，有效地避免了馈电端阻抗的突变，较好地实现共面波导与辐射单元的阻抗匹配，使接地面与辐射单元之间更好地互耦，产生谐振，起到扩展带宽的作用。文献[44]提出了一种通过对普通微带天线切角而展宽工作频带的方法，文中根据矩形贴片尺寸与谐振频点的关系式，对天线贴片切两个矩形角，使微带天线谐振频率由原来的 2.4GHz 变为 2.4GHz 和 2.65GHz，使天线工作带宽扩展为原来的 3 倍。

除上述扩展带宽的方法外，还可以采用的技术包括开槽、渐变结构等。

3.5 不同结构的小型化超宽带天线设计

3.5.1 弧形贴片超宽带微带天线

1．天线结构

本节设计了一种小型化弧形贴片超宽带微带天线，如图 3-7 所示。该天线采用 FR4 介质材料，体积较小，易于集成。

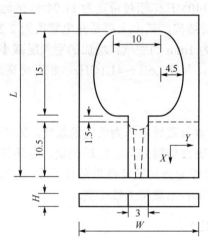

图 3-7 超宽带微带天线结构

根据文献[45]提出的等效原理对天线尺寸进行设计，并通过软件 HFSS 进行细微调整，最终确定天线介质板长度为 30mm，宽度为 28mm，厚度为 1.6mm；通过 TXLINE 软件计算微带线宽度得出其尺寸为 3mm。

该天线的辐射贴片采用矩形与椭圆形相结合的方式，椭圆长轴为 15mm，短轴为

4.5mm，矩形长为 15mm，宽为 10mm。接地面采用圆和等腰梯形相结合的方式开槽，等腰梯形高为 10.5mm，顶边为 1mm，底边为 0.2mm。圆的半径为 1.6mm，中心点距接地面上边沿 0.8mm。

2．天线参数分析

在天线仿真分析中发现，随着天线尺寸的小型化，其谐振频点会相应的增大，反射损耗在低频带的性能越来越不易实现。因此，必须采用相应的方法减小天线的谐振频点，以实现天线小型化。

本节通过调整辐射单元侧边弧度来改善中低频带的反射损耗；通过在接地板加载等腰梯形槽与半圆槽来扩展低频带带宽；同时通过适当的调整辐射单元与接地面之间的距离可以改善天线低频带特性。

1）分析辐射单元侧边弧度对天线反射损耗的影响

辐射单元侧边弧度的大小对天线反射损耗影响很大，适当调整其大小，可以使天线辐射单元与微带线之间实现阻抗匹配，有效改善天线反射损耗在中低频段的性能。如图 3-8 所示，椭圆长轴为 15mm 不变，观察椭圆轴比（短轴与长轴之比）分别为 0.1、0.2、0.3、0.4 时的反射系数。

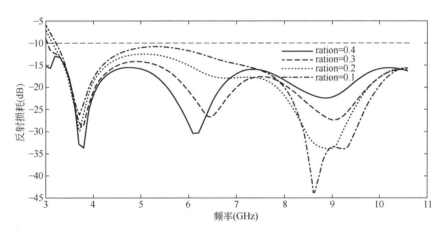

图 3-8　轴比对反射损耗的影响

观察仿真结果可以发现，随着轴比由 0.1 增加到 0.4，前两个谐振点间距变小，有效地改善了天线在 3～6GHz 的反射损耗，扩展了低频带的带宽。

2）分析接地面等腰梯形开槽对天线反射损耗的影响

对接地面采用开槽的方法也可以拓宽带宽，改善天线性能。在微带线正下方接地面上开等腰梯形与圆弧形槽，有效地将电场能量引入到接地面上从而达到向外辐射的目的。图 3-9 分别是对有圆弧形槽、开矩形槽，圆弧形槽、开等腰梯形槽与仅圆弧形槽三种情况下的天线反射损耗情况的对比。

由图 3-9 可以看出，等腰梯形槽的反射损耗性能明显要好于其他两种情况。尤其是在低频段，很好地改善了 3～4GHz 频段内的天线性能。

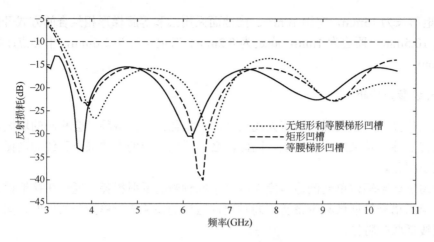

图 3-9　三种情况下天线反射损耗对比

3）分析接地面半圆形槽的中心点位置对天线反射损耗的影响

电流通过微带线进入辐射贴片的过程中，微带线与其正下方的接地面形成强耦合，耦合电流顺着等腰梯形边沿流向接地面顶端。通过在接地面加载半圆槽，可以将电流平滑的分流到接地面两侧，减小天线反射损耗，实现天线的有效辐射。

在保持圆槽半径为 1.6mm 的情况下，通过调节半圆槽中心点位置观察天线反射损耗随频率的变化情况。

图 3-10 分别是圆槽中心点距接地面顶端 1.6mm、1.2mm 和 0.8mm 时天线的反射损耗随频率的变化关系。随着圆心距接地面顶端距离的减小，天线反射损耗低频带性能变优，高频带性能变化不大。因此，选择 0.8mm 作为圆心到接地面的距离。

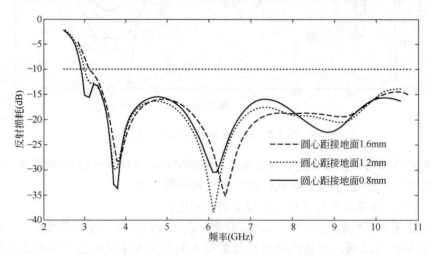

图 3-10　接地面圆槽中心点位置对天线反射损耗的影响

4）分析微带线长度对天线性能的影响

接地面与辐射单元之间的间隙，以及接地面本身都可以看做能产生辐射作用的振子体，适当地调整其间隙大小与接地面长度，可以有效地改变天线的输入端电抗成分，改善天线的反射损耗。通过仿真优化确定间隙在 1.5mm 时天线性能最优；在间隙保持 1.5mm 不变的情况下通过改变微带线长度观察天线反射损耗随频率的变化情况。

由图 3-11 可知，随着微带线长度的增加，反射损耗谐振点左移，低频带性能变优。最终确定微带线长度为 12mm。

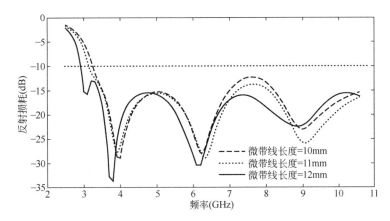

图 3-11　微带线长度对天线反射损耗的影响

5）天线的仿真结果

对设计的天线不断通过软件进行优化，最终天线反射损耗如图 3-12 所示。

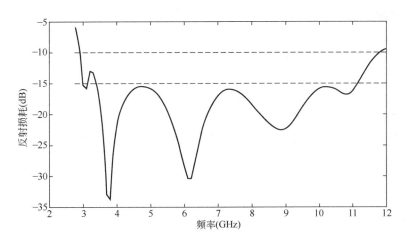

图 3-12　天线反射损耗仿真结果

由图 3-12 可知，反射损耗在 3～11.8GHz 频段内小于-10dB，其中小于-15dB 的频带为 3.4～11.2GHz，占据大部分频带，因此，天线具有很好的阻抗匹配特性。

图 3-13 所示是频点分别在 3GHz、6GHz 和 9GHz 时天线的辐射方向图。

由 E 面辐射方向图可知，在 3GHz 时，天线保持较好的全向辐射特性，随着频率的增加，在 6GHz 时增益在±90°方向变化较大，当频率增加到 9GHz 时，增益在 30°，90°(+X)，180°(-Z)，270°(-X)四个方向附近衰减较大。通过观察辐射方向图可以发现，辐射场在±X 方向辐射并不对称，尤其是随着频率增加到 9GHz 时最为明显，其主要原因是由于辐射单元与接地面的辐射强度不同导致的。当电流通过微带线馈入辐射单元时，一部分电流将耦合到接地面并转化成电磁场的形式向空间辐射；随着频率的增加，耦合到接地面的电流逐渐减小，因此，导致±X方向辐射不对称。

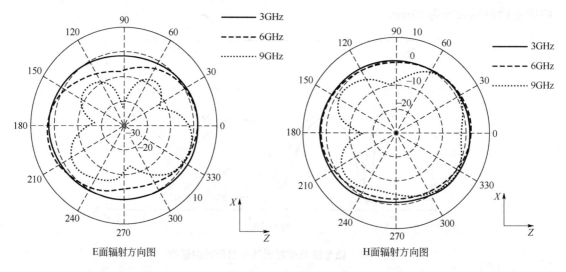

图 3-13 辐射方向图

由 H 面辐射方向图可知，在 3GHz 和 6GHz 时，天线呈良好的全向辐射特性。但随着频率增加到 9GHz 时，90°（+X），180°（-Z）方向衰减较明显。

通过对 E 面和 H 面方向图观察可以发现，随着频率的增加，方向图上产生旁瓣，这主要是由于天线的电长度会随着频率的增加而相应的增加，当天线电长度增加到一定值时，即会产生旁瓣效应。

通过观察图 3-13 还可以发现，E 面和 H 面辐射场强度在±Z 方向也不对称，主要是因为在辐射单元两侧分布不同的介质所造成的；随着频率的增加，介质板将存储和损耗掉越来越多的电场能量，导致-Z 方向的电场衰减程度明显大于+Z 方向。

3.5.2 超宽带宽缝隙天线

1. 天线结构

超宽带印刷缝隙天线具有体积小、带宽宽、剖面低、易集成等优点，在超宽带系统中被广泛采用。通过微带线或共面波导馈电，可以获得良好的宽带性能。本书所设计的超宽带印刷缝隙天线，尺寸为 26mm×16mm×1mm，微带线宽度为 1mm，采用等腰梯形结构连接微带线与辐射单元，起到渐变馈电的效果，等腰梯形两底边尺寸分别为 7.6mm、1mm，高度为 1mm。辐射单元为一矩形结构，尺寸为 7.6mm×4.1mm，在其内部加载五边形槽，槽各边长度分别为 6mm、3.3mm、3mm、3mm、3.3mm。接地面宽缝隙采用阶梯形与渐变相结合的方式：馈线端的阶梯形结构通过在微带线正下方加载两个矩形缝隙及靠近介质板边沿的两个对称矩形缝隙构成，尺寸分别为 3.2mm×0.4mm、2mm×0.8mm、1.5mm×0.75mm，渐变结构将边沿的矩形缝隙与微带线正下方的阶梯结构连接起来，其长度约为 2.8mm；辐射单元端由一个等腰梯形缝隙与两矩形缝隙相结合构成渐变与阶梯结构，两矩形尺寸分别为 5mm×7mm、10mm×4mm，等腰梯形尺寸：两底边分别为 13.8mm、15mm，高为 1.5mm。
图 3-14 所示为小型化超宽带宽缝隙天线的设计图。

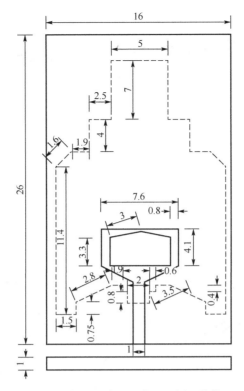

图 3-14　小型化超宽带缝隙天线设计图（单位：mm）

2．天线参数分析

1）分析接地面矩形切口对超宽带性能的影响

接地面微带线正下方有两个矩形切口，对矩形切口进行调整：①去掉尺寸为 3.2mm×0.4mm 的矩形切口，将其记为天线（a）；②去掉两个矩形切口，将其记为天线（b）。分别对上述两种情况进行仿真分析，观察矩形切口对天线的反射损耗的影响。

图 3-15 中三条曲线分别表示天线（a）、原始天线、天线（b）的反射损耗，通过对比可以观察出，矩形切口可以使天线低频带的反射损耗减小，有效扩展天线的工作带宽。同时在 7.8GHz 谐振点处谐振增强，高频带性能也得到改善。

2）观察辐射单元内部五边形切槽对天线性能的影响

超宽带宽缝隙天线采用的是对辐射贴片加载五边形切槽。下面采用两种方法：①将五边形切槽转变为尺寸为 6mm×3.3mm 的矩形切槽，将其记为天线（a）；②不加载五边形切槽或矩形切槽，将其记为天线（a）。观察切槽对天线性能的影响。图 3-16 所示是采用上述两种方法对天线进行调整后其反射损耗的变化情况。

图 3-16 中三条曲线分别为本书所设计天线、天线（a）、天线（b）的反射损耗。通过对比观察可以发现，将五边形切槽转变为矩形切槽，反射损耗在 3～4GHz 频带内性能明显下降。在未加载任何切槽的情况下，反射损耗不仅在低频带性能变差，在频带大于 10GHz

的范围内性能同样变差,工作带宽明显减小。

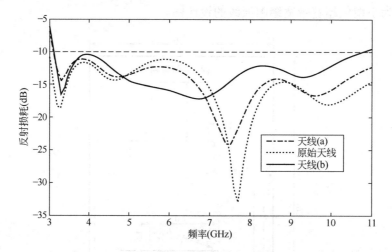

图 3-15 微带线正下方矩形切口对反射损耗的影响

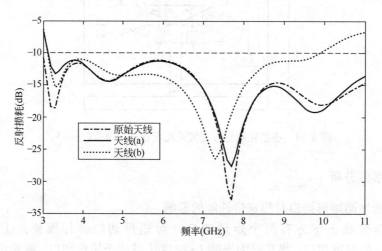

图 3-16 反射损耗随频率的变化情况

3)观察接地面辐射单元端阶梯形结构对天线性能的影响

缝隙超宽带天线采用的是阶梯形结构与渐变结构相结合的方式实现接地板的宽缝隙。下面依然采用两种方法:①将辐射单元端 10mm×4mm 的矩形缝隙结构转变为渐变结构,将其记为天线(a);②将辐射单元端矩形缝隙结构全部转变为渐变结构,将其记为天线(b)。观察阶梯结构转变为渐变结构的过程中反射损耗的变化情况。

分别对上述提到的两种天线结构进行仿真,并与设计的宽缝隙超宽带天线性能进行比较,观察反射损耗的变化情况。

图 3-17 中三条曲线分别表示所设计的超宽带缝隙天线、天线(a)、天线(b)的反射损耗。通过各天线反射损耗的对比可以发现,将阶梯结构改变为渐变结构,天线反射损耗在大部分频带范围都将变差,尤其是低频(3~4GHz)与中频(6GHz 附近)的反射损耗。

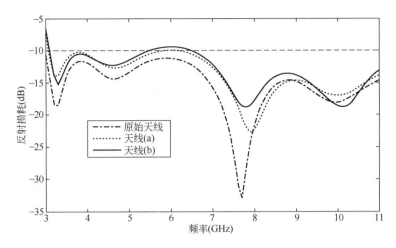

图 3-17　反射损耗随频率的变化关系（一）

4）设计天线的反射损耗与辐射方向图

由图 3-18 可以看出，反射损耗在 3～11GHz 都小于-10dB，满足超宽带通信频带宽度。

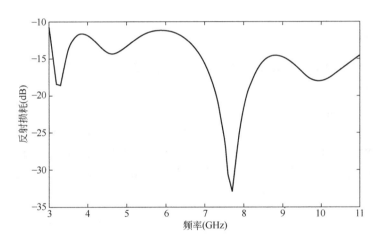

图 3-18　反射损耗随频率的变化关系（二）

图 3-19 所示是超宽带宽缝隙天线在 3GHz、6GHz、9GHz 的辐射方向图。

图 3-19（a）中三条曲线分别表示频率在 3GHz、6GHz、9GHz 时 E 面的辐射方向图。在 3GHz、6GHz 时辐射电场在 $\pm Z$ 方向最强，在 $\pm X$ 方向最弱；随着频率的增加，在 9GHz 时电场辐射方向图产生了畸变，最大辐射方向偏离 $\pm Z$ 方向，且有较明显的旁瓣效应。

图 3-19（b）中三条曲线分别表示频率在 3GHz、6GHz、9GHz 时 H 面的辐射方向图。由图可见，在频率较小时，H 面保持较好的全向辐射特性，3GHz 时增益变化范围小于1.3dB，6GHz 时增益变化范围小于 2.8dB；当频率增加到 9GHz 时，频率变化范围增大到6.3dB。

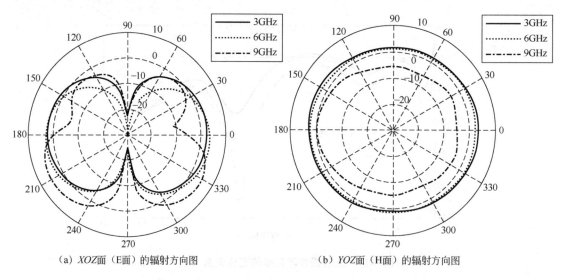

(a) *XOZ*面（E面）的辐射方向图　　　　　(b) *YOZ*面（H面）的辐射方向图

图 3-19　天线辐射方向图（一）

3.5.3　阶梯形超宽带微带天线

1. 天线结构

设计一种结构简单的小型超宽带微带天线。该天线采用带有阶梯的矩形贴片作为辐射单元，通过微带线对其进行馈电；采用介电常数为 4.4 的 FR4 材料作为介质基片，其尺寸为 33mm×28mm×1.6mm，矩形辐射单元尺寸为 17mm×19mm，第一阶梯矩形切口尺寸为 1.5mm×1.5mm，第二阶梯矩形切口尺寸为 2mm×1.5mm；接地面尺寸为 28mm×11mm，微带线尺寸为 12mm×2.8mm。该天线结构简单，体积小，价格便宜，适合在超宽带通信中应用。图 3-20 所示为通过 HFSS 软件设计的阶梯形状的超宽带微带天线结构图。

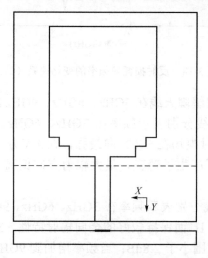

图 3-20　阶梯形状的超宽带微带天线结构图

2．天线参数分析

本书提出了一种阶梯形超宽带微带天线，通过对其阶梯结构尺寸、微带线宽度、辐射单元与接地面的间隙、辐射单元尺寸等参数进行优化来实现天线的超宽带性能。下面对天线的各个参数进行分析。

1）阶梯单元的作用

阶梯单元有助于改善微带线和辐射单元之间的阻抗匹配，减小反射损耗，同时调节接地面与辐射单元之间的电抗分量，达到扩展带宽的作用。

对未引入阶梯单元的超宽带微带天线进行仿真，并将仿真结果与引入阶梯单元的超宽带微带天线的仿真结果作对比，如图 3-21 所示。

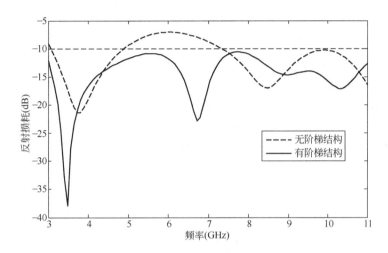

图 3-21　阶梯单元对反射损耗的影响

图 3-21 中两条曲线分别表示未引入阶梯单元与引入阶梯单元时超宽带天线的反射损耗随频率的变化关系。由图 3-21 可以看出，在未引入阶梯单元的情况下，频率在 4.8～7.3GHz 范围内反射损耗大于-10dB，引入阶梯单元后，在低频带谐振点反射损耗性能变优，同时在 7GHz 附近出现谐振频点，改善了 4.8～7.3GHz 频带内反射损耗的性能，同时在高频段性能有了明显改善。

2）微带线宽度的计算

微带线的宽度是最容易调节的改变微带线特性阻抗的参数。在介质介电常数、厚度、频率、损耗角正切等参数不变的情况下，适当调节微带线的宽度，可以改善天线的阻抗匹配特性，减小反射损耗，增加天线带宽。在理想情况下（微带线无损耗），微带线的特性阻抗由以下公式计算得出：

$$\begin{cases} Z_0 = \dfrac{60}{\sqrt{\xi_{re}}} \ln\left(\dfrac{8h}{W_e} + \dfrac{W_e}{4h} \right) & \dfrac{W}{h} \leqslant 1 \\[4mm] Z_0 = \dfrac{120\pi}{\sqrt{\xi_{re}}} \left[\dfrac{W_e}{h} + 1.393 + 0.667\ln\left(\dfrac{W_e}{h} + 1.444 \right) \right]^{-1} & \dfrac{W}{h} \geqslant 1 \end{cases} \quad (3\text{-}19)$$

式中，

$$\xi_{\mathrm{re}} = \frac{\xi_{\mathrm{r}}+1}{2} + \frac{\xi_{\mathrm{r}}-1}{2}\frac{1}{\sqrt{1+12h/W}} - \frac{\xi_{\mathrm{r}}-1}{4.6}\frac{t}{h}\sqrt{\frac{h}{W}} \qquad (3\text{-}20)$$

$$\frac{W_{\mathrm{e}}}{h} = \frac{W}{h} + \frac{\Delta W}{h} \qquad (3\text{-}21)$$

$$\begin{cases} \dfrac{\Delta W}{h} = \dfrac{1.25}{\pi}\dfrac{t}{h}\left(1+\ln\dfrac{4\pi W}{t}\right) & \dfrac{W}{h} \leqslant 1/2\pi \\[4mm] \dfrac{\Delta W}{h} = \dfrac{1.25}{\pi}\dfrac{t}{h}\left(1+\ln\dfrac{2h}{t}\right) & \dfrac{W}{h} \geqslant 1/2\pi \end{cases} \qquad (3\text{-}22)$$

其中，ξ_{r} 为相对介电常数，h 为介质高度，W 为微带线宽度，t 为铺铜厚度。

另外，还有一些常用的计算微带线宽度的软件，如 TXLINE、Polar si9000 等。在 TXLINE 软件中，将主要决定微带线宽度的参数，如介电常数（Dielectric constant）、特性阻抗（Impedance）、频率（Frequency）、厚度（Height）等一一确定，即可确定微带线宽度大小。其他参数对微带线宽度（Width）影响较小。

通过在 TXLINE 软件中输入介电常数值 4.4、特性阻抗值 50Ω、频率点 3GHz、介质板厚度 1.6mm 等参数，对微带线的宽度值进行计算，得出微带线宽度约为 3mm。

计算完成后还要通过 HFSS 软件对天线进行仿真分析，调整微带线宽度直到性能最佳。最终确定微带线宽度为 2.8mm。

3）辐射单元尺寸的计算

微带天线的矩形辐射单元实际长度计算公式如下：

$$L = \frac{\lambda_0}{2\sqrt{\xi_{\mathrm{e}}}} - 2\Delta L \qquad (3\text{-}23)$$

式中，

$$\Delta L = 0.412h\frac{(\xi_{\mathrm{e}}+0.3)(W/h+0.264)}{(\xi_{\mathrm{e}}-0.258)(W/h+0.8)} \qquad (3\text{-}24)$$

$$\xi_{\mathrm{e}} = \frac{\xi_{\mathrm{r}}+1}{2} + \frac{\xi_{\mathrm{r}}-1}{2}\left(1+12\frac{h}{W}\right)^{-\frac{1}{2}} \qquad (3\text{-}25)$$

辐射单元宽度的计算公式如下：

$$W = \frac{c}{2f_0}\left(\frac{\xi_{\mathrm{r}}+1}{2}\right)^{-\frac{1}{2}} \qquad (3\text{-}26)$$

式中，ξ_{r} 为介质相对介电常数；h 为介质层厚度；W 为辐射单元宽度。并根据上述公式设计出中心频率为 2.45GHz，带宽为 2.4～2.52GHz 的微带贴片天线。上述公式计算的是窄带微带贴片天线，在计算超宽带微带天线时可以通过选取某一低频点带入计算公式对 L、W 进行计算，然后通过 HFSS 软件优化，可得出最终的辐射单元尺寸。

4）辐射单元与接地面间隙的调整

通过文献[45]可知，辐射单元与接地面之间的间距可作为振子体的一部分产生辐射作用，对其大小进行调整将改变其间的电抗分量，改善天线低频端的反射性能。通过对接地面长度进行调整，观察反射损耗随频率的变化情况。

图 3-22 中分别表示接地面长度为 10.5mm、11mm、11.5mm 时天线反射损耗随频率的变化关系。当接地面长度为 10.5mm 时，反射损耗在 7～8GHz 频带范围内性能较差，随着接地面长度的增加，当其为 11mm 时，第一个谐振频点反射损耗增加，但在 7～8GHz 频带范围内性能改善，满足超宽带天线工作带宽，当接地面增加到 11.5mm 时，反射损耗在 4.5～5.4GHz 及 9.9～10.8GHz 频带性能变差。通过对三条曲线进行对比观察发现，接地面长度的改变，将很大程度上影响谐振频点的谐振大小，导致谐振点之间的反射损耗发生较大的变化；同时也说明，适当调整接地面与辐射单元的间距，有助于改善微带天线的性能。

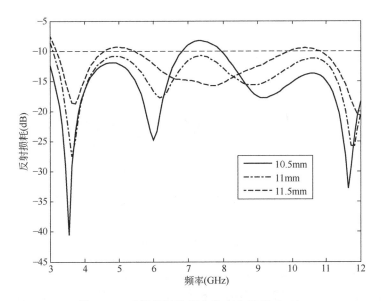

图 3-22　反射损耗随频率的变化关系（三）

5）仿真结果与实测结果

对天线进行测试，首先需要选择合适的连接器。SMA 连接器是一种特性阻抗为 50Ω 的小型螺纹射频同轴连接器，具有尺寸小、频带宽、寿命长、性能高、耐磨损等优点，适合在微波设备中使用。下面分别选取两种不同的 SMA 接头对天线进行焊接测试。

首先选取一种 SMA 连接器并将此 SMA 连接器焊接到 PCB 板的微带线上，如图 3-23 所示。

将焊接好的 PCB 板与矢量网络分析仪一端口处的同轴电缆相连，通过矢量网络分析仪对此天线的反射损耗进行测试，并与仿真的结果进行对比（见图 3-24）。

图 3-24 中离散曲线和连续曲线分别是天线反射损耗的仿真结果和测试结果。通过观察图 3-24 可以发现，天线的测试结果与仿真结果在大部分频带内具有较好的一致性；但由于 SMA 连接器的焊接、PCB 加工制作及测试环境等因素的影响，导致部分频段性能变差。

选取另一种 SMA 接口对天线性能进行测试，并将此连接器焊接到超宽带天线的微带线上。

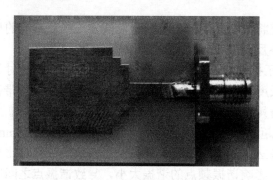

图 3-23　超宽带微带天线实物图一

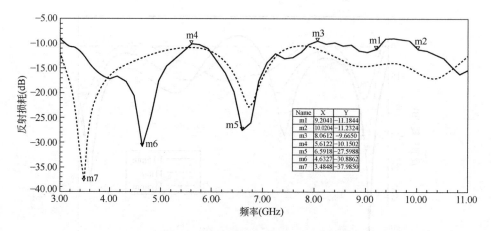

Name	X	Y
m1	9.2041	−11.1844
m2	10.0204	−11.2324
m3	8.0612	−9.6650
m4	5.6122	−10.1502
m5	6.5918	−27.5988
m6	4.6327	−30.8862
m7	3.4848	−37.9850

图 3-24　反射损耗随频率的变化关系（四）

　　图 3-25 所示为采用第二种 SMA 连接器焊接的超宽带微带天线的实物图。将焊接好的 PCB 板通过 SMA 接口连接到矢量网络分析仪的一个端口的同轴电缆上，并对天线的反射损耗进行测试，将测试的结果导入到 HFSS 软件中，并将其与仿真结果进行比较（见图 3-26）。

图 3-25　超宽带微带天线实物图二

　　图 3-26 中连续曲线表示仿真结果，离散曲线表示实测结果。由图 3-26 可以看出，实测结果与仿真结果也具有较好的一致性，但是性能在某些频带变差；超宽带微带天线第二次实测结果与第一次实测结果相比，优势如下：在两个较大的谐振点处与仿真结果有了很

好的一致性；劣势如下：在高频带性能较差。高频性能变差的原因可能如下：SMA 接口质量问题、焊接问题等。

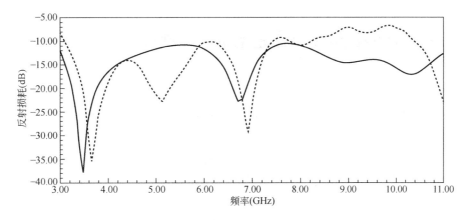

图 3-26　反射损耗随频率的变化关系（五）

通过以上分析可知，虽然实测结果在一定频带性能变差，但是其在大部分频带内与仿真结果有较好的一致性，说明仿真方法正确。

下面对超宽带微带天线的辐射图进行分析，如图 3-27 所示。

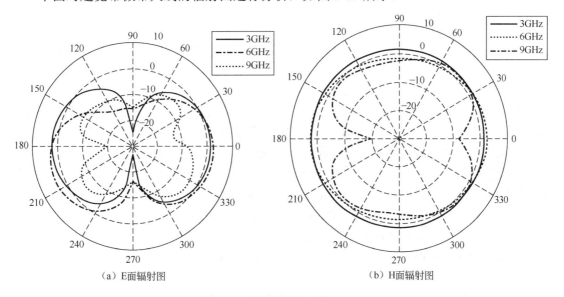

（a）E面辐射图　　　　　　　　　　　（b）H面辐射图

图 3-27　天线辐射方向图（二）

图 3-27（a）所示为 E 面辐射图，其中三条曲线分别表示天线在 3GHz、6GHz、9GHz 时的 E 面辐射方向图；在 3GHz 时，天线与对称偶极子辐射方向图相似，$\pm Z$ 方向辐射最强，$\pm Y$ 方向辐射最弱；当频率为 6GHz 时，$-Z$ 方向的最强辐射场向$-Y$ 方向有所偏移；当频率增加到 9GHz 时，天线在$\pm Z$ 方向的辐射有明显衰减，并出现了旁瓣现象。

图 3-27（b）所示为 H 面辐射图，其中三条曲线分别表示天线在 3GHz、6GHz、9GHz 时的 H 面辐射方向图；3GHz 时，天线保持良好的全向辐射特性，最大增益与最小增益之

间相差不足 0.7dB；6GHz 时，天线在 ±X 方向有所减弱，但仍然具有较好的全向辐射特性；9GHz 时，天线在 ±Z 方向辐射强度明显减弱，尤其是-Z 方向。

3.6　具有带阻特性的小型化超宽带天线设计

超宽带通信频段规定为 3.1～10.6GHz，适用于短距离无线传输。而同样适用于短距离无线传输的还有 WLAN，其工作频段为 5.15～5.825GHz。为了减小两者间的相互干扰，通常在超宽带天线中加入带阻技术。

针对实现带阻特性的方法进行研究，并根据提出的方法，设计了两种具有带阻特性的超宽带微带天线：倒 U 形带阻超宽带微带天线和倒叉形带阻超宽带微带天线，这两种天线的带阻特性都是通过开槽的方法实现的。仿真结果表明，两种天线在超宽带频带都具有良好的性能，且在 WLAN 频带具有较好的带阻特性。此外本章还对倒叉形带阻超宽带微带天线进行实物制作并进行测试，并对实测的结果进行分析。

3.6.1　带阻特性的研究

1．加载寄生单元

在平面单极子天线中引入寄生单元，使带阻频带内辐射单元电流流向与寄生单元电流流向相反，达到相互抑制的目的，从而在超宽带频带范围内实现带阻特性。文献[46]通过对超宽带天线加载开路枝节使天线实现带阻特性，通过分析开路线位置与长度对阻抗带宽的影响，找到最优的仿真结果，确定最终的开路枝节尺寸，该天线仿真结果阻带是 5.0～5.82GHz，实测阻带为 4.5～6GHz，两者对比表明开路线的位置和长度对天线的阻带很敏感，细微的误差将会导致阻带的偏移和扩大。文献[47]提出了在微带线上加载两个枝节的方法分别获得在 3.3～3.9GHz 和 5～6GHz 频段的陷波特性，两枝节的长度和宽度也是基于文献[47]中的原理计算得出的。文献[48]采用在辐射贴片正下方加载寄生单元的方法 l_{s2}，以及寄生单元开口长度 l_{s4} 对带阻频带的影响，通过调整 l_{s4}、l_{s2}、l_{s3} 设计了两种带阻超宽带微带天线。通过观察天线的仿真和测试结果发现，虽然两曲线具有很好的一致性，但具有较强带阻特性的频带却很窄，带阻最大区域在 5.2GHz 左右，阻带很陡，在其大于 5.5GHz 左右的阻带特性已经很小，因此，提出的实现此带阻特性的方法是否可以进一步改善，能否通过改变其他参数更好地改善天线在整个带阻频带的性能等问题值得思考。

2．开槽

对天线辐射单元或接地面开缝隙，调节缝隙的长度和宽度可以使其起到滤波的作用，如文献[49～51]。文献[52]中提出了一种在辐射单元开弧形槽实现带阻特性的方法，文中通过对弧形槽宽度、弧长、圆心点位置等参数进行分析得出以下结论：阻带中心频点对应波长约为弧长的 3 倍；圆弧半径或圆弧宽度增大，将使阻带变宽，同时增大阻带驻波比；圆弧圆心位置对阻带驻波比也有影响，当其位置在天线中心时，阻带具有最大驻波比。该天线的工作频带为 0.6～5GHz，阻带分别为 0.88～0.96GHz 与 1.71～1.88GHz。文献[20]通过引入一个开环谐振结构使天线在 5.1～5.9GHz 内驻波比大于 2，从而达到抑制 WLAN 的目的，文中指出，当破坏了某频带内电流分布时，即会在该频段实现带阻特性，通过贴片开槽，利用具有高 Q 值的半波谐振环结构，即可在不影响其他频段的情况下在阻带内实现较高的驻波比。文献[53]通过在五边扇形辐射单元上开两个 U 形缝隙实现 3.25～4.1GHz 和 5.3～5.86GHz 两个频带的阻带特性，其中一个 U 形缝隙开在馈线与辐射单元的连接部分，可以改善天线的驻波比特性。文中指出缝隙宽度大小对阻带带宽有直接影响；缝隙的长度决定阻带中心频率。

3.6.2　倒 U 形带阻超宽带微带天线

1．天线结构

根据阶梯形超宽带微带天线中提到的设计实例，设计了倒 U 形带阻超宽带微带天线，如图 3-28 所示。

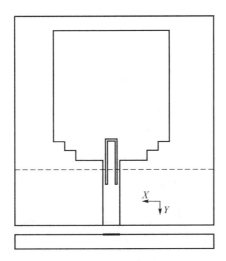

图 3-28　倒 U 形带阻超宽带微带天线

根据文献[54]中提到的以长度为带阻中心频率对应波长的 1/2 的槽来作为半波长谐振器的方法，对阶梯形超宽带微带天线加载一个倒 U 形槽，使天线在 5～6GHz 频带范围内实现带阻特性。如图 3-28 所示。槽总长为 17.2mm，槽宽 0.2mm，其中 Y 方向槽长度为 7.8mm，X 方向槽长度为 1.6mm。

2．天线参数分析

通过软件仿真观察不同频率下天线表面电流分布图：频率为 3GHz 时，电流主要分布于微带线与接地面表面，并通过接地面与辐射单元向外辐射电磁波；当频率增加到 5.5GHz 时，电流主要集中于倒 U 形槽附近，槽缝隙上与缝隙之间的电流强度较小，且相位相反，两者产生的电磁场相互削弱，最终未抵消的电磁场将不会有较大的辐射或接收，形成带阻特性；频率为 9GHz 时，电流主要分布于接地面边沿、辐射单元边沿及微带线上，具有较强的辐射。

对倒 U 形槽进行分析。取倒 U 形槽 Y 方向的长度为 L，X 向槽的位置距辐射贴片输入端的距离为 H，通过选取合适的 L 和 H，观察带阻带宽与中心频率的变化情况。

首先观察在 H 为 4mm 不变时 L 的变化对阻带的影响。

由图 3-29 观察可发现，L 的增加将使带阻中心频率减小，即缝隙长度和中心频率成反比。

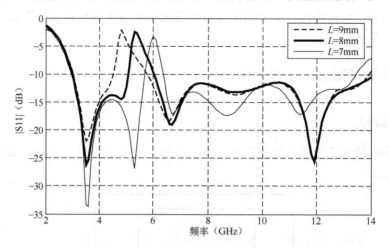

图 3-29　L 的变化对反射损耗的影响

其次在 L 为 8mm 的情况下，观察 H 的变化对阻带的影响。

由图 3-30 可知，随着 H 的增加，阻带带宽逐渐减小。

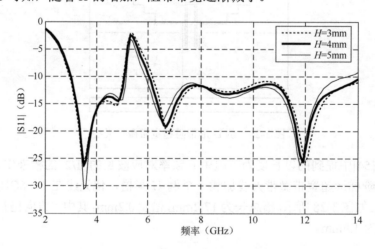

图 3-30　H 的变化对反射损耗的影响

通过仿真得出，槽的长度决定带阻频带中心点的位置，槽在辐射贴片上的位置决定带阻频带的带宽，通过调整槽的尺寸和位置，最终将 Y 方向槽长度设置为 8mm，X 方向槽长度设置为 1.2mm，X 方向槽位置距辐射体输入端 3.5mm，使带阻频带在 5～6GHz，中心频点在 5.5GHz 左右。

在辐射贴片加载倒 U 形实现带阻特性，天线最终 S11 仿真结果如图 3-31 所示。
由图 3-31 可知，该天线具有超宽带特性，同时也满足带阻特性的要求。

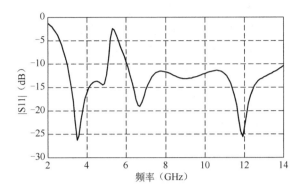

图 3-31　反射损耗随频率的变化关系（六）

图 3-32 所示为频率分别在 3GHz、6GHz、9GHz 时的天线辐射方向图。

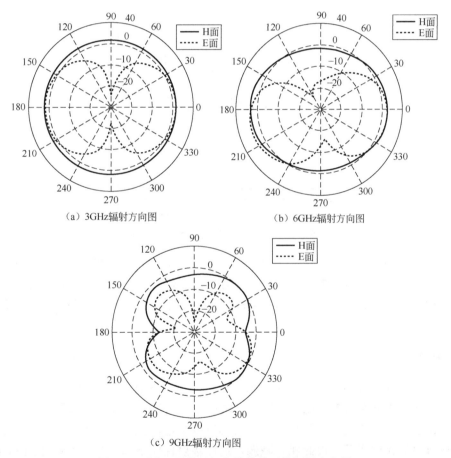

（a）3GHz辐射方向图　　　　（b）6GHz辐射方向图

（c）9GHz辐射方向图

图 3-32　倒 U 形带阻超宽带微带天线辐射方向图

　　观察 H 面（*XOZ* 面）辐射方向图随频率的变化情况：频谱在 3GHz 时，天线在 H 面保
持良好的全向辐射特性，随着频率的增大，H 面辐射图在 ±*X*（90°和 270°）方向略微衰

减，但仍保持较好的全向辐射特性；当频率增加到 9GHz 时，由于天线尺寸相对于波长变大，导致方向图出现旁瓣，辐射图在 ±Z（0°和 180°）方向出现了明显的衰减。

观察 E 面（YOZ 面）辐射图随频率的变化情况：在频率较低时（3.3GHz），远区辐射场呈 ∞ 型分布，在 ±Z 方向辐射最强，在 ±Y 方向辐射最弱，即主要向其法线方向辐射电磁波；当频带增加到 6GHz 时，辐射场最大辐射方向偏离 ±Z 方向，最小辐射方向也偏离了 ±Y 方向；随着频率的升高（9GHz），天线同样产生了旁瓣效应，辐射场在 25°、90°、170°、280°方向上产生了明显的衰减，最大辐射方向在 330°附近，同样偏离了 ±Z 方向。

3.6.3　倒叉形带阻超宽带微带天线

1．天线结构

根据阶梯形超宽带微带天线，设计了倒叉形带阻超宽带微带天线，如图 3-33 所示。

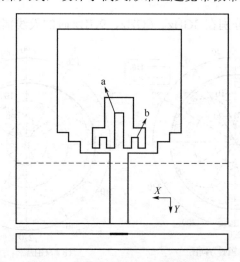

图 3-33　倒叉形带阻超宽带微带天线

图中加载的倒叉形结构，是通过对辐射单元开两个矩形槽，然后引入三个矩形枝节而形成的，矩形槽 a 尺寸为 4.7mm×2.8mm，矩形槽 b 尺寸为 2.5mm×6.4mm，引入的三个矩形枝节尺寸依次为 1.5mm×0.8mm、6.2mm×0.8mm、1.5mm×0.8mm，形成的倒叉形缝隙宽度为 1mm。

2．天线参数分析

通过软件仿真观察频率分别在 3GHz、5.5GHz、9GHz 时天线表面的电流分布：频率为 3GHz 时电流主要集中与微带线、接地面及辐射单元边沿，而在倒叉缝隙处电流较小；频率为 5.5GHz 时，电流几乎全部集中于倒叉形缝隙附近，且电流强度较小，缝隙边沿电流与矩形枝节电流相位相反，彼此相互减弱，造成辐射性能下降；当频率增加到 9GHz 时，天线表面的电流分布主要集中在微带线、辐射单元边沿及接地面边沿，且电流强度较强，可产生较强的辐射特性。

（1）在其他参数不变的情况下，调整倒叉缝隙距辐射单元馈电端的距离 H 进行仿真分析，观察天线反射损耗随频率的变化关系，如图 3-34 所示。

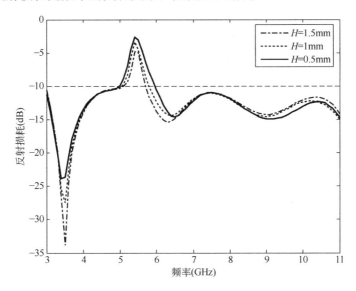

图 3-34　反射损耗随频率的变化关系（七）

三条曲线分别为 H=0.5mm、H=1mm、H=1.5mm 时天线的仿真结果。通过观察发现，缝隙位置不仅决定着阻带的带宽，还对带阻性能有很大的影响：缝隙越靠近馈线端口，阻带内反射损耗越大，阻带特性越优。

（2）观察矩形槽 a 长度变化对天线性能的影响。调整矩形槽 a 长度 L（Y 轴方向）的大小，并使缝隙槽宽保持不变，观察天线阻带中心点的变化情况。

图 3-35 中三条曲线分别表示 L 为 4.2mm、4.7mm、5.2mm 时天线的反射损耗；由仿真结果可知，随着 L 的增加，阻带中心点减小，其带宽基本不变。

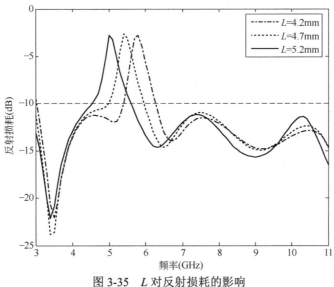

图 3-35　L 对反射损耗的影响

（3）观察矩形槽 b 长度 S（Y 轴方向）对天线带阻特性的影响。如图 3-36 所示，调整 S 的大小，并使缝隙槽宽保持不变，观察天线阻带中心点的变化情况。

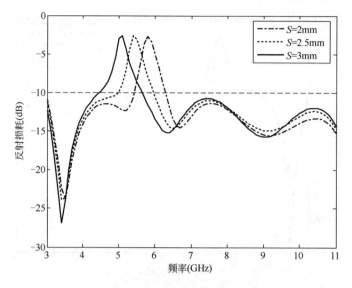

图 3-36 S 的大小对反射损耗的影响

图 3-36 中三条曲线分别表示 S 为 2mm、2.5mm、3mm 时天线的反射损耗；由仿真结果可知，随着 S 的增加，带阻频带中心点减小，但带阻带宽不变。

（4）观察矩形槽 b 宽度 M 对天线带阻特性的影响。调整 M 的大小，观察天线阻带中心点的变化情况。

图 3-37 中三条曲线分别表示 M 为 6.4mm、6.9mm、7.4mm 时天线的反射损耗；由仿真结果可知，随着 M 的增加，带阻频带中心点减小，但带阻带宽不变。

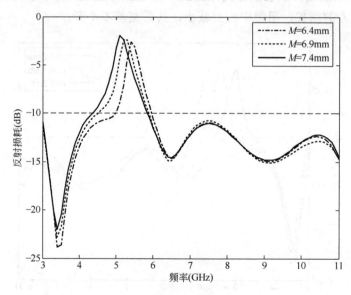

图 3-37 M 的大小对反射损耗的影响

两带阻天线的比较如表 3-2 所示。

表 3-2　两带阻天线的比较

名称	带阻频带（GHz）	开槽难易程度	成本
倒 U 形带阻超宽带微带天线	5～6	较难	高
倒叉形带阻超宽带微带天线	5～6	易	低

因倒叉形带阻超宽带天线制作简单成本低，适用于批量生产，因此，对其进行实物制作。

图 3-38 为制作的倒叉形带阻超宽带微带天线实物。

图 3-38　天线实物

通过矢量网络分析仪对其进行测试，天线仿真结果和实测结果对比如图 3-39 所示。

图 3-39 中，连续曲线代表仿真结果，离散曲线代表实测结果。实测反射损耗谐振频点相对于仿真结果谐振频点有所偏移，但其在 3～11GHz 内的大部分频带都小于-10dB。实测带阻频带为 4.8～6.2GHz，与仿真结果带阻频带 5～6GHz 相比也有些差异，但该天线基本满足具有带阻特性的超宽带微带天线的性能。

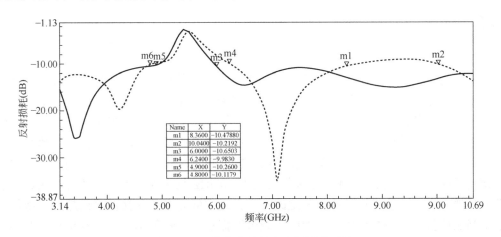

图 3-39　天线仿真结果与实测结果对比

图 3-40 所示是倒叉带阻超宽带微带天线的辐射方向图。

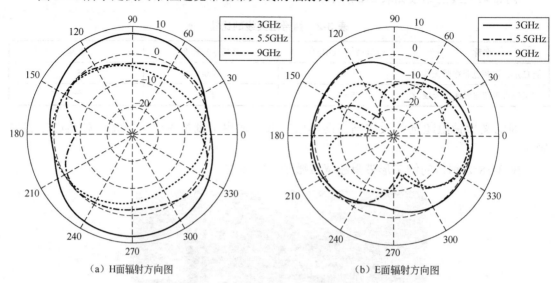

（a）H面辐射方向图　　　　　　（b）E面辐射方向图

图 3-40　天线辐射方向图（三）

辐射场方向图是由天线表面电流分布情况决定的。由于辐射贴片表面的倒叉缝隙结构，使天线的辐射方向图与阶梯超宽带微带天线有明显不同。H 面辐射方向图中，三条曲线分别表示频率在 3GHz、5.5GHz、9GHz 时的辐射；在 3GHz 时，天线主要辐射方向为 $\pm X$ 方向，在 $\pm Z$ 方向相对较弱；当频率为 5.5GHz 时，在 $\pm X$ 方向的辐射强度衰减较大，而 $\pm Z$ 方向的辐射强度衰减较小；当频率增加到 9GHz 时，$-Z$ 方向的辐射场产生较强衰落，并产生旁瓣效应。

在 E 面辐射方向图中，三条曲线分别表示频率为 3GHz、5.5GHz、9GHz 时的辐射。各个频率处天线的最大辐射方向都偏离了 $\pm Z$ 方向，最小辐射方向偏离了 $\pm Y$ 方向；当频率为 9GHz 时，产生了较为明显的旁瓣效应。

小结

首先，为了减小 UWB 天线的体积，本章总结了多种实现天线小型化的方法，并设计了三种小型化超宽带天线：弧形贴片超宽带微带天线，超宽带宽缝隙天线，阶梯形超宽带微带天线。弧形贴片超宽带微带天线通过采用在接地板加载等腰梯形槽与半圆槽的方法来扩展低频带带宽，并通过调整辐射单元侧边弧度来改善中低频带的反射损耗；超宽带宽缝隙天线通过采用微带线渐变方式馈电使馈线到辐射贴片实现平滑过渡，在辐射贴片加载五边形槽使天线反射损耗在 3～4GHz 频带及大于 10GHz 频带内都有明显改善，通过在渐变宽缝隙接地面上引入阶梯形结构有效地改善了天线中低频带的特性；阶梯超宽带微带天线通过适当的调整接地面与辐射单元的间距调节谐振点，对辐射单元加载阶梯结构改善天线的阻抗匹配。

其次，为了抑制 UWB 信号与 WLAN 信号之间的相互干扰，一种常用的方法是使天线在窄带内具有带阻特性，本章总结了实现带阻特性的方法，并设计了两种带阻超宽带天线：倒 U 形带阻超宽带微带天线与倒叉形带阻超宽带微带天线，倒 U 形带阻超宽带微带天线与倒叉形带阻超宽带微带天线都是在阶梯形超宽带微带天线的基础上通过加载缝隙的方法实现的。

最后，对阶梯超宽带微带天线、倒叉形带阻超宽带微带天线进行实物制作并测试。

参考文献

[1] 李莉. 天线与电波传播[M]. 北京：科学出版社，2009：25-175.

[2] Ao Yuan, Chen Wenhua, Huang Bin, et al. Analysis and Design of Tapered Slot Antenna for Ultra-Wideband Applications[J]. Tsinghua Science and Technology, February 2009, 14(1): 1-6.

[3] Cheolbok Kima, Jaesam Jang, Youngho Jung, et al. Park,Mun Soo Lee. Design of a frequency notched UWB antenna using a slot-type SRR[J]. Int. J. Electron. Commun. (AEÜ) 2009,63:1087–1093.

[4] Raha Eshtiaghi, Reza Zaker, Javad Nouronia, et al. UWB semi-elliptical printedmonopole antenna with subband rejection filter[J]. Int. J. Electron. Commun. (AEÜ) 2010, 64:133–141.

[5] 晏峰，姜兴，黄朝晖. 共面波导馈电的带阻 UWB 天线设计[J]. 电子器件, 2011, 34(3):255-257.

[6] Yingsong Li, Xiaodong Yang, Qian Yang, et al. Compact coplanar wave guide fed ultra wideband antenna with a notch band characteristic[J]. Int. J. Electron. Commun. (AEÜ) 2011 (65): 961–966.

[7] Son Trinh-Van, Chien Dao-Ngoc. Dual Band-Notched UWB Antenna based on Electromagnetic Band Gap Structures[J]. REV Journal on Electronics and Communications, 2011, 2(1):130-136.

[8] Minal Kimmatkar, P. T. Karule, P. L. et al. Ashtankar. Proposed design for circular antenna and half ring antenna for UWB Application[J]. International Journal of Electrical and Electronics Engineering (IJEEE), 2011,1(1).

[9] Weigand S, Huff G. H., Pan K. H., et al. Analysis and design of broad-band single - layer rectangular U-slot microstirp patch antennas[J]. Antennas and Propagation, 2003 , 51(3) : 457-468.

[10] Shavttr, Tzury, Spritusd. Design of a new dual-frequency and dual-polarization microstrip element [J]. IEEE Trans. Antennas and Propagation, 2003, 51(7): 1443-1451.

[11] 廖承恩. 微波技术基础 [M]. 西安：西安电子科技大学出版社，2005:113-124.

[12] Rohith K R，Manoj J，Aanandan C，et a1.A new compact microstrip fed dual band coplanar antenna for WLAN application[J]. IEEE Trans on Antennas Propag，2006，54(12)：3755-3762.

[13] 阮成礼. 超宽带天线理论与技术[M]. 哈尔滨：哈尔滨工业大学出版社，2006.

[14] 章伟，赵田野，鄢泽洪. 3.1～17GHz 的带阻超宽带单极天线[J]. 电子科技，2010，23(1)：65-67.

[15] 王珊. 具有陷波特性的超宽带天线的分析与设计[D]. 西安：西安电子科技大学. 2011：7

[16] 周超，曹海林，杨力生. 一种改进的共面波导馈电超宽带天线设计[J]. 重庆邮电大学学报(自然科学版)，2008，20(1)：39-41.

[17] 谢德馨，杨仕友. 工程电磁场数值分析与综合[M]. 北京：机械工业出版社，2008.

[18] 李明洋. HFSS 电磁仿真设计应用详解[M]. 北京：人民邮电出版社，2010.

[19] 柳青，小型化宽带化微带天线[D]. 成都：电子科技大学，2008:1-5.

[20] 章伟，赵田野，鄢泽洪. 3.1～17GHz 的带阻超宽带单极天线[J]. 电子科技，2010，23(1)：65-67.

[21] 廖昆明，吴毅强，陈力. 超宽频单极子陶瓷介质谐振器天线设计与仿真[J]. 电子元件与材料，2011，30(9)：50-52.

[22] 岳月华. 高介电常数材料缩小 GPS & WiFi Combo 天线体积[J]. 信息系统工程，2011(10)：40-41.

[23] 陈景. 通信系统中一类新型微带天线的小型化研究[D]. 上海：东华大学，2010.

[24] 涂升，陷波以及小型化超宽带天线设计[D]. 西安：西安电子科技大学，2010：9.

[25] M. Sun, Y. P. Zhang. Miniaturation of Planar Monopole Antennas for Ultra-wideband Application[J]. IEEE International workshop on Antenna Technology: Small Antennas and metamaterials, 2007, 21-23.

[26] B.Sanz-lzquierdo, J.C.Batchelor. E Plane Cut UWB Monopole[C]. Loughborough Antenna and Propagation Conference, 2007: 2-3.

[27] 刘文坚，叶亮华. 小型渐变微波带线馈电平面超宽带天线[J]. 科学技术与工程，2010，10(19)：4639-4644.

[28] 钱祖平，周锋，彭川，等. 一种小型平面超宽带天线的设计与实现[J]. 电波科学学报，2010，25(5)：920-924.

[29] 王华. 超宽带天线的研究与设计[D]. 南京：南京理工大学，2009：38-46.

[30] 张猛. 小型化多频段超宽带微带天线的研究与设计[D]. 上海：上海交通大学. 2009：29-30.

[31] 段文涛，李思敏. 加载技术在天线小型化设计中的研究[J]. 现代电子技术，2008(7)：17-18.

[32] 王丁玉，陈美娥，张捷俊. 小型化手机天线的设计[J]. 移动通信，2011(18)：57-60.

[33] 荣丰梅，龚书喜，贺秀莲. 利用开槽和短路探针加载减缩微带天线 RCS[J]. 西安电子科技大学学报，2006, 33(3)：479-481.

[34] 张继龙，卢春兰，钱祖平，等. 一种新型圆极化贴片天线的研究[J]. 微波学报，2009, 25(3)：31-33.

[35] 陈宇. 宽带与多频分形微带天线研究[D]. 南京：南京航空航天大学. 2011.

[36] 耿林，张晨新，耿道田，等. 一种新型微带分形贴片天线的设计[J]. 无线电通信技术，2009, 35(4)：36-37.

[37] 任帅，张广求，吴启铎. 一种共面波导馈电的分形缝隙宽带天线[J]. 测控技术，2010, 29(5)：86-89.

[38] 李旭哲，苏桦，李珣，等. 双层宽频微带天线的设计[J]. 现代电子技术，2010(21)：67-69.

[39] 陈云，王玉峰，周军，等. 一种 Ka 波段的共面容性馈电宽带微带天线[J]. 微波学报，2010(S1)：161-164.

[40] 马凤军，万国宾，沈静，等. 用双负材料改善微带天线阻抗带宽[J]. 计算机辅助工程，2008, 17(2)：17-20.

[41] 王振宇，赵惠玲，沈静，等. 基于双负材料的宽频带微带天线设计[J]. 电子元件与材料，2008, 27(1)：38-40.

[42] 蒋旭东，李萍，刘颖. 一种基于 DMS 技术的 UWB 平面单极子天线设计[J]. 电子科技，2010，23(12)：5-8.

[43] Peyrot-Solis M A, Galvan-Tejada G M, Jardon-Aguilar H. A Novel Planar UWB Monopole Antenna Formed on A Printed Circuit Board[J]. Microw. Opt. Techno. Lett, 2006, 48(5):933-935.

[44] 孙思扬，林欣，高攸纲，等. 一种可展宽频带的微带贴片天线[J]. 电波科学学报，2009, 24(2):307-310.

[45] 李伟文，黄长斌，游佰强，等. 超宽带印制矩形单极天线设计[J]. 微波学报，2010，26（2）：30-34.

[46] 特尼格尔，张宁，邱景辉，等. 具有带阻特性的宽缝隙超宽带天线研究[J]. 电波科学学报，2011，26(1)：164-169.

[47] 李东超，傅光，张志亚，等. 一种新型的双陷波特性超宽带天线的设计[J]. 微波学报，2010（S2）：175-178.

[48] 常雷，廖成. 具有寄生单元的新型带阻超宽带天线[J]. 微波学报，2011，27(1)：19-21.

[49] Zhao Yulong, Jiao Yongchang, Zhao Gang. Compact Planar Monopole UWB Antenna with Band-notched Characteristic[J]. Microwave Opt Technol Lett, 2008 (50):2656-2658.

[50] Cui Zhen, Jiao Yongchang, Zhang Li, et al. The Band-notch Function for A Printed Ultra-wideband Monopole Antenna with E-Shaped Slot[J]. Microwave Opt Technol Lett, 2008,(50):2048-2052.

[51] Wang Fajia, Yang Xuexia, Zhang Jinsheng. A Band-notched Ring Monopole Antenna[J]. Microwave Opt Technol Lett, 2008 (50): 1882-1884.

[52] 张可儿，屈瑞，张安学，等. 一种具有陷波特性的超宽带天线的研究[J]. 太原理工大学学报，2009，40(6)：610-613.

[53] 张旭辉. 一种微带馈电的双陷波超宽带天线[J]. 电子科技，2011，24(8)：87-89.

[54] 张治铧. 小型平板超宽带天线的设计及陷波特性研究[D]. 西安：西安电子科技大学，2010.

第 4 章

新型超宽带带通滤波器设计

● ● ● ● ● ● ● ●

在超宽带接收机系统中，作为接收机射频前端的关键器件之一，滤波器工作于接收机的最前端，位于低噪声放大器之前。第一个超宽带带通滤波器以极低的损耗对天线接收到的信号进行频率选择，通过阻止干扰频率，并以极低的损耗接收有用信号，为整个系统提供第一道抗干扰防线，有时在低噪声放大器后会再接一个带通滤波器，主要作用是进一步确保所需频段的选取并抑制镜像频率，充分减小不必要的干扰，从而使系统性能满足设计要求。超宽带滤波器是超宽带系统中的一种核心器件，无论是超宽带系统的发射端还是接收端，都需要一个超宽带滤波器，用来使得发射和接收的超宽带信号符合超宽带通信频带标准。而且，超宽带滤波器可以有效地抑制工作频段外其他无线通信系统信号对超宽带系统信号的干扰。所以说超宽带滤波器是超宽带系统的一个核心器件，它的性能好坏将直接影响整个超宽带系统的运行状况。因此，对超宽带滤波器进行进一步的研究和设计是有非常大的实用价值的。

4.1　超宽带信号频谱实现技术

超宽带（UWB）技术是一种以纳秒级脉冲为载体对信息进行传输的无线通信技术，具有高传输速率、低复杂性、低功耗、低功率谱密度和抗多径等特性。美国联邦通信委员会（FCC）规定 UWB 可使用的频率范围为 3.1～10.6GHz。由于频带较宽，为了避免与其他系统产生干扰，FCC 对 UWB 信号的频谱做了严格限制。由于系统的频谱特性主要受单个脉冲的频谱特性的影响，因此，具有灵活频谱特性的脉冲发生及频谱实现研究具有重要意义。

超宽带基带脉冲的发生方法基本有两类：一类采用隧道二极管、其他模拟器件的阶跃效应或雪崩效应来产生；另一类则是采用数字器件逻辑组合产生。信号频谱实现方法也有两种：一种是从时域和器件特性出发，另一种则是从频域角度出发。传统的基带脉冲发生一般从时域和器件特性出发，采用模拟方法来实现。模拟方法产生脉冲方法简单，但脉冲形状和宽度不可控制，因此，适用于要求不高的情形，且模拟方法需要较高的直流电压，限制了应用范围；数字方法产生的脉冲形状和宽度方便控制，频谱特性灵活，而且数字器件便于集成，电压要求不高。传统的 UWB 信号频谱实现以 FCC 的频谱限制为依据，采用组合脉冲或调制脉冲的形式，但在整个频带内实现复杂，且很少考虑天线特性。本书采用数字方法产生了基带高斯脉冲，在此基础上，从频域出发采用带通滤波和上变频两种方法实现中心频率和带宽可控的 UWB 信号脉冲，并给出了仿真结果。与传统信号波形设计相比，该方法从频域出发，简单灵活，易于实现，有很好的实用性。

高斯脉冲产生后，其频谱往往不能直接满足超宽带无线频谱需求。实现频谱满足要求的 UWB 信号脉冲的方法很多，本书从频域出发，分别采用带通滤波[1]和上变频[2]的方法产生所需要的 UWB 信号脉冲，简单灵活，易于实现，并对两种方法的性能和特点进行了比较分析。

4.1.1　带通滤波器实现频谱

在 LSI（Large Scale Integration，大规模集成电路）系统中，信号时域的输入输出关系式为

$$y(n) = x(n) \times h(n) \tag{4-1}$$

将式（4-1）进行傅里叶变换，即得输入输出的频域关系式为

$$Y(e^{jw}) = X(e^{jw})H(e^{jw}) \tag{4-2}$$

利用滤波器将高斯脉冲进行滤波处理，即高斯脉冲 $x(n)$ 经过冲激响应为 $h(n)$ 的滤波器，这样 $h(n)$ 频谱以外的频率成分就会被滤除掉，而其余的频率成分则不失真的通过。因此，根据不同的需要，设计不同频率响应的 $H(e^{jw})$，即可得到所需的频谱结构。图 4-1 所示为采用带通滤波器方式下的 UWB 发射机的系统框图。

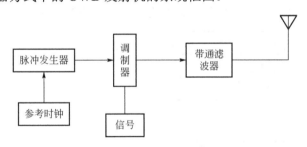

图 4-1　采用带通滤波器方式下的 UWB 发射机的系统框图

经过调制后的高斯脉冲通过一个宽带的带通滤波器，形成了带宽和中心频率都符合要求的超宽带脉冲。该形式对于中心频率在 6GHz 以下且固定的频谱实现时较为有效，在6GHz 以上的中心频率效果较差。采用带通滤波器实现的 UWB 频谱的带宽和中心频率均由滤波器的特性决定，而不再受天线的响应特性影响。在这样的条件下发射机自身的频率响应将不会因为传播环境的改变而被改变，这对发射机的设计将是十分重要的。

由图 4-1 可看出，此种形式的发射机采用的是传统超宽带发射机的结构，即 UWB 脉冲形成后，经过调制脉冲携带有效信息，再经过带通滤波后直接发射，无须载波调制，发射机的结构非常简单。

4.1.2　上变频实现频谱

由高斯脉冲的分析可知，脉冲成形因子 α 决定了脉冲的宽度，α 值越小，脉冲的宽度越窄，则传输脉冲信号的带宽就越宽，故可以利用 α 值的改变来获得不同带宽的脉冲信号。在具体实现过程中，可以利用改变电源电压的值来改变延迟量，从而改变脉冲的宽度，最后得到具有不同带宽的脉冲信号。

高斯脉冲成形因子 α 和-10dB 带宽间的关系可以通过如下计算。

基带高斯脉冲的功率谱密度表达式为

$$G(f) = \exp[-(2\pi f \sigma)^2] \tag{4-3}$$

设带宽 $B = 2\text{GHz}$，则基带脉冲信号在频率 $f_B = 1\text{GHz}$ 时，$G(f)^2 = 0.1$，将 $G(f)$ 代入式（4-3）中，求得

$$\sigma = \frac{1}{2\pi f_B \sqrt{\lg e}} \tag{4-4}$$

又因为 $\alpha^2 = 4\pi\sigma^2$，得

$$\alpha = \frac{2}{\sqrt{\pi \lg e B}} \tag{4-5}$$

将 $B = 2\text{GHz}$ 代入式（4-5），得到带宽为 2 GHz 时的脉冲成形因子 $\alpha = 0.8416 \times 10^{-9}$。满足带宽要求的高斯脉冲形成以后，中心频率则利用上变频的方法将其搬移到设计要求的频率处，该过程实际就是将高斯脉冲与中心频率为 f_c 的一个余弦波进行混频或者相乘。采用上变频的方式实现频谱的超宽带发射机的系统框图如图 4-2 所示。

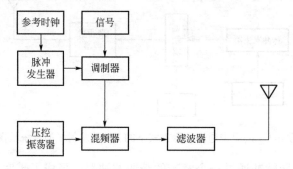

图 4-2　上变频方式下的超宽带发射机系统框图

高斯脉冲与本地振荡器进行混频，将中心频率上变频到指定位置，本地振荡器的频率决定了混频后的中心频率。由图 4-2 可以看出，上变频式超宽带发射机的结构和传统的射频发射机相似，需要加入混频的结构，系统的复杂性比较高，实现起来比较困难，但利用该方法实现频谱时，得到的超宽带脉冲的幅度没有改变，功率谱的密度也较高，适用长距离的于超宽带系统。

4.2 性能分析

4.2.1 交指耦合超宽带带通滤波器

相比与其他结构的微带滤波器，交指耦合谐振器结构的超宽带滤波器结构简单，能够实现较宽的通带，而且具有良好的带内特性。传统的交指梳状耦合谐振器由 3 个耦合指组成，其基本单元的结构示意图如图 4-3 所示。其中交指微带线的长度为 L_1，宽度为 W_2；相邻的耦合指之间的距离为 W_1。利用 HFSS 10.0 对其仿真，仿真结果如图 4-4 所示，可以看出三指交指耦合谐振器结构的滤波器具有良好的带通特性。

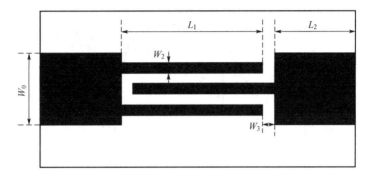

图 4-3　三指交指耦合谐振器基本单元结构示意图

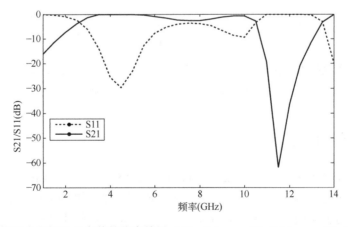

图 4-4　三指交指耦合谐振器 S 参数的仿真结果（W_0 =3.0mm，W_1 =0.15mm，W_2 =0.3，L_1 =8mm，L_2 =5mm，W_3 =0.15mm，介质材料为 RT/Duorid 5880，介质厚度为 1mm）

在传统交指耦合谐振器的基础上通过增加耦合指来抑制无线局域网系统信号的干扰。新型五指交指耦合谐振器的基本单元如图 4-5 所示，其仿真结果如图 4-6 所示。观察 S 参数仿真曲线可以看出在 5.7～5.8GHz 频段出现明显的陷波特性。

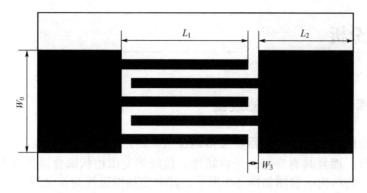

图 4-5　五指交指耦合谐振器的基本单元

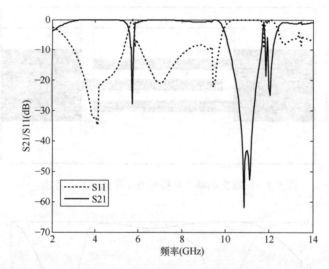

图 4-6　五指交指耦合谐振器 S 参数仿真结果（W_0=3mm，W_1=0.15mm，W_2=0.4mm，
W_3=0.15mm，L_1=9.5mm，L_2=5mm）

4.2.2　槽线锥形谐振器

传统的微带线锥形谐振器（Linear Tapered-Line Resonator，LTLR）如图 4-7（a）左所示，这种谐振器在两倍基频和三倍基频点会产生固有的寄生谐振频率，它可能会干扰通带的特性。所以，为了克服这种谐振器的缺点，提出了新型的锥形谐振器，如图 4-7（b）左和（c）左所示，该谐振器由带开槽的锥形微带线（Slotted Linear Tapered-Line Resonator，SLTR）组成。通过对这三种谐振器的仿真，可以看到开槽后锥形谐振器阻带特性的加强。HFSS 仿真结果如图 4-7 右所示，其中介质材料为 RT/Duorid 5880，介质厚度为 1mm，W_1=4.0mm，W_2=6.0mm，L_1=14.0mm，g_1=0.2mm，中心开槽的长度为 6.5mm，两侧长度为 5.5mm，两槽线之间的间距为 4.0mm。

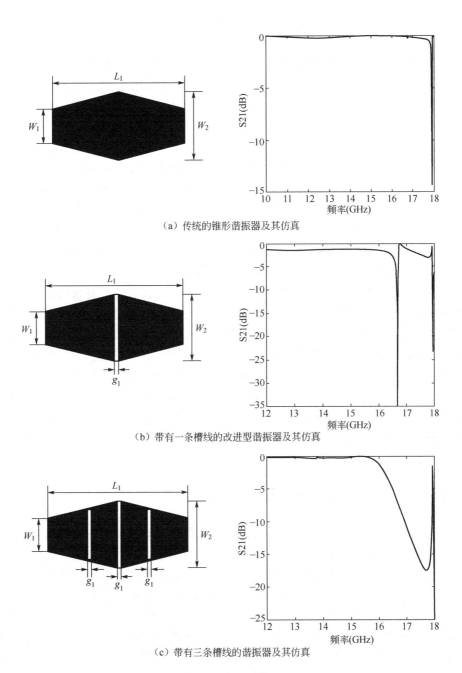

（a）传统的锥形谐振器及其仿真

（b）带有一条槽线的改进型谐振器及其仿真

（c）带有三条槽线的谐振器及其仿真

图 4-7 锥形谐振器

4.3 新型超宽带滤波器的设计

4.3.1 新型超宽带带通滤波器的设计思想

超宽带带通滤波器在整个超宽带无线通信系统中起着重要的作用，它性能的优劣直接影响整个通信系统的质量。超宽带滤波器作为超宽带无线通信系统不可缺少的器件，其发展十分迅速，目前国内外已有很多超宽带带通滤波器的设计方法。传统的超宽带滤波器的设计方法有阻抗阶跃谐振器（SIR）、滤波器级联法[3]、平行微带线耦合法[3,4]等，这些滤波器虽然能获得较好的通带特性，但是很难获得宽的高频阻带特性，对谐波的抑制性较差。为了改善滤波器的这个弱点，文献[5]将传统的 1/4 波长连接线用开路的 T 型结构代替来实现超宽阻带性能。文献[6,7]提出了在平行耦合线构成超宽带带通滤波器的基础上引入阶梯阻抗枝节（Stepped-Impedance Shunt Stub，SISS），既能保证良好的通带特性又能有效抑制高次谐波。文献[8,9]采用添加短路枝节的方法来实现高频阻带的衰减。文献[10,11]在传统左右手复合结构（composite right/left-hand structure）的基础上嵌入开路枝节来扩宽高阻带，但是却加大了滤波器的尺寸，违背了目前小型化的要求。

以上所述的滤波器经过不同的改进方法对高阻带的谐波进行了有效的抑制，但是随着超宽带技术的应用，很多现实的问题也逐渐被人们注意，如在超宽带频段范围内已经存在了很多窄带信号，例如，无线局域网系统（5.7～5.8GHz）。所以，为了保证 UWB 系统正常工作，迫切需要具有陷波特性的 UWB 带通滤波器。近几年，文献[12]将传统的三指交指耦合谐振器改进为五指交指耦合谐振器，采用两级级联设计的滤波器实现了通带内陷波的特性。文献[13]采用一对非对称的开环谐振器在通带内引入抑制频带。但这样的滤波器的高频阻带却比较窄，不能有效抑制高次谐波。可见，目前能够达到两者兼容的超宽带带通滤波器还是比较少的，因此，研究出具有陷波特性又可以抑制高次谐波的 UWB 带通滤波器具有广阔的发展前景和市场需求。

4.3.2 新型超宽带带通滤波器的设计与仿真

采用两级级联五指交指耦合谐振器结构的超宽带滤波器，虽然使滤波器具有了陷波特性，但是整个滤波器的阻带较窄，不能有效地抑制高次谐波。为了使设计的超宽带带通滤波器具有足够带宽和良好的陷波特性的同时能够扩充阻带宽度，本书将改进的五指交指耦合谐振器和开槽的锥形谐振器结合，设计了一种新型的超宽带带通滤波器，整体结构如图 4-8 所示。该滤波器的介质材料为 RT/Duorid 5880，介质厚度为 1mm，介电常数为 2.2。利用 HFSS 10.0 优化仿真，得到这种新型超宽带带通滤波器的主要参数：W_0 =3.0mm，W_1 =0.15mm，L_1 =5.0mm，L_2 =9.5mm，L_3 =11.0mm，交指耦合微带线的宽度 W_2 为 0.4mm，相邻的交指耦合线之间的间距 W_3 为 0.15mm，锥形谐振器中心开槽长度 L_3 为 8.0mm，两侧槽线长度 L_4 为 4.7mm，开槽宽度 W_4 均为 0.2mm，槽线之间的距离为 3.47mm。

新型超宽带带通滤波器的 S 参数仿真如图 4-9 所示。对照图 4-6 采用单一五指交指耦合谐振器结构的超宽带滤波器的仿真曲线，可以看出这种新型的超宽带带通滤波器在满足通带内（3.1～10.6GHz）插入损耗小于 3dB，陷波频段为 5.7～5.8GHz 的基础上，扩宽了高频阻带的带宽，同时由于开槽锥形谐振器的引入，陷波频段的抑制电平高于-40dB。仿真结果证明了设想的可行性，使得超宽带带通滤波器在满足陷波特性的基础上能够提高阻带的抑制特性，从而保证整个超宽带系统能够正常工作。

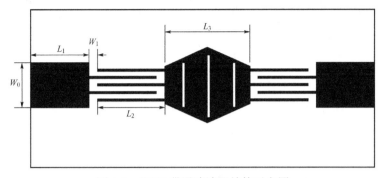

图 4-8　UWB 带通滤波器结构示意图

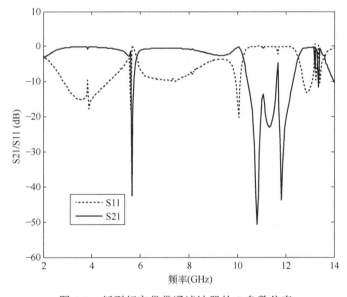

图 4-9　新型超宽带带通滤波器的 S 参数仿真

利用 AgilentN5230A 矢量网络分析仪对该滤波器进行测试，实物如图 4-10 所示，测试结果如图 4-11 所示。

图 4-10　超宽带带通滤波器实物

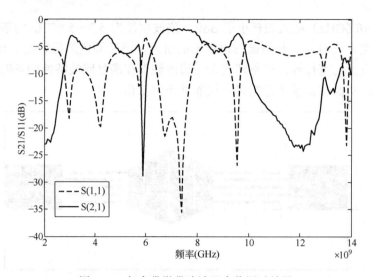

图 4-11　超宽带微带滤波器实物测试结果

小结

　　本章总结了超宽带频域两种频谱成形方法，分析了两种方法的优缺点。基于超宽带方法结构简单、易于实现的特性，设计了一种新型的超宽带带通滤波器，通过改进传统的交指耦合谐振器得到了通带内的陷波特性，级联开槽的锥形谐振器改善了高频阻带的特性。

参考文献

[1] Sanghoon Sim, Dong-Wool Kim, Songcheol Hong. A COM UWB Pulse Generator for 6-10GHz Applications[J]. IEEE Microwave and Wireless Componenets Letters, 2009, 19(2).

[2] Tim Wilmshurst. PIC 嵌入式系统开发[M]. 陈小文，闫志强，等，译. 北京：人民邮电出版社，2008：318-365.

[3] 张友俊，邹黔. 圆形开槽贴片微带双模带通滤波器[J]. 电子元件与材料，2011，30(11):34-37.

[4] 罗治贤，张怀武，程磊. 微波交指型带通滤波器的设计[J]. 科学技术与工程，2011，11(27):6617-6620.

[5] 朱轶智，张晓娟，方广有. 基于开路 T 型结构的小型化超宽阻带滤波器设计[J]. 电子与信息学报，2010，32(9):2282-2286.

[6] 范立，赵永久，秦红波. 一种新型超宽带带通滤波器的设计[J]. 火控雷达技术，2010，39(4):77-79.

[7] 魏峰，黄丘林，史小卫，等. 一种新型超宽带带通滤波器的设计与实现[J]. 微波学报，2010，26(3):48-51.

[8] 李中，王光明，张晨新. 宽阻带超宽带带通滤波器的设计[J]. 无线电工程，2008，38(3):44-45.

[9] M.Shobeyri and M.H.Vadied Samiei. Compact ultra-wideband band-pass filter with defect ground structure[J]. Progress In Electromagnetics Research Letter, 2008, 4:25-31.

[10] J.-Q. Huang and Q.-X. Chu. Compact UWB band-pass filter utilizing modified composite right/left-hand structure with cross coupling[J]. Progress In Electromagnetics Research, 2010, 107:179-186.

[11] 李斌. 基于复合左右手传输线的超宽带滤波器设计[J]. 火控雷达技术，2009，38(3):1-6.

[12] F.Wei, L.Chen, X.W.Shi. Compact UWB band-pass filter with notched band[J]. Progress In Electromagnetics Research C, 2008, 4:121-128.

[13] P.-Y. Hsiao and R.-M. Weng. Compact open-loop UWB filter with notched band[J]. Progress In Electromagnetics Research Letter, 2009, 7:149-159.

第 5 章

超宽带信道测量及建模

● ● ● ● ● ● ● ●

超宽带的一个重要用途就是近距离的高速传输。信道一词非常贴切地比喻了无线通信系统中发送端和接收端之间的通路，在很大程度上直接受信道时频特性影响，以至于系统的设计也会受到影响。为了分析各种无线传输系统的性能及促进其推广使用，通常都需要根据其工作环境建立一个比较精确的信道模型来研究其各种特性数据。本章首先介绍无线信道的基本特性，在此基础上引出无线信道模型的类型及特点。根据 FCC 对 UWB 无线信号功率的限制，其商业应用主要集中在建筑物内，因此，研究超宽带室内及到室外的信道模型就具有非常重要的意义。通过信道模型，可以评估各种超宽带通信实现方案的性能及标准化工作，并就此作出改进。

5.1 超宽带信号信道测量及建模方法研究现状

由于超宽带技术在室内短距离无线通信及定位技术中所表现出的优越性能，使得人们对其在室内环境中的传播特性更感兴趣，进行了大量的研究。为了研究 UWB 信号在室内复杂环境的传播特点，众多国外研究机构对超 UWB 信道进行了大量的测量实验，并根据测量场景建立了多种信道模型。UWB 室内信道测量采用的方法主要有时域信道测量和频域信道测量两种[1,2]。早期的信道测量多采用时域测量方法[3~5]，而频域测量方案成为后来研究中常用的测量方法[6~8]。AT&TBell[9]、美国 Southern California 大学[10]和 Time Domain 公司都采用了时域和频域测量方法研究了 UWB 脉冲在典型室内环境中的传播特性。德国 IMST 公司采用频域测量方案对办公场景进行了测量[11]，其中涵盖了走廊及相邻办公室场景。加拿大 Laval 大学与英特尔（Intel）公司合作使用频域测量及时域测量方法，对住宅场景下 2~8GHz 范围内的信道进行了测量[12]。美国弗吉尼亚理工大学对办公场景和教室场景进行了时域和频域测量[13,14]。此外，芬兰 Oulu 大学[15]也进行了医院及室内信道的测量。除了室内场景，工厂车间、停车场、野外、汽车及人体等新的多样化的场景作为超宽带信道的研究热点，瑞典 Lund 大学和日本三菱电机研究实验室采用频域测量方法对工厂环境进行了分析[16]，韩国 Handong 大学的 Joon-Yong Lee 采用时域测量方法分别对室外行车道路和地下停车场场景的信道传播特点进行研究[17]，捷克 Brno Tech 大学采用频域测量方法对车辆内部环境 3~11GHz 和 55~65GHz 两个频段范围内的超宽带信道做了分析[18]。

在可穿戴电子及医学领域，人体作为特殊的信道场景，同样做了大量的测量研究[19~22]。

依据大量超宽带信道的实际测量得到的数据，许多 UWB 室内信道模型已先后被提出，如 Poisson 模型、双簇模型、Δ-K 模型、抽头延时模型、S-V 模型、Intel 的修正 S-V 模型等[23~28]。超宽带信道早期使用泊松过程来描述簇现象，但仅适用于单一簇的情况，无法反映成簇到达的情况。于是 Suzuki 将 Poisson 模型改进为 Δ-K 模型，将延迟时间划分为极小间隔的时间段，并依据相应时间段内有无信号到达分别对下个时间段内的多径成分到达率做了不同定义，虽然该模型能描述信号传播过程产生的簇现象，但多数情况下与实测数据有较大出入。Cassioli. D 基于 Δ-K 模型提出了随机抽头延迟模型，使用 Nakagami 分布来描述幅度统计特性，但该模型不能完整反映信道参数。1987 年，Saleh 和 Valenzula 根据多径的簇到达现象共同提出了室内信道非视距（Non-Line of Sight，NLOS）环境下的 S-V 模型，模型将簇的到达率和簇内径的到达率看成两个相互独立的泊松分布的叠加，幅度增益服从 Rayleigh 分布，此统计模型后来被用来描述超宽带室内视距（Line of Sight，LOS）和 NLOS 环境下的多径特性。Intel 根据测试数据提出了超宽带修正 S-V 信道模型，将 Lognormal 分布代替 Rayleigh 用于对多径幅度分布特性的描述，此模型在众多超宽带信道模型中脱颖而出，并于 2003 年被 IEEE 确定为 IEEE 802.15.3a 的标准信道模型[12,23]。但 IEEE 委员会表示修正 S-V 模型是参考模型，它并不适合所有场景的信道。由于 IEEE 802.15.3a 模型局限性，针对于功耗低，距离远的工业级实时跟踪和定位，2004 年制定的 IEEE 802.15.4a 标准中将 UWB 信道模型中信道场景增加到 9 个，适用环境测量距离增大，同时给出了路径损耗的频率依赖性模型，修正了在无直达径的办公室和工业环境下的多功率径延时分布模型，振幅统计特性采用 Nakagami 分布[29,30]，然而有限的测量场景和得到的固定参数仍然不能精确适用于各种场所，但这些模型的出现为工业界提供了主要动力。

目前的文献资料显示现已完成的 UWB 室内信道测量环境包括办公室、实验室、住宅、商业建筑、地下停车场和校园等，距离范围从 1m 到 70m，频带范围从 1GHz 到 11GHz。已经测量的场景包括超宽带技术可能应用的信道场景、通信距离和所需频段。但因为测量方法、环境及建模采用分析方法等的差异，各信道模型也就有很大差异，在描述不同场景下多径衰落分布规律时这些模型精准度有缺陷[31]。国内只有少数大学对超宽带信道测量和模型进行了研究，但多数只是对国外已经建立的模型进行理论分析改进，而关于超宽带信道实际测量的研究和实验相对较少，西北工业大学根据国外研究机构的时域测量数据给出了超宽带信道建模过程的方法[32]。哈尔滨工业大学对办公室和走廊环境进行了时域测量[33,34]，扈罗全[35,36]等人采用随机布朗桥理论对超宽带信道做了细节上的描述，但均未建立相对应的信道模型。北京邮电大学采用频域方法对办公室场景的超宽带信道传播特点进行分析，并根据压缩感知理论提出了办公室、住宅、教室、商场和医院场景下的信道参数及模型[37]。目前对各种信道场景的测量研究仍在不断增加，信道的频率依赖性、时间和空间的色散特性正在成为研究的重点。

时域和频域测量基础上建立的经验性统计模型没有考虑电波传播过程中，由于物体的透射、反射和绕射所产生的影响，故而出现了新的研究方法来分析超宽带信道传播特性，即确定性信道建模方法[38,39]。它基于麦克斯韦电磁场理论来研究无线信道，根据对 UWB 信号的反射、折射及绕射场的分析，给出所有仿真信号传播的路径，并依据相应结果建立信道模型，该建模方式主要用在信道电波传播过程与机理的研究方面，理论包括向量法、有限元法、物理光学、多层快速多极子方法、一致性几何绕射理论和射线追踪法等[40]。在这些方法中射线追踪和一致性几何绕射理论（Uniform geometrical theory of diffraction, UTD）是近来比较流行的研究电波传播特性的方法，特别是在高频段。Y. Zhang 率先使用射线追踪法来分析超宽带信号传播特性[41]。B. Uguen 采用射线追踪法和 UTD 结合方法来分析室内信道的脉冲波形[42]。R. Yao 使用基于时域射线追踪与 UTD 相结合的软件仿真了室内超宽带信道的多径特性[43,44]，曹京在分析射线追踪和 UTD 相结合的基础上研究了室内布局结构和家具材料对传播特性的影响[45]。Zhao[46]及 Li[47]等人采用入射反弹射线技术（SBR）和 UTD 方法仿真分析了复杂办公室环境下的路径损耗特性，并得到了路径损耗指数。目前采用 UTD 和射线追踪方法进行的研究，仅是针对简单的平面反射和劈边缘绕射等进行研究，由于不同建筑环境下的室内场景的复杂性，深入研究不同材料环境、不同布局下的 UWB 室内电波传播特性并建立适用性广泛的信道模型很有必要。UWB 室内信道建模目前仍然是研究热点，信道场景种类及所采用的分析建模方法也在不断扩展。

5.2 超宽带信道模型理论基础

传输信道的特性影响着通信系统的性能，其最大的特点是随机性。在室内，多径是无线信道的最主要特点之一，在无线系统传输过程中，虽无天气影响，但受建筑物布局、尺寸、结构及构筑材料的影响，UWB 信号在遇到墙壁、门窗、办公家具等物体的存在会以衍射、散射、折射、反射和绕射等多种方式进行传播，形成了多条路径到达接收机，这种现象就称为多径效应。由此而产生路径损耗、多径衰落和阴影衰落三种共同存在并且互相独立的传播现象[48]。很明显，通过不同路径到达的信号，其到达时间、相位或者振幅都有可能出现不一致的情况，那么接收机接收到的信号的幅度会出现急剧变化，而造成了衰落现象的出现，这种衰落现象就是多径衰落。多径衰落在时域上就表现为信道到达时间不同，造成接收端接收到的信号是发射脉冲与其各个时延信号脉冲的综合。这种由于多径传播而造成接收信号中脉冲变宽的扩展现象，称为时延扩展（Delay Spread）。时延扩展比较容易引起码间干扰（Inter-Symbol Interference，ISI）。

衰落是指信号在传播过程中受到传播环境的影响，信号功率减小的现象。在无线信道中比较常见的衰落有路径损耗（Path loss）、阴影（Shadowing）衰落及多径衰落。多径衰落是小尺度（Small-Scale）衰落，路径损耗与阴影衰落都是大尺度（Large-Scale）衰落。

（1）路径损耗：路径损耗是由发射功率的辐射扩散及信道的传播特性所造成的。一般情况下，在同一个环境中，接收端和发射端的距离相同，那么无线信道环境中路径损耗也相同，也就是说周边环境决定着路径损耗的大小。

（2）阴影衰落：阴影衰落是由存在于发射端和接收端传播路径上的障碍物所造成的，这些障碍物会使得传输信号发生反射、散射和衍射等现象，这就造成接收端信号功率一定程度上的随机变化，当衰落严重时，信号可能被直接阻断。阴影衰落的统计特性一般符合对数正态分布。

（3）多径衰落：多径信号的存在，会使得接收端接收到的信号是发射脉冲及各个时延脉冲的综合，这就会引起接收功率的变化，但一般这种变化表现为短距离（波长数量级）或者短时间（秒级）上的幅度快速衰落，这种现象就是多径衰落。

5.2.1 大尺度衰落

大尺度衰落与距离有关，是由于平方率扩展、水蒸汽和树叶等的吸收、地面反射等原因产生，表示的是大尺度区间内接信号强度随发射和接收距离而变化的特点。路径损耗即代表大尺度衰落特性，它遵从幂指数的传播规律，是对自由空间中信号的传播损耗与非视距传播中的色散损耗的反映[49]，可表示为如下关系式：

$$P_r = k / r^n \tag{5-1}$$

式中，P_r 是与发射机距离 r 的接收信号的平均包络功率，k 是比例因子，与发射天线的功率、频率范围和高度相关，n 为路径损耗指数，在自由空间传播时 $n=2$。于是，自由空间的路径损耗可写为

$$L = (4\pi r / \lambda)^2 \tag{5-2}$$

当单位用 dB 表示时，其平均功率将随距离呈现线性关系。然而，超宽带信号实际的环境中信号传播情况会变得更加复杂，在有办公家具、墙壁和人等障碍物的传输路径中会产生阻塞效应也即阴影衰落，它表示的是中等距离范围内信号变化强度中值的慢变化规律。这就需要给复杂环境的路径损耗添加随机变量，于是预测的路径损耗发生上下波动，结果会有较大的变化。

5.2.2 小尺度衰落

无线信号在较短时间或者较短距离传播之后其强度、时延的快速变化称为小尺度衰落，它表示的是短距离范围内信号场强的瞬时值的快速波动规律[49]。无线信道的多径传播是产生小尺度衰落的原因，同一信号遇障碍物后经折射、反射、绕射等多路经到达接收机，相互干涉引起衰落[50]。无线信道的多径冲激响应模型一般表示成多径叠加的形式：

$$h(t,\tau) = \sum_{i=1}^{N(t)} \alpha_i(t)\delta[t - \tau_i(t)]e^{j\phi_i(t)} \tag{5-3}$$

式中，$\alpha_i(t)$ 是信号幅度，$\tau_i(t)$ 是附加时延，$\phi_i(t)$ 是附加相位。若是平稳衰落信道，则上式可以简化为

$$h(t,\tau) = \sum_{i=1}^{N} \alpha_i \delta(t - \tau_i)e^{j\phi_i} \tag{5-4}$$

建立信道多径衰落模型的目的是用合适的统计规律来描述 $\alpha_i(t)$、$\tau_i(t)$ 和 $\phi_i(t)$ 的特性。

5.2.3 超宽带标准信道模型

1987 年 Saleh 和 Valenzula 共同发表的文献[58]详细介绍了这种统计信道模型，这个信道模型后来就被称为 S-V 模型。虽然超宽带系统的 IEEE 标准信道模型标准是基于这个 S-V

模型建立的，而且这个模型在测量时采用与低功率雷达脉冲很相似的信号来进行测量，但是在提出之初，S-V 模型不是为超宽带专门设计的。S-V 模型是基于多径成分成簇到达这一理论前提建立起来的模型，它是超宽带室内信道最普遍的统计模型。虽然 S-V 模型主要是来描述非视距信道环境的，但是它也可以用来描述视距信道环境情况。

该模型也是最早的分簇信道模型，簇现象是信号传播过程中遇到障碍物发生散射，接收到的多径分量在时间延迟或者到达角度上有较小差别而成组到达的现象[51]。S-V 模型使用两个 Poisson 分布来描述路径的到达时间，如图 5-1 所示，第一个 Poisson 分布用在簇的首径，第二个 Poisson 分布用在簇内的到达径。之后 Intel 提出了一种修正的 S-V 信道模型，多径增益强度使用 Lognormal 分布代替 Rayleigh 分布来表示。2003 年，IEEE 802.15.3a 会议组提出了推荐使用的 UWB 信道模型，此模型方案是对 Intel 公司提出的修正 S-V 模型在数据分析的基础上提出的，共四种室内应用场景：CM1～CM4。

IEEE 802.15.3a 推荐的 UWB 多径信道模型表示为[23]：

$$h_i(t) = X_i \sum_{l=0}^{L} \sum_{k=0}^{K} \alpha^i_{k,l} \delta(t - \tau^i_l - \tau^i_{k,l}) \tag{5-5}$$

式中，$\alpha^i_{k,l}$ 表示增益，τ^i_l 为第 l 簇的时间延迟，$\tau^i_{k,l}$ 为第 l 簇第 k 条多径分量相对于 τ^i_l 的时间延迟，X_i 为对数正态阴影，i 是第 i 个实现。同 S-V 模型一样，信号的多径成簇特点用两个相互独立的泊松分布来表示，于是，簇到达率和束到达率分别为

$$\begin{cases} p(\tau_l | \tau_{l-1}) = \Lambda \exp[-\Lambda(\tau_l - \tau_{l-1})], (l > 0) \\ p(\tau_{k,l} | \tau_{k,l-1}) = \lambda \exp[-\lambda(\tau_{k,l} - \tau_{k,l-1})], (k, l > 0) \end{cases} \tag{5-6}$$

式中，Λ 为簇到达率，λ 为束到达率，τ_l 为第 l 簇中第一条路径的到达时间，$\tau_{k,l}$ 为第 l 簇中第 k 条路径较首径到达时间 τ_l 的时间延迟。根据修正 S-V 模型的双指数衰减特性如图 5-1 所示。

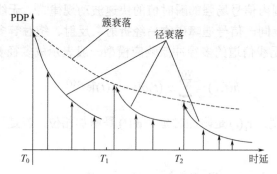

图 5-1 修正 S-V 信道双指数衰减模型示意图

$\alpha_{k,l}$ 服从对数正态分布，并且依照双指数模型规律衰减，其均方值有

$$\left| \bar{\alpha}_{k,l} \right|^2 = \Omega_0 e^{-\tau_l / \Gamma} e^{-\tau_{k,l} / \gamma} \tag{5-7}$$

式中，Ω_0 是第一簇中首径的平均能量，Γ 为簇间电平衰减速率，γ 为束衰减速率。由于 X_i 表示了所有多径强度的对数正态阴影，当每个实现 $\alpha^i_{k,l}$ 包含的能量进行归一化时，阴影项可以表示为

$$20\log_{10}(X_i) \propto \text{Normal}(0, \sigma^2) \tag{5-8}$$

5.3　基于频域测量的超宽带室内—室外信道测量及建模

由于 UWB 脉冲的特殊性，如占空比低、纳秒级的持续时间、频率范围很宽等，使得超宽带的信道特点与传统窄带通信系统不同，本节首先采用传统的研究方法，即统计分析方法对信道进行经验建模。

5.3.1　信道测量原理和环境

1．信道测量方法及原理

目前主要有两种常用的超宽带信道测量方法：时域响应法和频域响应法。所谓时域响应，是基于用一个窄脉冲来检测信道的思想发展而来的。它的脉冲重复周期必须满足单个传播路径的时变响应的观测时间，同时它还要保证在连续的脉冲时间来接收所有的多径信号。从中可以得到一些重要的信道参数，例如，路径损耗、阴影、衰落、功率时延轮廓、多径信号到达率和瞬时相关等。UWB 信道时域测量法是脉冲发生器直接产生纳秒级脉冲，经过功率放大器、发射天线到达信道，接收端经低噪声放大器、带通滤波器后在高速示波器中进行时域采样。测量系统框图如图 5-2 所示。时域测量法可以将 UWB 时域信号特征直观地反映出来，且时变信道容易使用该方法测量，实验平台搭建简单，但缺点是合适的 UWB 脉冲信号不容易产生、接收端会产生复杂程度高的解卷积运算并且同步不容易控制[52]。

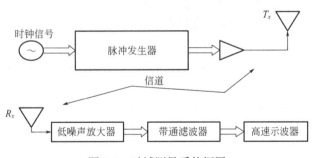

图 5-2　时域测量系统框图

所谓频域测量法，是通过矢量网络分析仪（VNA）和全向收发天线、低损稳相数据传输线测量数据，得到所需频段的信道频率响应。频域测量方法示意图如图 5-3 所示。该方法适于室内信道的测量，能产生大的动态范围，有着较高的测量精度，缺点在于不能测量时变信道，且需要接收和发射两端有严格的时间同步[53]。由于时域测量系统的复杂，难以产生较短的目标频率范围的窄脉冲且收发时间难以同步，因此，本书采用频域测量方法，但该方法在使用中不能测量快速时变信道，需要保证信道是静态的。

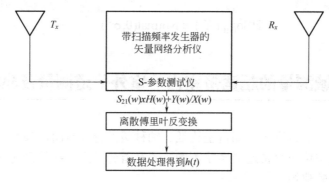

图 5-3　频域测量方法示意图

2．测量环境和测量方案

选取办公室及室外走廊环境（见图 5-4）。办公室内长度为 11.2m，宽度为 5.7m，室内物体包括办公桌、电脑、金属门、文件柜、实验台、材料柜、储物柜、立式空调、饮水机。墙体为石膏砖墙，厚度为 0.4m，办公室内地板为木地板，走廊长度为 27.2m，地板为瓷砖，天花板材质为金属铝。部分材料属性如表 5-1 所示。测量方法中使用的设备包括矢量网络分析仪 N5242A、全向天线、低损耗同轴电缆。设置发射功率为 0dBm，中心频率为 7.3GHz，带宽为 2GHz，扫频点数为 3201，扫频间隔为 625kHz，发射天线位于室内（1.5m，3m，1.2m）处。为便于数据统计计算，测量方案中对路径损耗和多径衰落的测量方式做了区分。在搭建好测量平台后，还需要对矢量网络分析仪进行频响校准和双端口的校准，消除电缆带来的影响。

图 5-4　路径测量

表 5-1　部分材料属性

材料	ε_γ	σ（S/m）
砖墙	3.58	0.11
玻璃	6.06	0.35
石膏	2.02	—
三聚氰胺板	4.7	—
金属	—	∞

在路径损耗测量中，室内接收天线路径为 Route1～Route7 共 7 条路径，如图 5-5 所示，这里视办公室内测量的视距和弱视距环境均为视距环境（LOS）；走廊接收天线路径为 Route8，置于走廊中央，收发天线之间为非视距（NLOS），如图 5-5 中箭头线段所示，每个接收天线设置为高度 0.9m，每次测量间隔 1m。为了做统计平均，每个位置点测量圆心及半径为 30cm、间隔 45°的圆形状 9 个点，如图 5-6 所示。

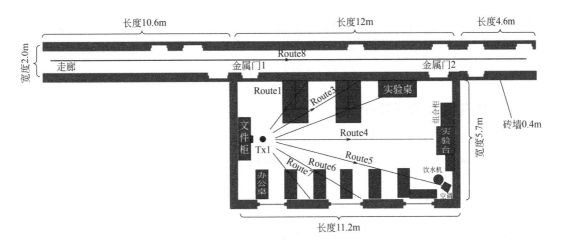

图 5-5　路径损耗测量方案

在多径衰落测量中，室内接收天线按照图 5-7 所示的 1m×1m 的网格状方式放置，每个测量位置为网格顶点，每个位置点仍按照图 5-6 所示测量，共 9 个位置点。靠近墙壁的网格尺寸为 0.5m×1m。考虑走廊的狭窄，接收天线按照仍按照 Route8 路径放置方法测量。除去方案中无法测量的点，测量点数共计 882 个。

图 5-6　圆形测量点示意图

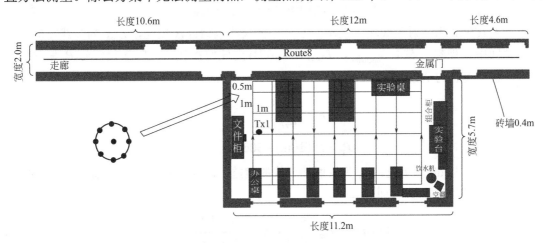

图 5-7　多径衰落测量方案

5.3.2　路径损耗及阴影衰落

在窄带系统中路径损耗与距离相关，并随距离增大按照指数规律减小。但在超宽带系统中越来越多的测量数据表明路径损耗与距离和频率均相关，定义为如下形式[29,30,54]：

$$G_p(f,d) = \frac{1}{\Delta f} E\left\{ \int \left| H(\tilde{f},d) \right|^2 \mathrm{d}\tilde{f} \right\} \tag{5-9}$$

式中，$H(\tilde{f},d)$ 是信道的传递函数，$E\{\}$ 是小尺度和大尺度衰落的期望，Δf 的选择要足够小以保证在相应带宽内绕射系数和介电常数等可以看做常数。为简化模型，路径损耗假设为与频率相关的 $P(f)$ 和路径相关的 $P(d)$ 不相关，即

$$G_p(f,d) = \text{PL}(f) \cdot \text{PL}(d) \tag{5-10}$$

1. 距离相关的路径损耗特性

距离相关的路径损耗 $P(d)$ 由频率范围中各测量点对时间和相应频率取均值得到。在接收点 k，发射和接收天线距离为 d 时的路径损耗 $\text{PL}_{\text{sp}}^k(d)$ 表示为

$$\text{PL}_{\text{sp}}^k(d) = \frac{1}{M \times N} \sum_{i=1}^{M} \sum_{j=1}^{N} \left| H_k(f_i, t_j; d) \right|^2; k = 1, \cdots, K \tag{5-11}$$

式中，$H_k(f_i, t_j; d)$ 是信道传输函数，K 为测量点的空间点总数，M 是测量的信道传输函数的次数，N 为频点总数。

从收发两端来看，路径损耗通常的定义如下：

$$\text{PL(dB)} = P_T(\text{dBm}) - P_R(\text{dBm}) + G_{T,\text{Max}}(\text{dBi}) + G_{R,\text{Max}}(\text{dBi}) - L_S(\text{dB}) \tag{5-12}$$

式中，$G_{T,\text{Max}}(\text{dBi})$ 为发射天线最大增益，$G_{R,\text{Max}}(\text{dBi})$ 为接收天线最大增益，$L_S(\text{dB})$ 为系统其他损耗总和。在无线通信系统中

$$P_T(\text{dBm}) = P_{\text{in}}(\text{dBm}) + L_{\text{mismath}} + L_{\text{cable}} \tag{5-13}$$

式中，$P_{\text{in}}(\text{dBm})$ 为发射天线输入功率，L_{mismath} 为天线端口回波损耗，L_{cable} 为馈线损耗。在自由空间中，理想状态下 L_{mismath}，L_{cable}，$L_S(\text{dB})$ 无任何损耗，此时接收信号 P_R 是发射机与接收机距离 d 的函数，即

$$P_R = \frac{P_T G_T G_R \lambda^2}{(4\pi)^2 d^2} \tag{5-14}$$

$$P_T = P_T(\text{dBm}) - 30\text{dBm} \tag{5-15}$$

式中，P_T、P_R 以 dB 为单位，G_T 为发射端天线的增益，G_R 为接收端天线的增益，λ 为波长。

自由空间的路径损耗为[55]

$$\text{PL}(d) = 10\lg\left(\frac{P_T}{P_R}\right) = 10\lg\left(\frac{(4\pi)^2 d^2}{G_T G_R \lambda^2}\right) \tag{5-16}$$

选择接收功率已知的参考点 d_0，典型值为 1m，以 $P_R(d_0)$ 为参考，可得

$$P_R(d) = P_R(d_0)\left(\frac{d_0}{d}\right)^2 \tag{5-17}$$

两边同时取对数，于是

$$\text{PL}(d) = 10\lg\left[\frac{P_T}{P_R(d_0)}\right] + 10\lg\left(\frac{d}{d_0}\right)^2 = \text{PL}(d_0) + 10\lg\left(\frac{d}{d_0}\right)^2 \tag{5-18}$$

然而，在实际复杂无线通信环境中，接收信号是透射、绕射、反射等众多带有衰减特性多径信号的叠加，不同于自由空间的单路到达。目前已有理论信道模型和实测得到的信

道模型都表明，接收端的信号的功率均值随收发两端距离的增加按照指数规律递减，在多径环境中，式（5-18）可改写为

$$PL(d) = PL(d_0) + 10n\log_{10}\left(\frac{d}{d_0}\right) + X_{\sigma} \tag{5-19}$$

式中，d_0 为接收功率参考点，取值为 1m，n 为路径损耗指数，在以 dB 为单位情况下，X_{σ} 是服从 $N(\mu,\sigma^2)$ 的随机变量，均值为 0，方差为 σ。

室内测量路径中包括视距和弱视距，这里均按照视距（LOS）环境来处理。以 Route3 为例，将 8 个宏位置共计 72 点的散点图列于图 5-8 中，利用最小二乘估计算法得到 $PL(d_0) = $ 62.58dB，n=0.64。参考点处的平均损耗值为 58.58dB，误差为 0.068。

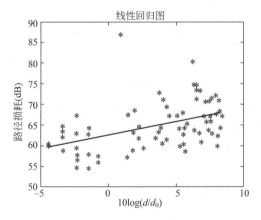

图 5-8　散点图的最小二乘估计算法拟合

然而，仅利用最小二乘法拟合得到的参数并无法确定实际的拟合程度，这里采用回归显著性校验来判别回归方程是否有意义[56]。需要对假设 H_0：n=0 进行检验，若 n=0 不真，则回归方程有意义。记

$$SST = \sum_{i=1}^{N}(y_i - \overline{y})^2 \tag{5-20}$$

来表示偏差平方和，反映 $y_1, y_2, \cdots, y_n$ 的离散程度，$\overline{y}$ 为均值。记

$$SSR = \sum_{i=1}^{N}(\hat{y}_i - \overline{y})^2 \tag{5-21}$$

来表示回归平方和，反映回归值 $\hat{y}_1, \hat{y}_2, \cdots, \hat{y}_n$ 的离散程度。记

$$SSE = \sum_{i=1}^{N}(y_i - \hat{y}_i)^2 \tag{5-22}$$

来表示残差平方和，反映了观测值和回归值间的偏离，已证明 $SSE = SST - SSR$。在 H_0 为真时，

$$F = \frac{SSR}{SSE / (N-2)} \sim F(1, N-2) \tag{5-23}$$

对于给定的显著水平 α，当 $F \geqslant F_{\alpha}(1, N-2)$ 时，认为 H_0 为假，方程显著。通常，若 $F \geqslant$

$F_{0.01}(1, N-2)$，则为高度显著；若 $F_{0.05}(1, N-2) \leqslant F < F_{0.01}(1, N-2)$，则为显著，若 $F < F_{0.05}(1, N-2)$，则为不显著。

利用回归显著性校验显示线性拟合程度高度显著。各路径拟合参数及拟合程度列于表 5-2 中。

表 5-2　各路径线性拟合结果

路径	$PL(d_0)$	n	显著性
Route1	63.09	1.63	高度显著
Route2	62.10	1.05	高度显著
Route3	62.58	0.64	高度显著
Route4	63.85	0.95	高度显著
Route5	61.60	1.36	高度显著
Route6	61.11	1.22	高度显著
Route7	55.37	1.13	显著

从表 5-2 中可以看出在室内视距环境中 $PL(d)$ 与收发距离的对数成线性关系，路径损耗指数在无遮挡情况下在 0.64～0.95 变化，轻微遮挡时变化范围为 1.05～1.63，均小于自由空间损耗指数 2，这是由于信号折射、反射及绕射等造成的多径分量的重叠导致路径损耗的衰减变缓。

室内到走廊的 Route8 路径为严重遮挡（Hard-NLOS）环境，发射信号透射金属门及 0.4m 厚墙壁到达走廊再经折射反射到达接收天线，采用式（5-12）的方法对两侧走廊分别进行最小二乘拟合，然而回归显著性校验结果显示线性程度不显著，路径损耗和对应距离的散点图如图 5-9 所示。这表明室内到走廊的距离相关的路径损耗规律不同于室内视距环境。根据其分布规律，将其建模为收发距离最短距离处的路径损耗均值与阴影衰落的和。经计算 $PL(d_{min})$ =68.71dB，误差为 0.009。

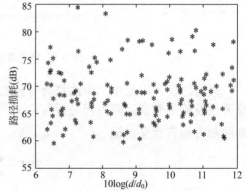

图 5-9　路径损耗和对应距离的散点图

$$PL(d) = PL(d_{min}) + X_{\sigma} \tag{5-24}$$

其中 d 是接收天线在走廊环境与室内发射天线的距离。这里视室内外到走廊的距离相关的路径损耗均值 $PL(d_0) + 10n\log_{10}\left(\dfrac{d}{d_0}\right)$ 为定值 $PL(d_{min})$，不再受距离的影响，与阴影衰落的分布直接相关。

2. 阴影衰落

电磁波在传播过程中遇到障碍物形成阴影效应产生的损耗称为阴影衰落[57]。5.3.1 节所采用的最小二乘估计算法计算出室内各路径的 $PL(d_0)$，n 值，将其代入式（5-19）可以得

到阴影衰落项 X_σ 的观测值。经统计室内 Route1～Route7 阴影衰落项均满足正态分布特性，均值为 0，方差在 4.50～6.48dB 变化。Route3 的阴影衰落正态分布拟合如图 5-10 所示。

$$X_\sigma \sim \begin{cases} N[0,4.50], & \text{Route1} \\ N[0,5.70], & \text{Route2} \\ N[0,5.31], & \text{Route3} \\ N[0,6.03], & \text{Route4} \\ N[0,5.00], & \text{Route5} \\ N[0,5.74], & \text{Route6} \\ N[0,6.48], & \text{Route7} \end{cases} \tag{5-25}$$

走廊阴影衰落项经过统计同样满足高斯分布特性，均值为 0，方差为 5.15dB。其分布拟合如图 5-11 所示。

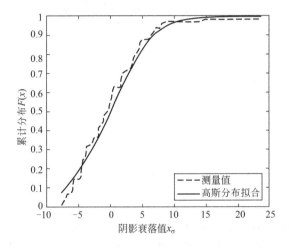

图 5-10　Route3 阴影衰落的正态分布拟合

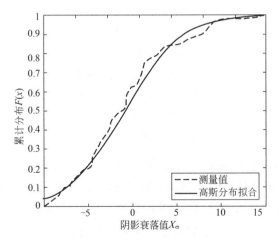

图 5-11　走廊阴影衰落的正态分布拟合

121

3. 频率相关的路径损耗特性

导致 UWB 信号衰减随频率而变化的原因是多方面的，例如，不同频率的 UWB 信号穿过障碍物时造成了透射系数和衰减因子的改变；天线的功率密度和增益随频率而变化；散射和绕射等物理传播现象造成的频率依赖性等。

取 Route3 中距离发射天线 4m 处测量位置频率与路径损耗的关系，如图 5-12 所示。通过统计室内及室内到走廊测量环境中频率与路径损耗规律，给出式（5-26）所示的频率有关的路径损耗模型。

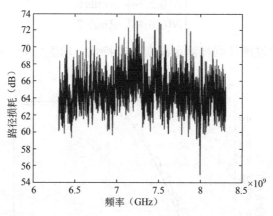

图 5-12　频率与对应的路径损耗

$$PL(f) = PL(f_0) - 20\kappa \log_{10}(f / f_{\mathrm{mc}}) \tag{5-26}$$

式中，κ 是频率衰减指数，$PL(f_0)$ 是子带中最小频率的路径损耗，f_{mc} 是每个子带的中心频率。子带带宽为 100MHz。通过最小二乘拟合提取室内每条路径上每个点的频率衰减指数，发现每条路径上的 κ 值均服从正态分布，如式（5-27）所示，Route3 的频率衰减指数概率密度分布如图 5-13 所示。

$$\kappa \sim \begin{cases} N(1.73, 9.21), & \text{Route1} \\ N(0.31, 7.27), & \text{Route2} \\ N(0.42, 7.41), & \text{Route3} \\ N(0.83, 9.60), & \text{Route4} \\ N(0.45, 6.79), & \text{Route5} \\ N(0.93, 8.62), & \text{Route6} \\ N(0.47, 8.52), & \text{Route7} \end{cases} \tag{5-27}$$

走廊区域分为三部分进行研究，长度为 10.6m 的记为 region1，长度为 12m 部分的记为 region2，长度为 4.6m 的部分记为 region3。经拟合发现走廊环境下的频率衰减指数同样满足正态分布，于是室内到走廊的 Route8 路径的 κ 值统计如下：

$$\kappa_{\mathrm{cor}} \sim \begin{cases} N(-0.076, 6.90), & \text{region1} \\ N(0.68, 6.99), & \text{region2} \\ N(1.50, 7.03), & \text{region3} \end{cases} \tag{5-28}$$

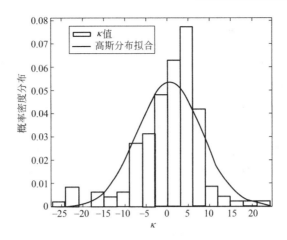

图 5-13　Route3 频率衰减指数概率密度分布

5.3.3　信道冲激响应

为获取信道模型所需的参数，需要对频域数据进行 IFFT 变换及加窗处理得到相应带宽的时域测量信号，再经 CLEAN 算法解卷积，得到离散信道冲激响应（CIR），对冲激响应采用分簇法得到的结果进行拟合校验获得信道参数，流程如图 5-14 所示。

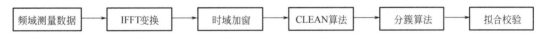

图 5-14　数据处理流程

通过对各种窗函数的比较发现，Kaiser 窗的频带能量在主瓣集中，能很好地抑制旁瓣，能够将抽样函数在 CLEAN 算法中相邻多径的干扰避免[58]。于是选择 Kaiser 窗对傅里叶逆变换结果进行处理，得到测量信号的时域形式。取窗函数参数 $\beta=20$，-20dB 带宽为 1GHz，Kaiser 窗的频域图如图 5-15 所示。目前针对得到时域信号处理方法主要为 CLEAN 算法。

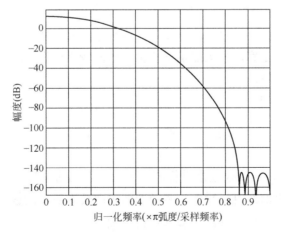

图 5-15　Kaiser 窗的频域图

CLEAN 算法是通过迭代删除脏图纸先验信息间的关系，重构出干净图纸的过程，脏图纸即为叠加噪声的测量信号，干净图纸指估计出的信道冲激响应。时域测量方法中CLEAN 算法要通过实测方法获得要使用的模板信号，这里使用窗函数对应的时域脉冲 $s(t)$ 作为 CLEAN 算法的模板 $p(t)$ 对加窗后的时域信号 $y(t)$ 进行解卷积。

CLEAN 算法实现步骤如下：

（1）$y(t)$ 作为脏图纸 $e_0(t)$ 的初始值，并将干净图纸初始值 $c_0(t)$ 赋值为 0。

（2）计算互相关函数 $R_{12}(\tau) = e_{n-1}(t) \times p(-t)$，$R_{11}(\tau) = p(t) \times p(-t)$ 及 $\alpha_n = R_{12}(\tau) / R_{11}(\upsilon)$ 的值，并记录 $R_{12}(\tau)$ 最大值出现的位置 τ_n。

（3）对脏图纸进行清理，$e_n(\tau) = e_{n-1}(\tau) - \alpha_n p(\tau - \tau_n)$，干净图纸同时更新为 $c_n(\tau) = c_{n-1}(\tau) + \alpha_n p(\tau - \tau_n)$。

（4）若 α_n 小于门限值 ε，则转到步骤（5），否则，转到步骤（2）。

（5）道冲激响应估计为 $h(t) = c_n(t)$。

步骤（4）中的门限值 ε 是本次迭代中的相关函数的最大值与第一个大相关函数值比值的对数，室内环境已经室内到走廊环境均取值为-20dB。对室内和走廊测量点的时域处理结果分别采用上述算法得到如图 5-16 和图 5-17 所示的冲激响应。

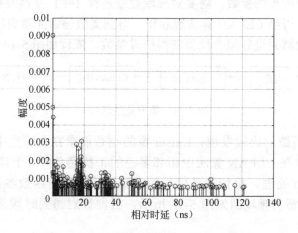

图 5-16　起始时间为零的室内信道冲激响应

经过对所有测量点的冲激响应统计发现，室内多径分量的能量主要集中在时间较早达到的分量上，而室内到走廊，最大能量峰值出现时间较为延迟。这里通过多径功率剖面来研究两种场景下的多径特点。

多径功率剖面表示为

$$h^2(k) = \sum_{n=1}^{N} |a_n|^2 \delta(k - \tau_n) \tag{5-29}$$

对每个测量点的 9 组接收数据进行统计平均，得到宏位置 i_0 处的平均多径功率剖面 $h_{i_0,\text{avg}}^2(k)$，由平均功率剖面可以看出，多径剖面出现较为明显的簇，强度随时延的增加按照一定的趋势递减，可用如下规则对簇进行自动划分：

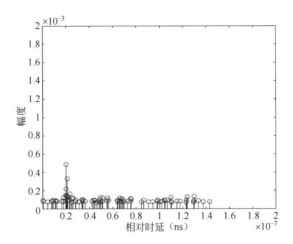

图 5-17   起始时间为零的走廊信道冲激响应

（1）首径到达时间设置为 0。

（2）除首径外的相邻非零两径多径强度值记为 $h^2_{i_0,\text{avg}}(\tau_{-1})$，$h^2_{i_0,\text{avg}}(\tau_0)$，$\tau_{-1} < \tau_0$，当 $\tau_0 - \tau_{-1} < \Delta T$ 且

$$10\log_{10} \frac{h^2_{i_0,\text{avg}}(\tau_0)}{h^2_{i_0,\text{avg}}(\tau_{-1})} > \Delta d \tag{5-30}$$

时，τ_0 为下一簇的起始时刻，Δd 为阈值。

（3）当判断出簇起始时刻 τ_0 后，跳过 Δk 的时间用以簇间信号的衰落，防止相邻两簇的重叠。

（4）若 $\tau_0 - \tau_{-1} > \Delta T$，直接判定 τ_0 为下一簇的起始时刻。

对室内和室内到走廊的平均多径功率剖面进行分簇，发现室内到走廊环境下的多径剖面不适合采用分簇方法来分析，还需要寻找新的方法。对室内 Rx16 位置点的分簇结果如图 5-18 所示，其中虚线表示簇的首径，按照规则将其分为了 3 簇。

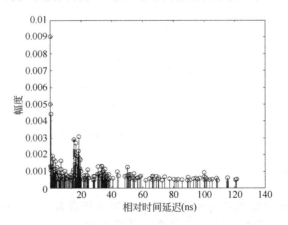

图 5-18   分簇结果

5.3.4 信道参数

1. 簇间信号电平衰减速率

对办公室内的多径功率剖面采用上述分簇方法进行分析，根据数据特征及 IEEE 802.15.3a 推荐信道中簇模型的分析方法，每簇的首径功率遵从指数衰减规律。若某一多径功率剖面中有 N 簇，第 l 簇的首径功率值为 W_l，到达时间为 t_l，由经验公式

$$W = re^{-\frac{t}{\Gamma}}$$ （5-31）

式中，Γ 为簇间信号电平衰减速率，对等式两端取对数，变量代换等变形，得到

$$u = A + Bt$$ （5-32）

式中，$u = \log W$，$A = \log r$，$B = -1/\Gamma$，代入数据点 (t_l, W_l)，因系数矩阵和增广矩阵的值不相等，但系数矩阵的秩等于系数矩阵的列数，方程

$$\begin{pmatrix} 1 & t_1 \\ \vdots & \vdots \\ 1 & t_N \end{pmatrix}^{\mathrm{T}} \begin{pmatrix} 1 & t_1 \\ \vdots & \vdots \\ 1 & t_N \end{pmatrix} \begin{pmatrix} A \\ B \end{pmatrix} = \begin{pmatrix} 1 & t_1 \\ \vdots & \vdots \\ 1 & t_N \end{pmatrix}^{\mathrm{T}} \begin{pmatrix} u_1 \\ \vdots \\ u_N \end{pmatrix}$$ （5-33）

有唯一解。得参数 $r = e^A$、$\Gamma = -1/B$。通过分析比较，在 LOS 与 Soft-NLOS 环境下 Γ 的变化不大，但随着收发距离的增大有了明显的变化，经对数正态分布拟合并做 95% 置信水平的 K-S 校验，得到室内簇间电平衰减速率取对数后的累积分布（CDF）与正态分布对比如图 5-19 所示。

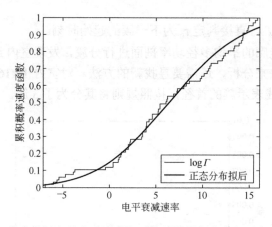

图 5-19　室内簇间电平衰减速率取对数后的累积分布与正态分布对比

2. 簇内信号电平衰减速率

同样按照经验公式判断簇内分量强度遵照指数规律衰减，每簇内对应的分量功率值为 (T_{lk}, W_{lk})，提取每簇内分量相对于簇内首个分量的相对时移

$$t_{lk} = T_{lk} - T_{l1}$$ （5-34）

可以得到带有相对时延后的簇内分量值为(t_{lk}, W_{lk})，由式（5-31）同样可得到

$$W = a\mathrm{e}^{-\frac{t}{r_c}} \tag{5-35}$$

式中，r_c 为簇内信号电平衰减速率，采用与式（5-32）相同的分析方法，由最小二乘解的存在唯一性，可以得到 r_c 的值，并得到室内簇内电平衰减速率取对数后与正态分布拟合的 CDF，如图 5-20 所示。

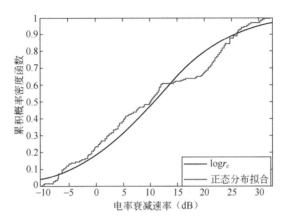

图 5-20　室内簇间电平衰减速率取对数后与正态分布拟合的 CDF

3．簇到达率

首先需要分析簇的数量特点，可用 Poisson 分布来描述在持续时间段内簇出现的个数 M，假设随机变量 X 服从泊松分布，有

$$P\{X = k\} = \frac{\tilde{\lambda}^k}{k!}\mathrm{e}^{-\tilde{\lambda}} \tag{5-36}$$

假设随机变量 $X = M_i - 1$，在 N 个多径功率剖面中第 i 个含有簇的个数为 M_i（$M_i < M_{i+1}$），于是

$$P\{X = M_i - 1\} = \frac{M_i}{\displaystyle\sum_{i=1}^{N} M_i} = p_{x_i} \tag{5-37}$$

为求 $\tilde{\lambda}$，令

$$Q(\tilde{\lambda}) = \sum_{i=1}^{N-1}\left(p_{x_i} - \frac{\tilde{\lambda}^x}{x!}\mathrm{e}^{-\tilde{\lambda}} \right)^2 + \left\{ p_{x_N} - \left[1 - \sum_{i=1}^{N-1}\left(\frac{\tilde{\lambda}^{x_i}}{x_i!}\mathrm{e}^{-\tilde{\lambda}} \right) \right] \right\}^2 \tag{5-38}$$

对 $Q(\tilde{\lambda})$ 采用优化的最小值法可得到 $\tilde{\lambda}$ 的最优值。

在泊松过程中，第 k 次随机事件与第 $k+1$ 次随机事件出现的时间间隔服从指数分布。对 $T > 0$，在 $(T, T + \tau_0)$ 的持续时间内所研究的次数 X 服从参数为 $\lambda\tau_0$ 的 Poisson 分布，即

$$P(X = k) = \frac{(\lambda\tau_0)^k}{k!}\mathrm{e}^{-\lambda\tau_0} \tag{5-39}$$

假设事件第一次发生的时刻为 $T+\Delta t$，有

$$P(\Delta t > \tau_0) = P(X = 0) = \mathrm{e}^{-\lambda \tau_0} \tag{5-40}$$

于是有

$$F(\tau_0) = 1 - P(\Delta t > \tau_0) = 1 - \mathrm{e}^{-\lambda \tau_0} \tag{5-41}$$

$$p(\tau_0) = F'(\tau_0) = \lambda \mathrm{e}^{-\lambda \tau_0} \tag{5-42}$$

使用变量替换 $\tau_0 \to \tau$，得到关于随机变量 Δt 的 PDF

$$p(\tau) = \begin{cases} \lambda \mathrm{e}^{-\lambda \tau}, \tau \geqslant 0 \\ 0, \tau < 0 \end{cases} \tag{5-43}$$

可以看出相邻事件发生的时间间隔遵从参数为 $\Lambda = \tilde{\lambda}/\tau_0$ 的指数分布，取多径剖面中最大时延作为 τ_0 值，可得 Λ 的估计值。

4. 束到达率

采用与 5.3.3 节相似的分析方法，在多径功率剖面中取簇内相邻分量到达时间的差值 $\Delta \tau = t_{lk} - t_{lk-1}$，对样本经统计平均，可以得到总体均值 $1/\lambda$ 的估计，最终的统计均值列于表 5-3 中。

5. 小尺度幅度衰落特性

将每个位置点的统计平均后的 CIR 用以研究小尺度衰落特性，在一些文献[30,54]中，用 m-Nakagami 来描述小尺度信道衰落特性。为了考察仿真数据的实际特性，采用与典型分布如 Lognormal 分布、Gamma 分布、Nakagami 分布和 Weibull 分布匹配的方法，用 K-S 和 χ^2 检验来校验匹配程度。通过校验，得到 95%置信水平下的通过率如表 5-3 所示。从表中可以看出，在相同置信水平下，对数正态分布的匹配程度较高，因此，认为室内视距及弱视距（Soft-LOS）及室内到走廊非视距环境下的小尺度幅度特性服从 Lognormal 分布，并分别得到了两场景下的分布参数。

表 5-3 95%置信水平下的通过率

分 布	LOS/Soft-NLOS		NLOS	
	K-S	χ^2	K-S	χ^2
Lognormal	72.01	94.37	80.91	91.32
Gamma	17.90	61.23	62.73	81.12
Weibull	1.41	40.36	43.64	52.98
Nakagami	17.90	45.07	28.27	46.36

按照收发距离的远距，将室内分为两个区域，其多径衰落信道统计参数列于表 5-4 中。

表 5-4 信道统计参数

参数	室内（1～5m）	室内（5～11m）
Γ（ns）	13.48	4.33
r_c	9.36	15.01

参数	室内（1～5m）	室内（5～11m）
Λ（1/ns）	0.023	0.015
λ（1/ns）	1.27	1.40
Lognormal		
μ（dB）	-8.08	-9.04
σ	0.44	0.38

5.3.5　室内至走廊多径信道模型

根据走廊多径功率剖面的特点，以及在 5.3.4 节分析中可以看出基于簇的分析方法并不适用于室外走廊的 NLOS 环境，且功率延迟分布（PDP）并不能很好地服从 IEEE 802.15.4a 中提出的非视距模型。

$$E\{|a_{k,l}|^2\} \propto (1-\chi\exp(-\tau_{k,l}/\gamma_{\mathrm{rise}}))\exp(-\tau_{k,l}/\gamma_1) \qquad (5\text{-}44)$$

式中，χ 表示第一个指数项衰减程度，γ_{rise} 表示以多快速度到达最大值，γ_1 表示后续时间内的衰减速率。

本章对文献[59]中描述的办公室内 NLOS 环境双指数 PDP 模型的实现方法进行改进，提出了针对室内到走廊的 Hard-NLOS 环境下的功率剖面模型：

$$E(|a_{k,l}|^2) \propto \begin{cases} \chi_1\exp(\kappa_1\tau+\alpha), \tau \leqslant \tau_p \\ \chi_2\exp(\kappa_2\tau+\beta), \tau > \tau_p \end{cases} \qquad (5\text{-}45)$$

式中，τ_p 表示 PDP 峰值时延，χ_1、χ_2 表示增益，κ_1、κ_2 表示上升及下降阶段变化速率。

以发射机（1.5，3，1.2）点，Rx18 接收机组数据为例，首先对功率剖面采用二次差值法寻找峰值并输出，使用峰值提取功率剖面包络这样就避免了大量弱信号的影响，然后对包络信号取对数，进行最小二乘拟合得到参数。将拟合值代入式（5-42），并与原数值比较得到图 5-21。走廊区域三部分的参数值如表 5-5 所示。

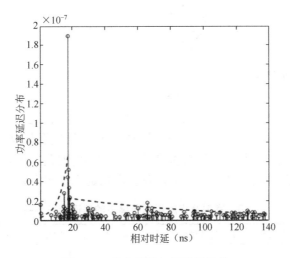

图 5-21　分段指数与原数据比较

129

表 5-5　分段指数模型统计参数

Parameter	Region1	Region2	Region3
κ_1、κ_2	0.334、−0.011	0.172、−0.012	7.17, −0.01
α、β	−19.27、−17.18	−19.37、−17.14	−19.47, −17.42
χ_1、χ_2	1、1	1、1	1, 1
τ_p	13.71ns	22.24ns	0.48
λ [1/ns]	0.99	0.96	0.90

从表中可以看出不同区域的上升速率变化较大，数值大表示多径分量的最大值较早时间到达，这也与 τ_p 相对应。同样，此模型中需要得到各剖面多径分量的束到达率如 5.3.4 节中的计算方法，统计结果显示室内到走廊的环境下的束到达率小于室内场景，这表示 NLOS 场景下多径分量间的时间间隔大于 LOS 场景。

5.3.6　信道特征参数

1. 均方根时延扩展和平均超量时延

无线信道特征可用均方根（RMS）时延扩展 σ_{RMS} 和平均超量时延 $\overline{\tau}$ 来简单描述。为得到两参数，需将式（3-21）转换成时延连续信号的形式，即用 $t = kT_s$ 代替 k，得到

$$h^2(t) = \sum_{n=1}^{N} |a_n|^2 \delta(t - \tau_n) \tag{5-46}$$

式中，τ_n 为相对时延。

RMS 时延扩展定义为

$$\sigma_{\mathrm{RMS}} = \sqrt{\overline{\tau^2} - (\overline{\tau})^2} \tag{5-47}$$

式中，

$$\overline{\tau^n} = \frac{\sum_k \tau_k^n a_k^2}{\sum_k a_k^2}, \qquad n = 1, 2 \tag{5-48}$$

当 n 为 1 时即为平均超量时延。

均方根时延[60,61]是对信道中的多径分量传输程度的描述，若连续发出两次的脉冲时间间隔小于其值，接收机接收到的信号就会产生码间干扰。若信道中的多径分量个数相对较多，且分量对应的延迟时间长，那么多径分量的能量就会比较很分散，此时的码间干扰会加重，因此，在设计无线通信系统时需要参考信道的 RMS 时延扩展，进而选择合适的脉冲间隔。表 5-6 给出了在频域测量方法中室内及室内到走廊不同距离下的均方根时延扩展。

表 5-6　室内及走廊不同距离下的信道特征参数

室内（LOS）	RMS 时延扩展（ns）	平均超量时延（ns）	走廊（NLOS）	RMS 时延扩展（ns）	平均超量时延（ns）
1m	10.15	11.28	4.3m	16.09	41.31

室内（LOS）	RMS 时延扩展（ns）	平均超量时延（ns）	走廊（NLOS）	RMS 时延扩展（ns）	平均超量时延（ns）
2m	15.04	12.17	7.3m	23.23	37.47
4m	16.93	15.56	10.8m	17.53	30.43
6m	19.94	23.62	12.7m	20.18	32.46
8m	23.88	37.37	14.5m	21.56	20.06
9m	23.25	36.10	15.5m	23.33	42.19
均值	18.20	22.68	均值	20.32	34.70

平均超量时延是对多径功率剖面能量汇集程度的反映，当能量大量集中在小的时延外时，其值较小；当能量分散于时延轴上，且较大时延外能量分布较为明显时，其值较大[62]。室内及室内到走廊的不同收发距离下的平均超量时延列于表 5-6 中。从表中可以看出，在室内随距离增加，能量分散程度开始增加，走廊环境下的信道能量较室内而言较为分散。

2．多径分量数目

多径分量数目是多径剖面中含有的有效分量个数，当剖面中强度最大值的径与其他某一到达分量的比值小于判决门限时，就将其视为有效分量。通常选择判决门限为-10dB，表 5-7 给出了室内及走廊不同接收机点处的多径分量数目 N_p。

表 5-7　室内不同接收机点处的多径分量数目

室内（LOS）	N_p	走廊（NLOS）	N_p
1m	47	4.3m	120
2m	25	7.3m	110
4m	23	10.8m	124
6m	44	12.7m	123
8m	63	14.5m	109
9m	44	15.5m	115
均值	41	均值	116.83

5.4　基于射线追踪方法的超宽带信道测量及建模

依据电磁波空间传播的物理理论来仿真建模是确定性模型建模法的本质。采用频域测量及射线追踪结合几何绕射理论方法两种手段研究超宽带信号室内和室内-室外传播特性，将经验方法和基于射线追踪的确定性方法的优点相结合研究电波传播特性，进行信道建模，所建立的模型具有较强的通用性。

5.4.1　信道仿真原理和环境

1．信道仿真原理

射线追踪是将从源点辐射的无线电高频电磁波视为波长趋近于零的射线，其能量可以在各自独立的直径无线小的射线管内传播，然后追踪各条射线的传播，在射线到达设定的接收点或者其能量小于所设定的阈值时，统计出这些射线携带的能量，当所有射线到目标点后，通过矢量叠加就可得出辐射源对辐射点的影响[463]。一致性几何绕射理论是改进了的几何绕射理论，其能够克服场在阴影边界和反射边界上的不连续性从而计算障碍物周围的总场，简称 UTD。

由于室内环境较为复杂，存在多个反射、绕射等物品，而射线追踪方法最大的优势是可以辨别出多径传播中的每一条传播路径，并可通过三维视图显现，可以较好地研究 UWB 信号传播中的各直射、反射和绕射路径。目前射线追踪技术主要包括镜像法、射线管法及入射反弹射线法[64]。本书中采用的是入射反弹射线法，该方法从源点向三维球形状的空间发射出三角锥形射线管，这些射线管按照物理散射等方式到达接收机，经过计算射线管携带能量可得出任意目标点的场强。之后用来分析功率密度分布、延时等参数。而用于分析射线绕射的方法采用 UTD 方法，UTD 方法主要考虑劈尖绕射和曲面绕射，劈尖绕射考虑办公室的办公家具。

在分析中首先采用计算机图形方法建立所研究实际室内及室内-室外环境的物理模型，并对其进行数据库参数的设置。之后采用入射反弹射线法建立传播模型，根据室内物品的散射、反射特性等计算电场，将该电场与具体的天线模型相结合来计算路径损耗、时延扩展、到达时间等参数。

2. 仿真环境

文中采用的仿真软件为 Wireless Insite，该软件基于射线追踪方法和 UTD 理论，能够用于点到点、点到多点的无线传播相关计算[65]，可以精确仿真出复杂环境下收发机之间无线传播损耗、多径到达路径、时间和场强等。

首先通过 AutoCAD 软件绘制室内物体的 3D 模型，包括门窗、办公桌、文件柜、器材柜、实验台、空调、饮水机等，并确定各物品在室内相应位置信息。用 AutoCAD 绘制的办公桌 3D 模型如图 5-22 所示。

利用 Wireless Insite 软件绘制室内及走廊建筑环境 3D 模型，如图 5-23 所示，并将各个 3D 模型文件导入 Wireless Insite 软件，设置相应的材料特性参数，形成室内及走廊环境的 3D 模型。设置折射、透射、绕射个数为 4、5、1，因随个数的增加二次反射及透射个数不再增加；设置接收机接收射线信号上限为 40，射线追踪方法采用入射反弹射线技术（SBR），发射功率为 10dBm，波形为高斯脉冲，中心频率 7.3GHz，带宽 2GHz。

5.4.2 空间功率分布

在室内及室内到走廊的仿真中，为了便于观测接收天线在室内或走廊的接收能量，设置网格状接收天线间距为 0.2m，高度为 0.9m，布于室内和走廊环境中，经仿真得到的功率空间分布如图 5-24 和图 5-25 所示。

从图中可以直观地看出，在室内发射机附近区域（长度 0～6m 内）虽有办公家具的遮挡，但功率衰减呈现均匀变化趋势，波峰与波谷交替出现；在室内长度 6～10m 范围内功率衰减较为明显，但仍呈现均匀变化趋势；在远端靠近实验台处功率迅速衰减，产生了严重的遮挡，同时在有较多办公家具的墙角，同样产生了较大的衰落。当射线透过墙壁到达走廊时，可以看出在金属门附近衰减较小，两侧范围内信号总体强度衰减较大，在远处（12～25m）则迅速衰减。室内和走廊功率空间的分布为路径损耗和多径衰落仿真设置提供了思路。

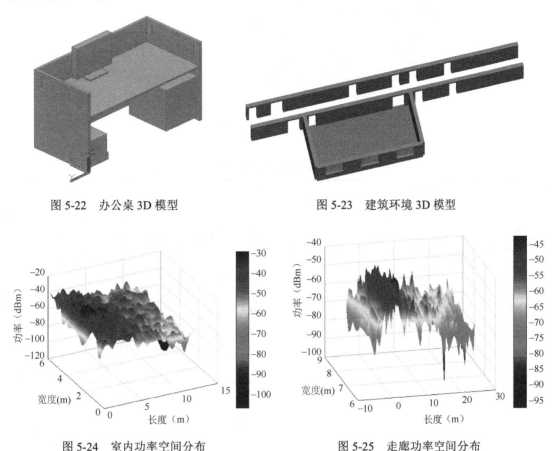

图 5-22　办公桌 3D 模型　　　　　　图 5-23　建筑环境 3D 模型

图 5-24　室内功率空间分布　　　　　图 5-25　走廊功率空间分布

5.4.3　路径损耗及阴影衰落

1．路径损耗

路径损耗仿真环境如图 5-26 所示，其中室内长度为 11.2m，宽为 5.7m，走廊长度为 31m，宽为 2m，发射机 Tx 位于室内（1.5m，3m，1.2m）处。在室内设置接收机 Route 路径 B、C、D、E、F、H、I、J，室内视距和弱视距均视为 LOS 环境；在走廊设置 Route G，相邻接收机间隔为 0.2m，高度为 0.9m，发射机到接收机为 NLOS 环境。

根据式（5-19）对各路径的接收数据利用最小二乘法进行拟合，依据回归显著性检验来判断线性拟合程度，各路径拟合和检验结果列于表 5-8。室内仿真路径 Route E 的最小二乘拟合如图 5-27 所示，室内到走廊仿真路径 Route G 的最小二乘拟合如图 5-28 所示。

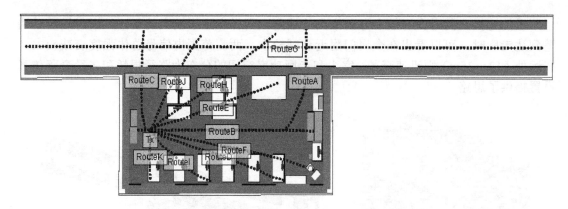

图 5-26　路径损耗仿真环境

表 5-8　各路径最小二乘法拟合及检验结果

路径	PL(d_0)	n	F 值	$F_{0.05}$\$F_{0.01}$	线性拟合度
Route B	46.25	1.53	63.44	4.07 \ 7.28	高度显著
Route C	46.22	2.13	27.04	4.35 \ 8.10	高度显著
Route D	43.68	1.9	50.67	4.12 \ 7.42	高度显著
Route E	42.70	2.21	62.62	4.14 \ 7.47	高度显著
Route F	43.36	2.26	63.55	4.04 \ 7.18	高度显著
Route H	40.34	3.20	116.60	4.10 \ 7.35	高度显著
Route I	45.49	1.25	40.44	4.32 \ 8.02	高度显著
Route J	39.42	2.63	31.50	4.30 \ 7.95	高度显著
Route G（室内—走廊）	46.21	2.41	115.41	3.93 \ 6.87	高度显著

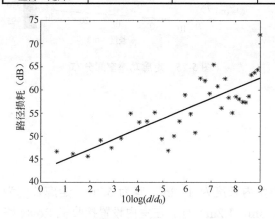

图 5-27　室内 Route E 的最小二乘法拟合

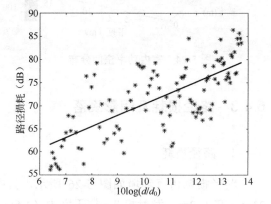

图 5-28　室内到走廊 Route G 的最小二乘法拟合

从表 5-8 中可以看出，路径损耗指数 n 在透过墙壁场景的严重遮挡情况下大于 2；在室内视距或有办公家具轻微遮挡的情况下小于 2，这是由于射线经过折射、反射和绕射等信号相互重叠造成的。

2．阴影衰落

将采用最小二乘估计算法计算得到的室内各路径的 $\text{PL}(d_0)$、n 值，将其代入式（5-19）可以得到仿真环境下阴影衰落项 X_σ 的观测值。经统计室内及走廊各仿真路径阴影衰落项均满足正态分布特性，均值为 0，方差在 2.86～7.63dB 变化。室内 Route E 的阴影衰落正态分布拟合如图 5-29 所示，室内到走廊 Route G 的阴影衰落正态分布拟合如图 5-30 所示。

$$X_\sigma \sim \begin{cases} N[0,3.12], & \text{Route B} \\ N[0,3.66], & \text{Route C} \\ N[0,3.80], & \text{Route D} \\ N[0,3.69], & \text{Route E} \\ N[0,7.63], & \text{Route F} \\ N[0,4.38], & \text{Route H} \\ N[0,2.86], & \text{Route I} \\ N[0,4.35], & \text{Route J} \\ N[0,5.22], & \text{Route G} \end{cases} \qquad (5\text{-}49)$$

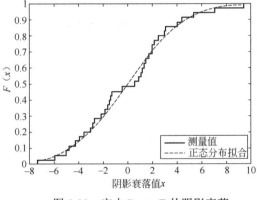

图 5-29　室内 Route E 的阴影衰落
正态分布拟合

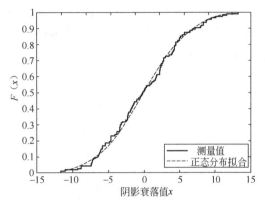

图 5-30　室内到走廊 Route G 的阴影衰落
正态分布拟合

5.4.4　室内及走廊的多径功率剖面

1．室内功率剖面的分簇

室内及室内到走廊多径衰落的仿真设置为如图 5-31 所示，发射机位置位于（1.5m，3m，1.2m）处，接收机设置为 27 组，每组 10 个接收机，呈圆形放置，半径为 0.2m。

从仿真结果中可以直接得到每个接收机的功率延迟剖面（PDP），因每个接收机相应的分量出现的时间和位置有差别，为消除多径强度波动所带来的影响，需要对每组接收机宏位置处的接收信号做统计平均，将时间轴按照时间间隔 $\Delta\tau$ 的大小进行划分，尽量产生较多准确的对应组，这样多径剖面总体的衰减趋势就能反映出来。然后将各时间段内的相应分量的功率值取均值可得到位置点 i_0 处的平均多径功率剖面 $h^2_{i_0,avg}(k)$，如图 5-32 中线条所示。视室内为 LOS 环境及部分遮挡的 Soft-LOS 环境，室内到走廊为 NLOS 环境，取 $\Delta\tau$ =0.5ns。

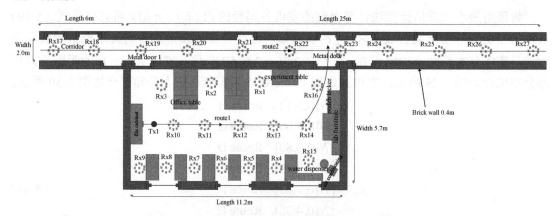

图 5-31　室内及室内到走廊多径衰落仿真设置

通过比对每组产生的多径功率剖面，发现在室内仿真场景下也都出现较为明显的簇，且强度随时延的增加按照一定的趋势递减，根据经验及 IEEE 802.15.3a 推荐信道中簇模型的分析方法，使用 5.3.4 节的自动分簇算法，对每组多径功率剖面进行簇的划分。经过计算及修正结果，在室内环境下得到 ΔT 取 10ns，Δd 取 4dB，Δk 取 8ns，以 Rx1 数据为例，可得图 5-32 所示的分簇结果，虚线表示下一簇的首径。

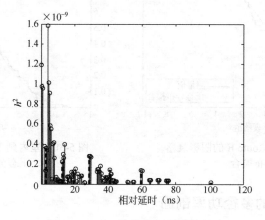

图 5-32　Rx1 接收机组分簇结果

2．走廊环境多径剖面特点

在室内到走廊的严重遮挡的 NLOS 环境下，将发射机分别置于（1.5，3，1.2）、（5.5，3，1.2）、（10，3，1.2）点处，对走廊接收信号进行处理统计，走廊-6～3m 处多径剖面变化趋势如图 5-33 所示，信号强度逐渐增强然后减弱，最强多径分量出现在较大时延处而非首径及附近；3～10m 显示如图 5-34 所示的变化趋势，最强多径分量出现在首径附近，信号强度逐渐衰落；10～31m 的多径剖面呈现如图 5-35 和图 5-36 所示的变化趋势，后达信号强度衰落变缓，最远处的一段距离出现后达簇强度增大的情况如图 5-36 所示。可以看出，适用于室内的分簇方法可用于室外相对应走廊 3～10m 段环境多径特点的分析，但走廊两端环境的分簇方法不再适用，需要寻找新的方法来分析。

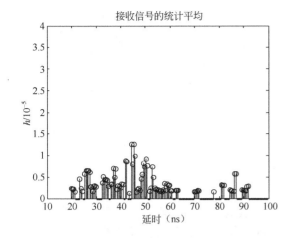

图 5-33　Rx18 接收机组平均多径剖面

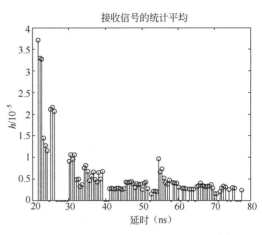

图 5-34　Rx21 接收机组平均多径剖面

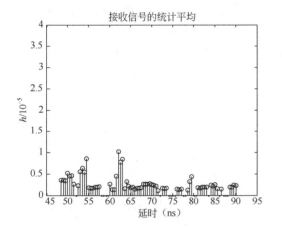

图 5-35　Rx24 接收机组平均多径剖面

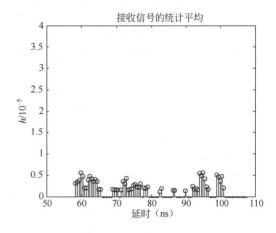

图 5-36　Rx25 接收机组平均多径剖面

5.4.5　室内信道参数

1. 室内簇间电平衰减指数和簇内电平衰减指数

对室内办公室及走廊的 PDP 采用 5.3.4 节的自动分簇算法，得到每组平均功率延迟剖面的簇首径功率大小和出现时间(t_l, W_l)，将矩阵代入式（5-32）和式（5-33）获得方程的唯一解，得到簇间电平衰减指数 Γ。将室内按照远近距离划分为两个区域：0～6m 和 6～11m，分别对各区域内的分析结果进行统计。通过分析比较，在 LOS 与 Soft-NLOS 环境下 Γ 的变化不大，但随着收发距离的增大有了明显的变化。经过对数正态分布拟合后发现，两区域的簇间电平衰减指数的对数均服从正态分布，拟合结果如图 5-37 和图 5-38 所示。

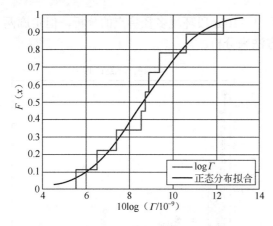
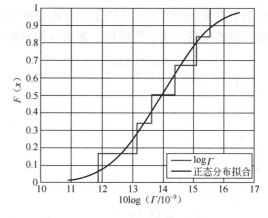

图 5-37　室内 0～6m 范围的正态分布拟合　　　　图 5-38　室内 6～11m 范围的正态分布拟合

　　同样根据经验公式判断簇内分量功率值按照指数规律衰减，经分簇后得到簇内径到达时间和强度(T_{lk}, W_{lk})，根据式（5-34）得到每簇内分量相对于簇内首径的相对时移，进而得到带有相对时延后的簇内分量值(t_{lk}, W_{lk})，采用与式（5-32）和式（5-33）相同的分析方法，由最小二乘解的存在唯一性，得到簇内电平衰减速率r_c的值，根据室内远距区域的划分，分别对计算结果进行统计。经过拟合比对，簇内电平衰减速率的对数与正态分布拟合程度较高，如图 5-39 和图 5-40 所示，这表明r_c同样满足对数正态分布规律。

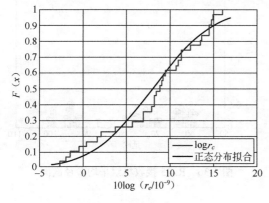
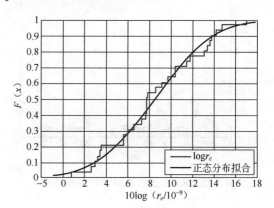

图 5-39　室内 0～6m 范围 $\log r_c$ 的正态分布拟合　　图 5-40　室内 6～11m 范围 $\log r_c$ 的正态分布拟合

2．簇到达率和束到达率

　　根据分簇算法对各组接收机进行分析后可以得到各组簇的数量。这里分两步来计算簇到达率，第一步，采用泊松分布如式（5-36）来描述在持续时间内簇出现个数的理论概率，采用式（5-37）来计算在 N 个多径功率剖面中第 i 个含有簇个数的概率，通过构建函数式（5-38）来获得实际概率与理论概率差值的平方和，进而采用优化的最小值法可以得到函数 $Q(\tilde{\lambda})$ 的最优值 $\tilde{\lambda}$；第二步，由于在泊松过程中，第 k 次随机事件与第 $k+1$ 次随机事件出现的时间间隔服从指数分布[66]，并且通过式（5-39）和式（5-40）证明了相邻事件发生的时间间隔服从参数为 $\Lambda = \tilde{\lambda}/\tau_0$ 的指数分布，取多径功率剖面中最大时延作为 τ_0 的值，可得仿

真场景下 Λ 的估计值。经过计算 Λ 值在室内 $0\sim6$m 范围内为 0.0438×10^9，在室内 $6\sim11$m 范围内为 0.052×10^9，在走廊 $4\sim18$m 范围内为 0.0625×10^9。

采用与上述相同的分析方法可以得到室内仿真环境下的束到达率，在多径剖面中取簇内相邻多径分量到达时间的差值 $\Delta\tau=t_{lk}-t_{lk-1}$，对样本经统计平均，可以得到总体均值 $1/\lambda$ 的估计值。经过计算 λ 值在室内 $0\sim6$m 范围内为 1.118×10^9，在室内 $6\sim11$m 范围内为 0.676×10^9，在走廊 $4\sim18$m 范围内为 0.855×10^9。

至此，已经得到了多径信道模型的参数，列于表 5-9 中。

表 5-9　多径模型参数

小尺度参数	indoor（0～6m）	indoor（6～11m）	Outdoor（3～10m）
Γ（ns）	7.39	24.82	11.35
r_c	6.39	7.19	3.85
Λ [1/ns]	0.0438	0.052	0.0625
λ [1/ns]	1.118	0.676	0.855

5.4.6　室内到走廊多径功率剖面特点

在 5.4.5 节分析中知道基于簇的分析方法并不适用于室外走廊两端长距离的 Hard-NLOS 环境，且将走廊两端区域的功率延迟分布与 IEEE 802.15.4a 中提出的模型如式（5-44）相拟合，结果显示差异较大。根据室内到走廊的多径剖面特点，与改进的室内到走廊的 Hard-NLOS 环境下的分段指数模型式（5-45）进行拟合，以发射机（1.5，3，1.2）点，Rx18 接收机组数据为例，通过二项插值法提取功率剖面包络避免了大量弱信号的影响，然后对包络信号取对数，进行最小二乘法拟合得到的参数如表 5-10 所示。将拟合值代入式（5-45），并与原数值比较得到图 5-41。

表 5-10　分段指数模型参数

κ_1、κ_2	0.121、-0.047
α、β	-25.545、-22.209
χ_1、χ_2	1、1
τ_p	24.5ns

5.4.7　幅度衰落特性

为了考察室内和室内到走廊仿真结果中幅度衰落的实际特性，同样采用与对数正态分布、Nakagami 分布、Gamma 分布和 Weibull 分布等典型分布相匹配的方法，并用 K-S 和检验来校验匹配程度。多径剖面中的幅度分布与各分布的比对如图 5-42 所示，得到 95%置信水平下的校验通过率如表 5-11 所示。

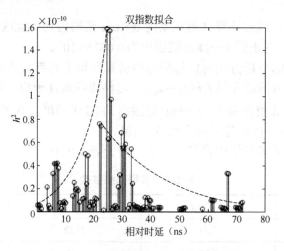

图 5-41　分段指数模型与原数据比较

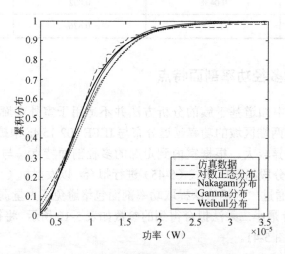

图 5-42　多径剖面中的幅度分布与各分布的对比

表 5-11　95%置信水平下的通过率（%）

	LOS/Soft-NLOS		NLOS	
	K-S	χ^2	K-S	χ^2
Longnormal	93.75	100	90.91	100
Gamma	75.00	100	72.73	100
Weibull	75.00	100	63.64	100
Nakagami	56.25	37.50	27.27	36.36

　　通过图 5-42 及表 5-11 中的校验结果可以看出，幅度衰落特性较好的服从对数正态分布，其次为 Gamma 分布，统计参数如表 5-12 所示。

表 5-12 幅度分布类型的拟合结果

分布类型	indoor（0~6m）	indoor（6~11m）	corridor
Lognormal 分布			
μ（dB）	−10.792	−11.416	−12.464
σ	0.500	0.550	0.637
Gamma 分布			
a	4.030	3.406	2.398
b	0	0	0

5.4.8 室内及走廊多普勒扩展

在多径传播中，由于信号分量到达的方向不同，导致到达接收机信号相位有差别，因此，造成了多普勒扩散现象，使带宽增大[67]。按照图 5-31 中 route1 和 route2 路线设置接收机，以 1m/s 的速度移动，发射机静止。从仿真结果中可以得到接收信号的平均到达方向，根据多普勒频移原理：

$$f_{\mathrm{d}} = \frac{v}{\lambda}\cos\theta \tag{5-50}$$

式中，v 为接收机移动速度，λ 为信号波长，θ 为接收信号平均到达方向。根据图 5-43 和图 5-44 可以看出室内外频移均在−25~25Hz 变化。

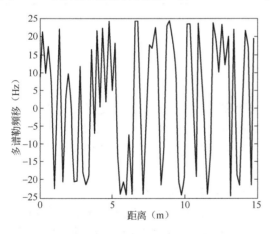

图 5-43 室内多普勒频移

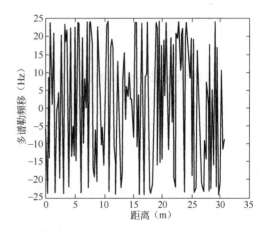

图 5-44 走廊多普勒频移

多普勒扩展 B_{D} 定义为多普勒功率谱宽带，其倒数是对信道相干时间 T_0 的度量，数字通信中，采用下面的经验关系[68]：

$$T_0 = \frac{0.423}{B_{\mathrm{D}}} \tag{5-51}$$

所以，可以很明显地看出比特时间 $T_{\mathrm{b}} \ll T_0$，且信号传输带宽 $B_{\mathrm{w}} \gg B_{\mathrm{D}}$，在室内及走廊

环境由慢速率产生的时变信道为慢衰落信道，不会对系统的性能产生明显的影响。

5.4.9 信道特征参数

根据 RMS 时延扩展的定义式（5-47）和平均超量时延的定义式（5-48），以及仿真软件计算结果的定义，可以直接获得仿真场景下各接收机处的均方根时延扩展和平均超量时延扩展，按照收发距离相对位置结果列于表 5-13 中。同样按照定义，给出了室内和走廊不同距离处的多径分量数目 N_p。

表 5-13　室内及走廊信道特征参数

室内(LOS)（m）	RMS 时延扩展（ns）	平均超量时延(NLOS)（ns）	N_p	走廊（m）	RMS 时延扩展（ns）	平均超量时延（ns）	N_p
0.5	8.66	7.15	36	4.4	9.59	25.18	41
2.5	11.33	17.87	56	6.6	11.67	30.34	47
4.5	12.95	26.44	55	8.2	22.98	41.54	66
6.5	14.70	34.24	69	9.1	10.56	39.91	55
8.5	11.58	38.90	59	11.8	9.78	51.42	66
9.2	20.40	43.93	66	14.6	8.77	59.39	65
—	—	—	—	17.5	15.46	65.87	54
—	—	—	—	20.5	15.22	62.36	49
—	—	—	—	23.4	15.66	72.62	53
均值	13.27	28.01	56.83		13.30	58.74	55.11

5.4.10 实测和仿真结果的比较

1. 频域测量法和仿真方法结果的比较

5.3 节和 5.4 节通过频域测量方法和基于射线追踪和 UTD 理论的确定性仿真方法分别对办公室内和室内到走廊的超宽带信道进行测量和仿真，运用数学统计和拟合校验等处理方法对测量和仿真数据进行了处理，得到了室内和室内到走廊的信道的路径损耗参数和多径衰落参数等。

在总体规律上，路径损耗在实测和仿真中均满足对数正态分布特性，阴影衰落满足正态分布特性，实测中频率相关的路径损耗指数满足正态分布；办公室内的多径衰落特性均可用双指数模型来描述，室内到走廊 NLOS 环境下可以用改进的分段指数来描述，幅度衰落在室内和走廊环境下均服从对数正态分布。

在具体的分析方法和数据结果上有以下差异：

（1）频域测量方法下和仿真方法下的信道冲激响应、簇个数不同。

（2）实测方法得到位置点的冲激响应统计平均采用的是直接法，即累计求平均法，仿真方法中由于单个接收机接收射线信号上限为 40，故位置点的统计平均是将时间轴按照时间间隔 $\Delta\tau$ 的大小进行划分，各时间段内的对应多径分量的功率值取均值。

（3）实测方法下室内到走廊的环境下的距离相关的路径损耗是固定损耗均值 $PL(d_{min})$

与阴影衰落 X_σ 的和。在仿真方法下，路径损耗是距离相关的损耗均值 $\mathrm{PL}(d_0)+10n\log_{10}(d/d_0)$ 与阴影衰落 X_σ 的和。

（4）实测方法下走廊环境的多径衰落可以用分段指数模型来描述，在仿真方法下走廊 3～10m 范围内的多径衰落可以用双指数分簇模型来描述。

（5）表 5-4 与表 5-9 的信道模型参数的对比显示出在相同场景下实测和仿真方法得到的结果有不同程度的差别。

根据频域测量方法和仿真方法的特点，出现以上差异的原因可以总结如下：

（1）频域测量方法中设置的扫频点数为 3201 个点，经反傅里叶变换和加窗、CLEAN 算法提取冲激响应信号后仍会产生较多点数的数据，而仿真中根据计算量和计算时间的设置的接收射线个数为 40，加上仿真程序的随机性和接收机位置设置的不同，两种方法获得的信道冲激响应不可能一样。因此，在信道冲激响应总体结果近似的情况下，通过对比两种方法的均方根时延扩展和平均超量时延，以及多径数目在同一范围与否来验证合理性[32, 58,69]。对比表 5-6 和表 5-12，实测和仿真方法得到的室内 LOS 环境下的 RMS 时延扩展分别为 18.20ns 和 13.27ns，平均超量时延分别为 22.68ns 和 28.01ns，室内到走廊 NLOS 环境下 RMS 时延扩展分别为 20.32ns 和 13.30ns，平均超量时延分别为 34.70ns 和 49.85ns，对比看出，虽然平均超量时延在仿真方法的 NLOS 环境下差别较大，但在合理范围内；表 5-14 中的室内实测多径分量数目与室内仿真中每个接收机出现的射线信号个数均值分别为 41 和 56.83，也在合理范围内。

表 5-14 实测和仿真方法的信道特征

信道特征参数	实测		仿真	
	LOS	NLOS	LOS	NLOS
平均超量时延($\bar\tau$)(ns)	22.68	34.70	28.01	49.85
均方根时延(τ_{RMS})(ns)	18.20	20.32	13.27	13.30
$N_{\mathrm{p,10dB}}$	41	116.83	56.83	55.11

（2）在对室内到走廊环境下路径损耗的描述上，两种方法下路径损耗均满足对数正态分布，阴影衰落规律一致，不同之处体现在路径损耗均值上，同时在走廊 3～10m 小范围内多径剖面实测与仿真有差别，这与仿真软件的算法和仿真参数及环境参数的设置有很大关系，在总体规律相近的情况下，这些差别可以在建模过程中忽略。

2. 模型参数与标准信道参数比较

本书针对办公室内（LOS）和室内到走廊（NLOS）环境下实测和仿真得到的信道特征参数总结在表 5-14 中。

IEEE 802.15.3a 和 IEEE 802.15.4a 标准中的超宽带信道模型在办公室环境信道中的特征参数值如表 5-15 所示。参数表明在不同的场景下使用不同的模型进行信道特征参数的计算结果有差别。

表 5-15　标准模型中信道特征参数示例

信道特征参数	IEEE 802.15.3a		IEEE 802.15.4a	
	LOS	NLOS	LOS	NLOS
平均超量时延($\bar{\tau}$)(ns)	3	27	9.2	16.3
均方根时延(τ_{RMS})(ns)	5	25	10.4	13.2
$N_{p,10dB}$	4	45	54	103.3

本书通过实测和仿真方法所得到的信道参数结果与 IEEE 802.15.3a 和 IEEE 802.15.4a 标准信道参数相比，均方根时延和多径分量数目与 IEEE 802.15.4a 标准信道给出的参数相差不大，但从平均超量时延上来看，本书方法中的多径剖面中的能量集中与 IEEE 802.15.4a 标准相比较为延后。

小结

本章首先简明描述了超宽带信道模型理论基础，进而引出了在超宽带室内信道建模中需要着重研究的三个重要方面内容，即路径损耗、阴影衰落及多径衰落。在此基础上，根据对应的理论定义对超宽带信道三种现象出现的原因做了详细解释。对超宽带标准信道模型的来历和内容做了分析，给本书的测量和仿真提供了理论支持。

其次，本章针对超宽带信道测量的几种方法的优缺点作了说明，并对室内和室内到走廊的路径损耗和多径衰落的频率测量方案进行了详细介绍。根据大尺度测量结果，分别对距离相关的路径损耗和对频率相关的路径损耗做了研究，结果表明在室内及室内到走廊与距离相关的路径损耗满足对数正态分布特性，阴影衰落服从高斯分布；子带频率的对数与路径损耗呈线性关系，频率衰减指数满足正态分布特性。根据傅里叶反变换、时域加窗、CLEAN 算法等对小尺度测量结果进行数据的预处理，得到信道冲激响应，利用分簇算法及数学统计得到室内信道簇间电平衰减速率和簇内电平衰减速率、簇到达率和束到达率等参数，同时提出了一种改进的分段指数模型用以描述室内到走廊环境的多径衰落特点，依据 K-S 和卡方校验得到室内和室内到走廊幅度衰减满足对数正态分布特性。最后，分别对室内和室内到走廊的均方根时延扩展和平均超量时延及多径分量数目进行了统计。

最后，本章对确定性建模方法中的射线追踪和 UTD 射线理论做了介绍，并对室内和室内到走廊的路径损耗和多径衰落的频率测量方案进行了详细介绍。根据路径损耗仿真结果，利用最小二乘法对路径损耗均值进行线性拟合，对阴影衰落分布进行了统计，结果表明在室内及室内到走廊与距离相关的路径损耗满足 Lognormal 分布特性，阴影衰落服从高斯分布。根据仿真得到的信道冲激响应，对各位置点 PDP 统计平均后利用分簇算法及数学统计得到室内信道簇间电平衰减速率和簇内电平衰减速率、簇到达率和束到达率等参数，同时使用改进的分段指数模型来描述室内到走廊环境的多径衰落特点，依据 K-S 和卡方校验得到室内和室内到走廊幅度衰减满足对数正态分布特性。分别对室内和室内到走廊的 RMS 时延和平均超量时延进行了统计。最后，对实测和仿真方法得到结出现的差异进行了总结说明，同时将本书的模型参数与 Intel 向 IEEE 工作组提交的超宽带标准信道报告中的信道参数进行了比对。

参考文献

[1] 唐珣，沙学军，汪洋. UWB 室内信道测量系统及后期数据处理方法[C]. 全国超宽带无线通信技术学术会议，2005.

[2] 马惠珠. 超宽带无线通信关键技术研究[D]. 哈尔滨：哈尔滨工程大学，2006.

[3] Buccella C, Feliziani M, Manzi G. Detection and localization of defects in shielded cables by time-domain measurements with UWB pulse injection and clean algorithm postprocessing[J]. IEEE Transactions on Electromagnetic Compatibility, 2004, 46(4): 597-605.

[4] Ciccognani W, Durantini A, Cassioli D. Time domain propagation measurements of the UWB indoor channel using PN-sequence in the FCC-compliant band 3.6-6 GHz[J]. IEEE Transactions on Antennas and Propagation, 2005, 53(4): 1542-1549.

[5] Tan A E C, Chia M Y W, Rambabu K. Time Domain Characterization of Circularly Polarized Ultrawideband Array[J]. IEEE Transactions on Antennas and Propagation, 2010, 58(11): 3524-3531.

[6] Sato H, Ohtsuki T. Frequency domain channel estimation and equalisation for direct sequence - Ultra wideband (DS-UWB) system[J]. IEE Proceedings: Communications, 2006, 153(1): 93-98.

[7] Navarro M, Najar M. Frequency domain joint TOA and DOA estimation in IR-UWB[J]. IEEE Transactions on Wireless Communications, 2011, 10(10): 3174-3184.

[8] Ren J, Cai C, Zhao H, et al. Research and simulation analysis of UWB indoor channel model[C]. 2012 International Conference on Computer Science and Service System, CSSS 2012, August 11, 2012 - August 13, 2012, 2012: 1228-1231.

[9] Ghassemzadeh S S, Greenstein L J, Kavcic A, et al. UWB indoor path loss model for residential and commercial buildings[C]. Vehicular Technology Conference, 2003. Vtc 2003-Fall. 2003 IEEE, 2003: 3115-3119 Vol.5.

[10] Rusch L, Prettie C, Cheung D, et al. Characterization of UWB Propagation from 2 to 8 GHz in a Residential Environment[C]. IEEE Journal on Selected Areas in Communications, 2008.

[11] Kunisch J. Radio channel model for indoor UWB WPAN environments[J]. IEEE P802.15-02/281-SG3a, 2002.

[12] Foerster J R, Li Q. UWB Channel Modeling Contribution from Intel[J]. IEEE P802.15-02/279r0-SG3a, 2002.

[13] Donlan B M, Mckinstry D R, Buehrer R M. The UWB indoor channel: large and small scale modeling[J]. Wireless Communications IEEE Transactions on, 2006, 5(10): 2863-2873.

[14] ckinstry D R, Buehrer R M. UWB small scale channel modeling and system performance[J]. 2003, 1: 6 - 10 Vol.1.

[15] Zeinalpour-Yazdi Z, Nasiri-Kenari M, Aazhang B. Performance of UWB Linked Relay Network with Time-Reversed Transmission in the Presence of Channel Estimation Error[J]. IEEE Transactions on

Wireless Communications, 2012, 11(8): 2958-2969.

[16] Santos T, Tufvesson F, Molisch A F. Modeling the Ultra-Wideband Outdoor Channel: Model Specification and Validation[J]. IEEE Transactions on Wireless Communications, 2010, 9(6): 1987-1997.

[17] Lee J Y. UWB Channel Modeling in Roadway and Indoor Parking Environments[J]. IEEE Transactions on Vehicular Technology, 2010, 59(7): 3171-3180.

[18] Blumenstein J, Mikulasek T, Prokes A, et al. Intra-Vehicular Path Loss Comparison of UWB Channel for 3-11 GHz and 55-65 GHz[C]. IEEE International Conference on Ubiquitous Wireless Broadband, 2015: 1-4.

[19] Kumpuniemi T, Hämäläinen M, Yazdandoost K Y, et al. Measurements for body-to-body UWB WBAN radio channels[C]. 2015 9th European Conference on Antennas and Propagation (EuCAP), 2015: 1-5.

[20] Sasaki E, Hanaki H, Iwashita H, et al. Effect of human body shadowing on UWB radio channel[C]. 2016 International Workshop on Antenna Technology (iWAT), 2016: 68-70.

[21] Kumpuniemi T, Hamalainen M, Yazdandoost K Y, et al. Human Body Shadowing Effect on Dynamic UWB On-Body Radio Channels[J]. IEEE Antennas and Wireless Propagation Letters, 2017, PP(99): 1-1.

[22] Turin W, Jana R, Ghassemzadeh S S, et al. Autoregressive modeling of an indoor UWB channel[C]. Ultra Wideband Systems and Technologies, 2002. Digest of Papers. 2002 IEEE Conference on, 2002: 71-74.

[23] Foerster J. Channel Modeling Sub-Committee Report Final[J]. IEEE Working Group for Wireless Personal Area Networks, 2003, 24(1): 43-54.

[24] Tranter W, Taylor D, Ziemer R, et al. A Statistical Model for Indoor Multipath Propagation[C]: 127-136.

[25] Saleh A, Valenzuela R. A Statistical Model for Indoor Multipath Propagation[J]. IEEE Journal on Selected Areas in Communications, 2006, 5(2): 128-137.

[26] Suzuki H. A Statistical Model for Urban Radio Propogation[J]. IEEE Transactions on Communications, 1977, 25(7): 673-680.

[27] Buehrer R, Davis W, Safaai-Jazi A, et al. Ultra wideband propagation measurements and modeling-final report to darpa netex program.

[28] Cassioli D, Win M Z, Molisch A F. The ultra-wide bandwidth indoor channel: from statistical model to simulations[J]. IEEE Journal on Selected Areas in Communications, 2002, 20(6): 1247-1257.

[29] Molisch A F, Balakrishnan K, Cassioli D, et al. IEEE 802.15.4a channel model - final report[J]. 2004, 15(12): 911–913.

[30] Molisch A F, Cassioli D, Chong C C, et al. A Comprehensive Standardized Model for Ultrawideband Propagation Channels[J]. IEEE Transactions on Antennas & Propagation, 2006, 54(11): 3151-3166.

[31] 欧阳永艳. 超宽带通信信道模型[J]. 桂林电子科技大学学报, 2003, 23(3): 18-20.

[32] 张咏. 超宽带通信信道模型的研究[D]. 西安：西北工业大学, 2007.

[33] 汪洋. UWB 室内信道传输特性研究[D]. 哈尔滨：哈尔滨工业大学, 2005.

[34] Hu L, Zhu H. Bounded Brownian bridge model for UWB indoor multipath channel[C]. IEEE International Symposium on Microwave, Antenna, Propagation and Emc Technologies for Wireless Communications, 2005: 1411-1414 Vol. 2.

[35] 扈罗全, 陆全荣. 一种新的无线电波传播路径损耗模型[J]. 中国电子科学研究院学报, 2008, 3(1): 40-43.

[36] 扈罗全. 无线电波传播的随机建模与应用[M]. 武汉：华中科技大学出版社, 2011.

[37] 李德建. 压缩感知与超宽带信道建模的研究[D]. 北京：北京邮电大学, 2012.

[38] Uguen B, Plouhinec E, Lostanlen Y, et al. A deterministic ultra wideband channel modeling[C]. Ultra Wideband Systems and Technologies, 2002. Digest of Papers. 2002 IEEE Conference on, 2002: 1-5.

[39] Oestges C, Clerckx B, Raynaud L, et al. Deterministic channel modeling and performance simulation of microcellular wide-band communication systems[J]. IEEE Transactions on Vehicular Technology, 2002, 51(6): 1422-1430.

[40] Tan J, Su Z, Long Y. A Full 3-D GPU-based Beam-Tracing Method for Complex Indoor Environments Propagation Modeling[J]. IEEE Transactions on Antennas and Propagation, 2015, 63(6): 2705-2718.

[41] Zhang Y, Brown A K. Ultra-wide bandwidth communication channel analysis using 3-D ray tracing[C]. International Symposium on Wireless Communication Systems. IEEE, 2005:443-447.

[42] Uguen B, Plouhinec E, Lostanlen Y, et al. A deterministic ultra wideband channel modeling[C]. Ultra Wideband Systems and Technologies, 2002. Digest of Papers. 2002 IEEE Conference on, 2002: 1-5.

[43] Yao R, Zhu W, Chen Z. An efficient time-domain ray model for UWB indoor multipath propagation channel[C]. Vehicular Technology Conference, 2003. Vtc 2003-Fall. 2003 IEEE, 2003,2: 1293-1297.

[44] Yao R, Gao G, Chen Z, et al. UWB multipath channel model based on time-domain UTD technique[C]. Global Telecommunications Conference, 2003. GLOBECOM '03. IEEE, 2004,3: 1205-1210.

[45] 曹京. 基于 TD-UTD 的室内复杂环境 UWB 信号传播特性研究[D]. 南京：南京邮电大学, 2013.

[46] Hongmei Z, Hailong Y, Shuting G. Research on path loss and shadow fading of ultra wideband simulation channel[J]. International Journal of Distributed Sensor Networks, 2016, 12(12).

[47] Li S, Liu Y, Wang G, et al. Simulation and analysis of multipath propagation characteristics for UWB in the indoor radio channels based on SBR/IM[C]. 16th IEEE International Conference on Ubiquitous Wireless Broadband, ICUWB 2016, October 16, 2016 - October 19, 2016

[48] 杨牛扣, 周杰. 超宽带室内多径传播成簇特性[J]. 南京信息工程大学学报, 2013, 5(1): 64-68.

[49] 葛利嘉. 超宽带无线通信[M]. 北京：国防工业出版社, 2005: 58-60.

[50] 李波, 汪西原. UWB 室内小尺度时空信道模型的研究[J]. 宁夏大学学报(自然版), 2010, 31(2): 135-138.

[51] 扈罗全, 朱中华, 朱洪波. 超宽带室内多径信道成簇特性仿真与分析[J]. 南京邮电大学学报(自然科学版), 2005, 25(6): 17-21.

[52] 胡少青, 杨雪松, 袁家劼. 基于时域数据的室内超宽带信道建模[J]. 通信技术, 2013, (3): 10-12.

[53] 王艳芬, 杨海波. 超宽带信道的频率色散特性对脉冲波形的影响[J]. 通信技术, 2010, 43(6): 90-92.

[54] Sangodoyin S, Niranjayan S, Molisch A F. A Measurement-Based Model for Outdoor Near-Ground Ultrawideband Channels[J]. IEEE Transactions on Antennas & Propagation, 2016, 64(2): 1-1.

[55] 何一, 王永生, 张亚妮, 等. 超宽带室外信道路径损耗统计模型分析[J]. 弹箭与制导学报, 2008, 28(4): 272-275.

[56] 王岩. 数理统计与 MATLAB 数据分析[M]. 北京：清华大学出版社, 2014.

[57] 吴彦鸿, 王聪, 曲卫. 一致性劈绕射理论在无源雷达绕射损耗中的应用研究[J]. 国外电子测量技术, 2009, 28(9): 75-78.

[58] 李德建. 压缩感知与超宽带信道建模的研究[D]. 北京邮电大学, 2012.

[59] Li D, Li B, Zhou Z, et al. Piecewise double exponential channel model for UWB Indoor office NLOS environment[J]. Advances in Information Sciences & Service Sciences, 2012.

[60] 刘万洪, 葛海龙, 杨志飞. UWB 无线通信信道特性分析与建模[J]. 舰船电子工程, 2016, 36(1): 83-85.

[61] 徐勇, 吕英华, 吕剑刚, 等. 室内超宽带无线通信信号的特性与干扰研究[J]. 吉林大学学报信息科学版, 2008, 26(1): 0-0.

[62] 陆希玉, 陈鑫磊, 孙光, 等. 超宽带体域网信道测量及传输特性分析[J]. 清华大学学报(自然科学版), 2011, (11): 1711-1716.

[63] 杨式威. 基于镜像法的室内超宽带信道模型研究[D]. 南京邮电大学, 2012.

[64] 李双德, 刘芫健, 张晓俊. 基于 SBR/IM 的室内超宽带信号多径传播特性研究[J]. 2016.

[65] Šuka D S, Simić M I, Pejović P V. Site-specific Radio Propagation Prediction Software: Wireless InSite Prediction Models Overview[J].

[66] 刘国祥. 指数分布与其它分布的关系[J]. 赤峰学院学报(自然版), 2011, (12): 12-14.

[67] 王波, 叶晓慧. 移动平台对无线信道特性的影响分析[J]. 电讯技术, 2008, 48(9): 10-14.

[68] 王祖阳. 无线多径特性及其对陆地移动通信系统规划设计的影响[J]. 电信工程技术与标准化, 2006, 19(9): 62-65.

[69] 孟娟. 海洋石油平台环境下的超宽带信道建模[D]. 中国石油大学, 2009.

第6章

超宽带室内定位系统
接收机设计及分析

● ● ● ● ● ● ●

超宽带接收机作为定位系统的信息接收与处理单元，其性能的好坏直接影响定位的精度。本章针对超宽带定位系统的接收机实现展开研究，基于 TDOA 定位技术，设计了非相干检测的数模混合接收方案。在射频端对接收信号进行去噪、放大、检测、采样等处理，处理后的信号在数字端实现信号同步、数据解调、定时信息的提取。该方案有效地降低了采用全模拟接收系统电路的复杂度，避免了采用全数字技术的超宽带接收机需要采样率极高的模拟/数字转换器件（ADC）这一难题。

针对接收方案射频电路的研究，通过对射频前端常用的结构分析与比较，选定直接数字化接收前端结构。该结构将天线接收到的信号放大、滤波后直接送入所设计的可控积分检测电路处理，无须混频、振荡、差分放大等电路，结构简单，便于集成。然后，根据指标要求和直接数字化结构选定合适的芯片，使用 ADS 软件建立系统仿真模型，依据芯片的实际性能设置各仿真模块的参数。通过频带选择性仿真与系统链路预算验证设计方案的可行性。最后，对可控积分检测电路的仿真结果与实测结果比较与分析，证实了该电路的可行性，能够实现信号的检测与数字化。

针对数字端电路的研究，对比常用的接收机同步捕获方法，选取有数据辅助的导频同步机制，设计了三路串并行结合、解调定位分离的步进搜索方案。系统利用一条支路捕获的同步时钟进行数据解调，并在此基础上利用另外两条支路实现并行搜索，以达到更精细的时钟同步，实现精确的定位。最后，采用 VHDL 语言设计同步电路各个模块，并进行相关模块与同步系统顶层电路的时序仿真，通过对时序波形的分析到达了验证方案正确性的目的。

6.1 超宽带信号接收机设计简介

自 2002 年超宽带技术普及于民用至今，超宽带无线通信技术的研究同传统的窄波通信一样，也逐步走向成熟，而作为通信系统中不可或缺的重要组成部分，超宽带接收机也受到了各界广泛的关注，许多研究机构及高等院校也都开展了相关课题，针对其接收系统及相关技术进行探讨与钻研。迄今为止，对于 UWB 接收机的研究按照检测方式大体可以分为相干与非相干。相干接收的代表有 RAKE 接收机与 TR 接收机；非相干接收机的研究重点则集中在能量检测、门限检测、包络检测等方法上。而从接收信号处理形式的研究来区分，又有数字接收机与模拟接收机之分。

超宽带通信系统一般多工作在信道复杂的室内环境，具有严重的多径效应，在发射端与接收设备之间会有多条传输路径，这样的信道环境下采用相干接收时，需要事先对信道特性预估，且为了尽可能收集多条路径中的信号能量，还需要多组相关器对不同路径中的信号做相关运算，只有在此基础上相干接收机才能体现出其优良的接收性能，但无论是信道的估算还是多组相关器的设计，都无疑增加了设计的难度，耗费较多的资源。因此，相干接收机多侧重于理论方向的研究，很少有文献涉及工程实现。与此相对的非相干接收机，结构简单，没有进行信道估计这一烦琐过程，设计复杂度低。所以，从工程实现的难易度来讲，绝大部分接收机都采用了非相干接收机。例如，Zhi Tian 等研究了基于 OOK 调制的超宽带能量检测接收机，采用多个并行积分器同时对不同时间窗口的信号能量进行收集，然后根据信号中噪声含量的不同对收集到的信号能量加权，采用这样的方式降低了噪声的影响，提高系统信噪比[1]。Kim Sekwon 等提出了基于 2PPM 调制的超宽带非相干接收机信号选择性合并方案，采用类似 RAKE 接收机选择性合并信号的方式，将收集到的多径能量以其值大小排序，然后进行合并从而提高信噪比，最后采用最大似然准则判决。仿真结果表明性能的优良与能量区间的划分关系密切，成正相关[2]。Yeqiu Ying 等提出了一种新的非相干检测接收机解调方法，该方法用于超宽带能量检测接收系统中，有效地降低了系统噪声，提高了抗干扰性。同时，利用发射端块编码匹配的调制也可降低多用户干扰[3]。在Thiasiriphet T. 等人的研究中，采用了单位增益的模拟延时反馈电路来平均噪声和干扰，利用模拟延时环路多通道的特性让相应频带的信号无失真通过，而对于带内的干扰信号，则利用扩频展开的原理滤除，降低带内干扰能量，提高信干比[4]。

超宽带通信定位系统由于以极窄脉冲传输，其数字化的实现非常困难，极高的采样率及一定的转换精度对数字化芯片提出了很高的要求[5, 6]，就目前的 A/D 芯片工艺来讲，很难满足如此高的采样频率，即便能实现，成本也会很高，与超宽带产品低成本化的要求相矛盾。但经过众多学者对超宽带的数字采样不断的研究，提出一些新的采样方式，如 ADC 的 Dither 技术、多路 ADC 并行采样及 1 比特的 ADC 采样等，这些方法都在现有的工艺上使得超宽带的数字化接收变得可能，还降低了 ADC 的成本。

6.2 接收机同步原理

作为接收机都存在同步的问题，UWB 接收系统也不例外。由于 UWB 系统是以纳秒级的极窄脉冲进行传输，传输速率高，可达到上百 Mbps。因此，UWB 接收系统提出了更高要求的同步捕获。针对本节课题的研究，下面对 TH-PPM-UWB 同步技术的研究进行论述。

6.2.1　基于检测理论的同步方法

基于传统的相关理论，滑动相关理论在直接序列扩频系统中得到了广泛的应用，同样，这种方法也可直接应用到 TH-UWB 系统中。其基本思想如下：在全部可能出现的不定相位的某一处进行相关检测，积分器的输出结果与设定的判决门限进行比较，当结果大于门限值时，就认定此时的相位正确，则捕获成功；反之，结果小于门限值时判定相位不正确，跳转到下一相位再次进行相关检测，如此循环，一直到捕获成功[7, 8]，其系统框图如图 6-1 所示。

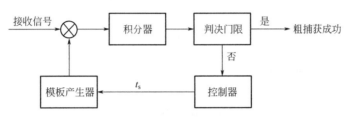

图 6-1　滑动相关检测系统框图

针对 TH-PPM 调制，脉冲在发射时产生的延时与传播过程中经历的延时将会给接收端接收信号带来不定因素。发射时间延迟主要包括伪随机跳时码的相对偏移，以及脉冲在自身发射周期内的时间延迟。设脉冲的发射周期为 T_f，相位间隔为 Δt，记该脉冲在一个发射周期内的不定相位为 N_1，则 $N_1 = T_f / \Delta t$，源自 TH 码的不确定相位个数为 N_2，那么在滑动检测的整个过程中就有 $N_1 \times N_2$ 个不定相位需要捕捉[9, 10]。由于超宽带信号的脉冲极窄，若要对可能的不定相位进行捕捉，这时仍采用图 6-2 中的方法将会耗费大量的时间。

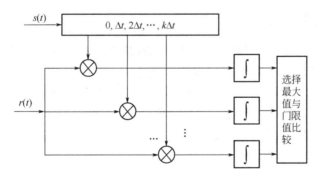

图 6-2　并行滑动相关检测系统框图

因此，为了减少捕获时间，通常采用一种改进的滑动相关检测，如图 6-2 所示。这是一种并行结构，所以，又称并行滑动相关检测。这种方法通过并行的方式对可能出现的相位检测，极大地缩减了捕获时间，非常适合用于跳时超宽带系统中。

6.2.2　基于估计理论的同步方法

基于估计理论的同步方法采用的是数据统计的方式，在所有可能的时延中，采用最大似然准则，把满足统计量最大的时延选择出来作为判断同步的依据，而这些时延多是从本地模板信号和接收信号的卷积中获得的。基于估计理论的同步方法包含有数据辅助的和无数据辅助的两种，有数据辅助的方法是在发送端先发送一系列事先设计好的导频序列，接收端根据接收到的导频信息采用最大似然准则来判断是否同步；而无数据辅助的就不需要采用任何预知的序列，利用的是超宽带信号内在的循环平稳来进行捕捉和跟随[11~14]。

1. 最大似然估计方法

数据辅助的最大似然同步方法利用的是 RAKE 接收机模型，其结构有固定的抽头延迟 L_c，假设在接收信号相同时满足定时偏移小于一个符号间隔的时间[15]，即

$$J(N_\varepsilon; lN_c) = \sum_{k=0}^{M-1} \int_{-\infty}^{\infty} r(t) b_k \psi(t - kN_b T_f - N_\varepsilon T_f - lT_c) \mathrm{d}t, \quad \psi_k(t) = \psi(t) \tag{6-1}$$

当 $k = 0, 1, \cdots, N_{\mathrm{tap}} - 1$ 时，接收信号可表示为

$$r_s(t) = \sum_{l=0}^{L_c-1} \gamma_l x(t - N_\varepsilon T_f - lT_c) \tag{6-2}$$

γ_l 代表码片增益。对 M 个符号进行观察，可估计出帧定时偏移 N_ε 如下：

$$\hat{N}_\varepsilon = \arg\max \sum_{l=0}^{L_\varepsilon-1} J^2(N_\varepsilon; lT_c), \quad N_\varepsilon \in [0, 1, \cdots, N_f - 1] \tag{6-3}$$

式中，$J(N_\varepsilon; lT_c) = \sum_{k=0}^{M-1} \int_{-\infty}^{\infty} r(t) bk\psi(t - kN_b T_f - N\varepsilon T_f - lT_c) \mathrm{d}t$ 为 RAKE 接收机中第一个相关器脉冲频率的抽样输出和。

2. 循环平稳的同步方法

基于循环平稳的同步方法利用的是 TH-UWB 脉冲的重复特性，可以很大程度上降低符号估计的复杂度，非常适合用于 TH-UWB 系统中。

该方法有以下几个假设：符号的宽度与跳时序列的宽度一致，定时偏移保证在一个符号时间间隔内，通过对跳时序列宽度的估计获得帧级的时间偏移，对符号时延的估计获得脉冲级的偏移。将接收信号和模板信号在滑动相关器中相关，然后按照帧传输速率采样可得到

$$z(n) = \int_{nT_f}^{(n+1)T_f} r(t) v(t - nT_f) \mathrm{d}t \tag{6-4}$$

式中，T_f 为脉冲重复周期，$z(n)$ 为循环平稳过程，自相关 $R(n, v) = E\{z(n)z(n+v)\}$，周期为 N_{th}，是关于 n 的函数，$\hat{R}(n, v)$ 是 $R(n, v)$ 的无偏估计。

帧级的定时偏差估计如下：

$$\hat{N}_\varepsilon = \mathrm{round}\{[\arg\max \hat{R}(n, v) + n]_{N_{\mathrm{th}}}\} \tag{6-5}$$

其中的 round{} 为取整函数[16]。

6.3　超宽带接收机原理及结构

传统的载波通信系统接收机采用的结构一般为低中频结构、超外差式结构及零中频结构，先将信号通过混频器进行频谱搬移，然后在基带上解调数据。而 UWB 接收机结构就相对简单，图 6-3 所示为其经典结构[17]，可以看到结构中没有复杂的电路模块。

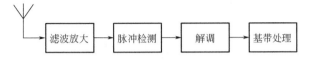

图 6-3　UWB 接收机典型结构

从图 6-3 中可以看出，超宽带信号的解调是针对接收到的脉冲检测，然后进行数据的解调等处理。然而，由于超宽带系统传输的是纳秒级或者亚纳秒级的极窄脉冲，那么如何有效地实现脉冲检测就成了接收的关键问题。按照脉冲检测电路处理的信号形式，超宽带接收机可分为数字接收机、模拟接收机及数模混合接收机。全数字的超宽带接收机对 ADC 的采样频率提出了极高的要求，本书接收机的设计是基于 7.3GHz 工作频段，带宽在 500MHz 以上，根据奈奎斯特采样频率可知 ADC 的采样率要高达十几甚至几十 GHz。如此高的采样率对目前的 CMOS 工艺来讲实现难度大，电路结构复杂；而利用超高速 A/D 转换芯片，除了具有很高的成本外，其功耗也很高，这会限制超宽带在低成本、低功耗的无线通信领域的应用；数字化的超宽带接收机除了采样率高的难题外，采样后的数据存储及处理也是需要考虑与解决的，因为采样后的数据量会很大，例如，采用常用的 8 位的 ADC，500MHz 的超宽带信号理论上至少要 1GHz 的采样率，这要求系统有很强的存储和数据处理能力。为了解决诸如此类问题，工程实现上多采用模拟接收机或者数模混合的接收方案。

同窄带接收系统一样，依据检测方式的不同，UWB 接收机也可分为非相干接收方式、相干接收方式及自相干方式[17~21]。下面分别介绍 3 种接收方式，分析其原理。

6.3.1　相干接收原理和结构

超宽带相干接收机的基本结构框图如图 6-4 所示，主要由放大器件、滤波器件、积分模块、本地振荡模块等电路组成。

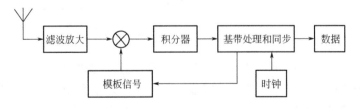

图 6-4　相干接收基本结构框图

其工作原理如下：接收机将天线接收到的微弱信号先进行滤波放大，然后与本地模板信号进行相关运算，运算后的结果通过积分器采样判决，最后由基带电路进行信号的同步、解调等后续处理。针对超宽带信号的接收，由于受到多径传播的影响，信号能量会分散在多条路径之中，为了提高接收信号的能量，现在多采用分集接收技术，而 RAKE 接收就是利用这样的思想，是 UWB 系统常用的相干接收方式，图 6-5 所示为其接收机结构框图。

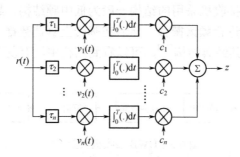

图 6-5 RAKE 接收机结构框图

RAKE 接收机利用的是一组相关器的组合，各个相关器都采用相同的模板，每个模板具有不同的延时，这些时延是通过对信道中的多径时延的估计而选取的，分别对应着不同的多径分量。首先，接收信号通过相关器将多径分量提取出来，然后根据相关器的输出信号强度进行加权，最后将多径分量合并处理为一个输出信号。这样能有效地降低单一路径受到严重衰落时对接收端信噪比的影响，从而提高整个系统的性能。

6.3.2 自相干接收原理和结构

众所周知，超宽带通信系统的传输信道一般为室内多径信道，多径数目很多，想要充分收集多径能量就需要多支路的 RAKE 接收机，这样使得接收机复杂度增加；此外，RAKE 接收机对定时和同步要求苛刻。因此，另一种可行的方法是自相干接收方案，它是利用自身的接收信号通过一定的时延作为模板信号，不需要再设计专门的本地模板产生电路，主要结构有滤波放大电路、混频器、时延电路、积分电路、判决电路及基带处理电路，其结构框图如图 6-6 所示。

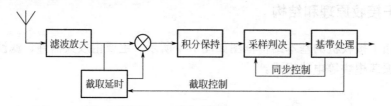

图 6-6 自相干接收机基本框图

同相干接收机比较，自相干接收机是利用自身信号的性质实现接收的方式，无须本地振荡电路产生模板信号，对定时的要求降低。在超宽带通信系统中，研究最多的自相干接收方式是传输参考接（TR）收机[22]，图 6-7 所示为其结构框图。

TR 接收机是通过发送由经过已知的参考信号与经过调制的已调信号组成的信号集，经过信道传输后利用参考信号作为模板来解调数据信息的一类接收机结构[23~25]。用发送参考脉冲的方式辅助数据解调可以省去信道信息估计，降低系统复杂度，对同步的要求也相对较低。然而，由于参考脉冲中不包含我们所需要的数据信息，那么利用这样的方式就需要额外发射功率和数据传输速率，增加了系统功耗，降低了传输速率。

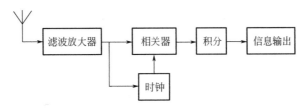

图 6-7　TR 接收机结构框图

6.3.3　非相干接收原理和结构

相对于相干接收，非相干接收虽然接收性能会下降，但结构简单，容易实现，是工程上经常采用的结构，这种结构避免了信道估计这一难题，只需简单的定时同步。

超宽带系统主要应用在密集多变的室内环境下，这样的背景要求接收结构简单、易实现、体积小。与前面提到的相干接收比较，基于能量检测的非相干结构能够满足这些要求，与超宽带技术低复杂度低成本的优势相吻合。非相干能量检测接收机的组成结构为：滤波放大单元、平方律器件、积分器及基带处理部分[25~27]，如图 6-8 所示。

图 6-8　基于能量检测的非相干接收机框图

天线接收下来的信号通过滤波放大后进入平方律器件，检波后的信号在基带处理模块的同步控制下积分得到其能量，采集到的能量在基带处理单元中判决，然后进行数据的解调。同 RAKE 接收机和 TR 接收机比较，基于能量检测的接收方式具有以下两个特点：

（1）硬件结构简单，所用资源较少。RAKE 接收机需要使用多个相关器，这样接收机的硬件结构就复杂，需要占用大量的资源。除此之外，由于脉冲信号的积分容易受定时误差与时钟抖动的影响，因此，系统需要精度相对高的同步电路，这也增加了系统实现的成本与设计的难度；对于 TR 接收机，实现的难度在于要弥补延时电路硬件实现带来的信号损耗，这样必然就提高了系统的复杂度；而能量检测接收机结构中没有相关器，对能量的采集只需要根据信号传播周期设定合适的积分时间即可，对定时误差和定时的要求不高，结构相对简单。

（2）与信道的关联性小，不易受信道变化的影响。RAKE 相干接收机需要对信道多径分量的幅度、延时等参数进行估计，而 TR 自相干接收系统假设接收的信息脉冲与已知参考脉冲经历的是特性一样的信道，它们与信道的时变特性都关系紧密。相反，能量检测接收机仅仅对当前信道的样本处理，对信道的时不变性要求小，相对稳定。

6.4 方案设计

1．超宽带室内定位方案

根据超宽带室内定位原理的介绍可知，用于超宽带室内定位的方案有多种，采用不同的定位方案，所设计出的接收系统会有一定的差距，所要处理与得到的信息也不尽相同。因此，在分析本次设计的超宽带室内定位接收系统前，首先简要介绍本次所采用的超宽带室内定位方案，即基于到达时间差的（TDOA）定位方案。

基于 TDOA 的方案也称为双曲定位，其几何原理如图 6-9 所示。式（6-6）为 TDOA 二维平面坐标计算公式，i，j 指的是不同的接收点，分别以两个不同的接收点为焦点做双曲线，它们的交点就是我们所要定位的目标

$$R_{ij} = \sqrt{(x_i - x)^2 + (y_i - y)^2} - \sqrt{(x_j - x)^2 + (y_j - y)^2} \ (i, j = 1, 2, \cdots, N) \tag{6-6}$$

图 6-9 所示为本次所设计的基于 TDOA 的定位方案，BS1、BS2、BS3 为位置已知的接收基站，Tag 为我们所要定位的标签。假设在 T_0 时刻标签同时向 3 个基站发送信息，而 3 个基站接收到该信息的时刻分别为 T_1，T_2，T_3。当 3 个基站接收到信息后，向服务器发送确认通知，服务器收到该通知的时刻分别为 W_1，W_2，W_3。而 τ_1，τ_2，τ_3 为基站到服务器在线上传输的时延，由于基站到服务器的传输采用的是光缆的有线通信，这一时间都可以提前估算出来，由这些时间便可以得到到达时间差 TDOA。

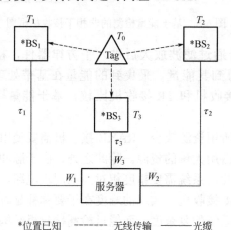

*位置已知 ------ 无线传输 —— 光缆

图 6-9 基于 TDOA 的定位方案

本方案中 TDOA 的计算采用的是间接的方法，即先获得 TOA，然后由不同基站的 TOA 作差得到 TDOA。计算过程如下：

（1）由服务器收到信息通知的时刻 W_1，W_2，W_3 和各个基站到服务器的线上时延 τ_1，τ_2，τ_3 推出各个基站接收到信号的时刻 T_1，T_2，T_3：

$$T_1 = W_1 - \tau_1, \quad T_2 = W_2 - \tau_2, \quad T_3 = W_3 - \tau_3 \qquad (6\text{-}7)$$

（2）由各个基站接收到信号的时刻计算出不同的 TOA：

$$T_{01} = T_1 - T_0, \quad T_{02} = T_2 - T_0, \quad T_{03} = T_3 - T_0 \qquad (6\text{-}8)$$

（3）根据不同基站的 TOA 求出两个基站间的 TDOA：

$$T_{12} = T_1 - T_2, \quad T_{23} = T_2 - T_3, \quad T_{13} = T_1 - T_3 \qquad (6\text{-}9)$$

最后将获得的 TDOA 值代入相应的算法，再参考已知基站的位置就可以得到待定位标签的位置。

由上述获得 TDOA 值的过程可以看出，最后 TDOA 值与便签发射的时刻无关，因此，不需要各个基站都与标签有共同的时钟，而当各个基站之间都同步时，通过两个基站的 TOA 相减获得 TDOA 时可以抵消掉信号在基站里的传输时延，提高精度，而且当时钟的同步越加精确时，这种误差抵消的精确度也越高。而由基站到服务器的传输由于采用的是有线的光缆传输，线上的误差都可以精确地估算出来，这样在处理中就可以消除。所以，最后能够对定位影响最大的就是基站内接收信号的同步及基站之间的同步。由于本书主要研究的是单个基站的接收问题，因此，除了研究接收机的系统设计外，还将接收机的信号同步与信号到达检测作为研究的重点，这些都将在后续章节中详细分析，下面仅对本书设计的接收系统整体方案进行介绍。

2. 超宽带接收方案

由 6.3 节的介绍可知，超宽带通信定位系统中多径信号的检测和接收技术主要有相干和非相干两大类，相干检测技术虽可提供一定的性能优势，但需要精确的信道估计和极高的采样速率来获取本地信号模板，这对硬件实现提出了很高的要求，实现难度较大；非相干接收机结构简单，成本低，易集成，是工程实现中常用的接收技术。对于超宽带的数字化接收，由于其高采样率，对于现在的 A/D 水平来讲是一个很大的挑战，实现较为困难且成本高。

基于此，文中提出了一种非相干检测的数字和模拟混合的接收方案。本方案采用非相干的检测方式，不需要混频器、相关器等器件，电路结构简单；针对超宽带信号采样率高的难题，设计了可控积分检测电路用于实现信号的检测与数字化，该电路采用三极管开关管与射集追随电路级联的方式实现信号积分的可控，利用运算放大电路组成判决电路对信号进行判决实现电平的转化；转化后的信号采用 FPGA 数字芯片进行基带处理，较之采用模拟的方法实现难度大大降低。图 6-10 所示为本书设计的针对超宽带室内定位的非相干数模混合接收机框图。

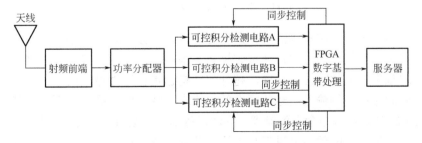

图 6-10　超宽带室内定位非相干数模混合接收机框图

天线接收下来的信号经过射频前端处理后，由功率分配器均匀地分入 A、B、C 三路可控积分器积分，积分结果通过高速判决电路送入 FPGA 进行基带数字信号处理，分别获取数据信息及定位信息。在捕获时间内，FPGA 根据 A 支路的积分结果对积分检测电路的积分区域进行调整，通过对判决器输出脉冲个数的统计计数获取同步定时信息；同步时钟捕获后，A 支路开始解调数据，同时触发 B、C 支路工作，该两路积分器通过积分窗门控信号的控制，对接收到的 UWB 信号（脉冲簇）进行细同步，输出定位信息，从而完成整个系统的通信与定位的功能。该方案通过一路可控积分器的积分结果获取系统同步时钟，并把捕获算法放到基带电路，减短了电路捕获所花费的时间，降低了捕获方案的实现难度，同时，在同步完成后，用两路积分器进行细测量，实现超宽带室内的精确定位。FPGA 数字端产生各路积分器的积分窗门控信号，在 6.4 节将分别介绍接收机射频端的设计与数字端的设计。

6.4.1 超宽带室内定位接收机射频端设计

接收机作为无线通信的关键组成部分，主要工作在系统链路的信宿端。接收机射频端作为接收机处理模拟信号的电路，其作用主要是接收信号并对信号进行滤波、放大、变频和增益控制，将微弱的射频信号变换成适合数字端处理的基带或中频信号，从而作后续的同步、数据解调等处理。

在进行接收机射频前端结构设计时，应当先对接收机前端所要求的参数指标、实现复杂度、功耗及成本进行综合分析、评估，然后根据分析的结果将各项指标分配到不同的电路模块中，最后利用 ADS 仿真软件搭建结构仿真模型以验证方案的可行性。

1. 超宽带接收机前端的分析与设计

1）接收机射频前端结构原理

（1）超外差式射频接收前端。作为最常用、最经典的射频接收前端，超外差式结构有着成熟的理论支撑与应用广泛的实践背景，其结构框图如 6-11 所示。

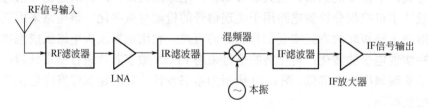

图 6-11　超外差式接收前端结构框图

超外差式结构采用二次变频的方式，将处在高频的射频信号"搬移"到固定的中频上。采用频谱搬移到中频处理的方式可使接收机具有很好的选择性及灵敏度，这是由于中频电路具有固定的频率与选频特性。同样，超外差结构也是稳定性最好的一种结构，因为通过调节本振信号的频率使得输入信号的频率始终稳定在特定的中频下，而不随其频率的变化而变化。由于超外差结构中含有混频器、乘法器等非线性器件，因此会产生许多组合频率，这些频率对于我们所需的频率来讲都是干扰；此外，该结构还有着严重的镜像干扰，想要去除这种干扰就需要用到镜像滤波器，但采用外部无源器件很难实现镜像滤波，还要考虑与后级器件的匹配问题。因此，该结构集成困难，电路复杂，体积和功耗大。

（2）零中频式射频接收前端。零中频接收结构又叫直接下变频式，采用与载波频率相同的本振频率将高频信号通过频谱变换搬移到零频附近的接收结构，没有镜像干扰，较之超外差式结构简化，易集成，结构框图如图 6-12 所示。

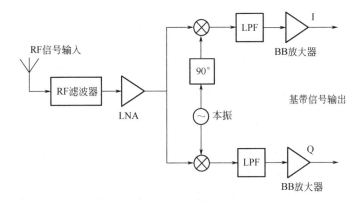

图 6-12　零中频式射频接收前端结构框图

零中频结构采用直接下变频的方式将接收到的高频信号变换成两路正交的基带信号，采用此结构只需要一个本振用于下变频即可，无须镜像滤波器或中频滤波器，易集成，结构简单，且低功耗，低成本[28,29]。然而，由于本振有着与信号相同的频率，所以，会产生本振泄漏、直流漂移及闪烁噪声等问题。此外，正交下变频的方式需要 I/Q 两路本振信号具有严格正交的相位与相等的幅度，否则，就会出现 I/Q 失配问题，对基带信号的星座分布图造成破坏，增加误比特率。

（3）数字中频接收前端。图 6-13 所示为数字中频接收前端的结构框图，天线接收下来的射频信号经过滤波放大后进行下变频，下变频后的信号为满足频谱要求的中频信号，将此中频信号经过功率放大后便可进行 A/D 采样，采样后的信号由后续相应的数字处理器件再进行一次变频，从而得到基带信号，最后在数字端对得到的数字基带信号进行处理。

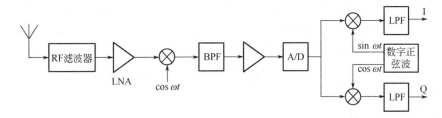

图 6-13　数字中频接收前端结构框图

利用数字解调器解调数据可以很好地保持两路正交信号的一致性，但数字中频结构对 A/D 采样器的频率、带宽、噪声、线性度等关键性能指标的要求都非常高。

（4）直接数字化接收前端。直接数字化接收前端结构框图如图 6-14 所示，可以看出直接数字化接收结构同数字中频接收结构相似，直接数字化是针对射频频率信号来直接进行数字化处理，前者可以被认为是后者的一种特例[27,29]。

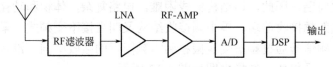

图 6-14 直接数字化接收前端结构框图

直接数字化接收前端结构的原理是天线接收到的射频信号经过射频滤波后，由 LNA 及射频放大器对其放大，进行功率控制，放大后的信号直接进入模/数转换器进行采样，将信号数字化，最后数字化后的信号由数字处理器件处理。该结构的优点是系统结构简单、信号失真程度较小，然而却对模/数转换器的器性能要求严格。

2. 接收机射频前端结构设计

本次设计的接收机射频前端没有采用常用的超外差式结构，也没用到零中频结构，采用的是一种结构更加简便的数字直接式结构，该结构基于本节所设计的非相干数模混合检测方案，通过射频端将信号进行适当处理后送入 FPGA 数字端，在数字端进行信号的同步，定时信息提取、解调等操作，其结构如图 6-15 所示。

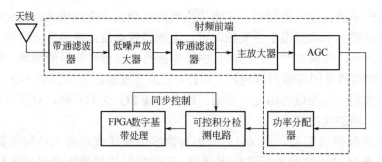

图 6-15 UWB 定位接收机射频前端系统框图

图 6-15 中，带通滤波器、低噪声放大器、放大器及自动增益控制放大器（AGC）构成了电路的射频前端结构，是一种直接式数字化射频前端拓扑结构，主要功能是处理天线接收下来的信号，使得接收到的信号适合后级电路处理。其中的 AGC 为自动增益控制放大器，其目的是根据信号强度的变化来调节电路增益的大小从而保持信号幅度平稳[30]。经由前端处理后的 UWB 信号经过功率分配器后送入可控积分检测电路，该电路在数字端产生的门控信号的控制下对输入的信号进行脉冲检测、降基及数字化，数字化后的信号送入 FPGA 数字端进行同步、数据解调等处理。

1）接收机射频前端指标

针对不同的通信任务，接收机射频前端的性能也不尽相同。为此，射频工程师们制定了一系列技术参数，主要的技术指标有工作频段、频段选择性、系统增益、噪声系数、灵敏度及动态范围等[31~33]。通过这些参数，设计人员可以客观准确地分析不同结构的接收机射频前端，分析其性能差异，设计出最符合指标的射频前端结构。

本书设计的接收机射频前端针对的为超宽带室内定位系统，其设计指标如表 6-1 所示。

表 6-1　UWB 接收机射频前端指标

编号	参数	数值
1	中心频率	7.3GHZ
2	带宽	1.2GHZ
3	定位距离	2~10m
4	噪声系数	4dB
5	输入/输出阻抗	50Ω
6	接收机灵敏度	−110dBm
7	输出幅度	−10~1dBm
8	电源电压	3.3V
9	动态范围	−80~−60dBm

2）接收机射频前端仿真

接收机射频端的结构和指标确定之后，就要根据结构分析将指标分配到不同的模块上，然后选取合适的器件，利用 ADS 软件搭建电路仿真。根据设定的指标选择合适的器件，按照图 6-15 所示的射频前端结构搭建电路进行仿真。本书利用 ADS 搭建的射频前端电路结构仿真图，主要进行了电路频带选择性仿真及系统链路预算。以图 6-15 所示的射频前端结构为例，仿真模型如图 6-16 所示。

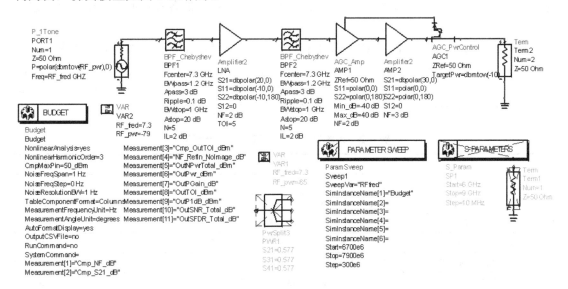

图 6-16　接收机射频前端仿真模型

图 6-16 中，BUDGET 为链路预算控件，可以对系统进行预算仿真，分析不同器件的性能；S-PARAMERERS 为 S 参数控件，功能是分析电路的 S 参数；PARAMERERS SWEEP 为参数扫描控件，可以针对输入信号的功率、频率等某一参数在特定的范围内进行扫面，测试各个器件及系统能否在一定参数变化范围内保持稳定可靠的性能。

（1）频带选择性仿真。频带选择性仿真，是为了分析接收机射频前端的射频部分选择有用信号、抑制带外干扰的能力[34]。利用 S 参数仿真器，得到的仿真结果如图 6-17 所示。

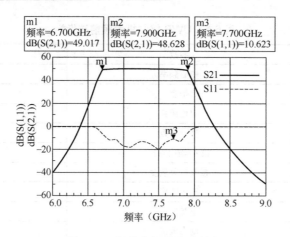

图 6-17　频带选择性仿真结果

由仿真结果可以看出，所设计的电路在 6.7GHz 到 7.9GHz 有一个稳定的放大，其带宽可以到达 1.2GHz。输入回波损耗要求（S11）<-10dB，由图形可以看出在中心频率附近，1.2GHz 带宽的范围内其参数都低于-10dB。

仿真结果和以上分析表明，理论上本书所设计的接收机射频前端的性能优于系统的指标要求，这是因为仿真是在理想情况下进行的计算，没有考虑实际存在的反射、干扰等因素，为了保证实际系统实现系统各项指标的要求，仿真得到的各参数值都需要留有一定的裕量。

（2）系统链路预算分析。ADS 软件中的链路预算工具 Budget 仿真器提供了大量的链路预算函数，方便用户分析和测试；支持对参数的调谐、优化、扫描和统计分析；支持 AGC 环路预算，利用 Budget 仿真器即可方便、精确地得到参数的预算结果。文中选取了几个与电路关系密切的参数进行系统预算，选取的参数及其意义如表 6-2 所示。

表 6-2　系统链路仿真选取的参数及意义

参数	意义	单位
Cmp_NF_dB	元器件的噪声系数	dB
Cmp_S21_dB	元器件的 S21	dB
Cmp_OutTOI_dBm	元器件的输出三阶交截点	dBm
NF_RefIn_NoImage_dB	从系统输入到元器件输出的噪声系数	dB
OutNPwrTotal_dBm	从系统输入到元器件输出的噪声总功率	dBm
OutPwr_dBm	从系统输入到元器件输出的功率	dBm
OutPGain_dBm	从系统输入到元器件输出的增益大小	dB
OutSNR_Total_dB	从系统输入到元器件输出的信噪比	dB
OuTOI_dBm	从系统输入到元器件输出的三阶交截点	dBm
OutP1dB_dBm	从系统输入到元器件输出的 1dB 压缩点	dBm
OutSFDR_Total_dB	从系统输入到元器件输出的无杂散动态范围	dB

图 6-18 所示为功率扫描下系统链路预算的结果，扫描范围为-80～-60dBm。从图中可以看出不同器件的各个参数的具体参数值，以及对输出信号产生的影响。如 BFP1 这一列

表示的是第一级带通滤波器的参数值，噪声系数为 2dB，与我们选取的带通滤波器的插入损耗吻合；LNA 为低噪声放大器的性能参数，噪声系数为 2dB，增益为 20dB，所以，从图中也可以看出无论是在多大的功率输入下，通过这两个器件的输入信号功率相差 20dB。然后，观察图中最后一栏的结果可发现，在输入信号功率大小不同的情况下，通过射频前端的处理后所得到的输出信号的功率总为-10dBm，这是加入 AGC 电路的原因，图中 AMP1 是 AGC 的性能参数，该器件的增益随着输入信号的强弱不同而改变，信号微弱，增益就大；反之，增益就小。最终，系统的噪声系数为 4.044dB，与由系统噪声级联公式计算出的结果 4.019 大致相同［见式（6-10）］。综上分析，该电路结构性能可以满足要求。

Meas_Index	Meas_Name	BPF1	LNA	BPF2	AMP1	AMP2
Power_RF=-80.000						
0	Cmp_NF_dB	2.007	2.175	2.007	2.000	3.000
1	Cmp_S21_dB	-2.005	20.000	-2.005	24.012	30.000
2	Cmp_OutTOI_dBm	1000.000	5.000	1000.000	30.600	1000.000
3	NF_Refin_Nolma…	2.000	4.002	4.019	4.044	4.044
4	OutNPwrTotal_dBm	-174.346	-151.937	-153.920	-129.883	-99.883
5	OutPwr_dBm	-82.448	-62.012	-64.012	-40.000	-10.000
6	OutPGain_dB	-2.448	17.988	15.988	40.000	70.000
7	OutTOI_dBm	1000.000	5.000	2.521	25.096	55.096
8	OutP1dB_dBm	1000.000	-5.699	-7.699	15.063	45.063
9	OutSNR_Total_dB	91.899	89.925	89.908	89.883	89.883
10	OutSFDR_Total_dB	1000.000	104.624	104.294	103.319	103.319
Power_RF=-75.000						
0	Cmp_NF_dB	2.007	2.175	2.007	2.000	3.000
1	Cmp_S21_dB	-2.005	20.000	-2.005	19.012	30.000
2	Cmp_OutTOI_dBm	1000.000	5.000	1000.000	30.600	1000.000
3	NF_Refin_Nolma…	2.000	4.002	4.019	4.044	4.045
4	OutNPwrTotal_dBm	-174.346	-151.937	-153.920	-134.883	-104.882
5	OutPwr_dBm	-77.448	-57.012	-59.012	-40.000	-10.000
6	OutPGain_dB	-2.448	17.988	15.988	35.000	65.000
7	OutTOI_dBm	1000.000	5.000	2.521	21.025	51.025
8	OutP1dB_dBm	1000.000	-5.699	-7.699	10.938	40.938
9	OutSNR_Total_dB	96.899	94.925	94.908	94.883	94.882
10	OutSFDR_Total_dB	1000.000	104.624	104.294	103.939	103.938
Power_RF=-70.000						
0	Cmp_NF_dB	2.007	2.175	2.007	2.000	3.000
1	Cmp_S21_dB	-2.005	20.000	-2.005	14.012	30.000
2	Cmp_OutTOI_dBm	1000.000	5.000	1000.000	30.600	1000.000
3	NF_Refin_Nolma…	2.000	4.002	4.019	4.044	4.046
4	OutNPwrTotal_dBm	-174.346	-151.937	-153.920	-139.883	-109.881
5	OutPwr_dBm	-72.448	-52.012	-54.012	-40.000	-10.000
6	OutPGain_dB	-2.448	17.988	15.988	30.000	60.000
7	OutTOI_dBm	1000.000	5.000	2.521	16.366	46.366
8	OutP1dB_dBm	1000.000	-5.699	-7.699	6.188	36.188
9	OutSNR_Total_dB	101.899	99.925	99.908	99.883	99.881
10	OutSFDR_Total_dB	1000.000	104.624	104.294	104.166	104.165
Power_RF=-65.000						
0	Cmp_NF_dB	2.007	2.175	2.007	2.000	3.000
1	Cmp_S21_dB	-2.005	20.000	-2.005	9.012	30.000
2	Cmp_OutTOI_dBm	1000.000	5.000	1000.000	30.600	1000.000
3	NF_Refin_Nolma…	2.000	4.002	4.019	4.044	4.050
4	OutNPwrTotal_dBm	-174.346	-151.937	-153.920	-144.883	-114.878
5	OutPwr_dBm	-67.448	-47.012	-49.012	-40.000	-10.000
6	OutPGain_dB	-2.448	17.988	15.988	25.000	55.000
7	OutTOI_dBm	1000.000	5.000	2.521	11.479	41.479
8	OutP1dB_dBm	1000.000	-5.699	-7.699	1.281	31.281
9	OutSNR_Total_dB	106.899	104.925	104.908	104.883	104.878
10	OutSFDR_Total_dB	1000.000	104.624	104.294	104.241	104.238

图 6-18　功率扫描下系统链路预算结果

$$\text{NF} = F_1 + \frac{F_2-1}{G_1} + \frac{F_3-1}{G_1G_2} + \frac{F_4-1}{G_1G_2G_3} + \frac{F_5-1}{G_1G_2G_3G_4}$$

$$= 10^{0.2} + \frac{10^{0.2}-1}{10^{0.2}} + \frac{10^{0.2}}{10^{-0.2}\times10^2} + \frac{10^{0.2}-1}{10^{-0.2}\times10^2\times10^{-0.2}} + \frac{10^{0.3}-1}{10^{-0.2}\times10^2\times10^{-0.2}\times10^3} \quad （6\text{-}10）$$

$$= 1.585 + \frac{1.585-1}{0.631} + \frac{1.585-1}{63.1} + \frac{1.585-1}{39.8} + \frac{1.995-1}{39800}$$

$$= 2.523 = 4.019(\text{dB})$$

图 6-19 所示为频率扫描下的电路预算分析结果，扫描的范围为 6.7～7.9GHz，与设计

指标中所要求的接收机工作频段范围一致。从图中的仿真数据可以看出，在 6.7～7.9GHz 的频率扫描范围内，电路结构中各个部件的各项参数性能基本上都稳定在一定的数值，无论是增益还是噪声系数都保持一定的范围，而不会随着频率的变化有大的起伏。从图 6-19 中的最后一列分析电路系统整体的性能，可发现除了在 6.7GHz 和 7.9GHz 的边缘部分外，系统的各项指标都处于稳定状态，没有大的浮动，这与前面所进行的频带选择性仿真结果不谋而合，在所要求的频段内有稳定的放大能力和良好的平坦性。而在边缘部分，观察图中最后一列在 6.7GHz 和 7.9GHz 的数据，与其他频段相比较主要是电路的噪声系数受到严重的影响，从而影响到了系统的信噪比、三阶交调点及 1dB 压缩点。这主要是由于器件的边缘特性影响的，从数据结果中也可以看出：滤波器件在频带边缘的插入损耗（2.538dB）明显大于带内的损耗（2dB）。所以，在设计之初留有的一定裕量正是为了解决不可避免的器件边缘特性造成的影响。

Meas_Index	Meas_Name	BPF1	LNA	BPF2	AMP1	AMP2
RFfred=6.700E9						
0	Cmp_NF_dB	2.538	2.175	2.538	2.000	3.000
1	Cmp_S21_dB	-5.000	20.000	-5.000	14.684	30.000
2	Cmp_OutTOI...	1000.000	5.000	1000.000	30.600	1000.000
3	NF_Refln_NoT...	2.000	5.359	5.31	5.449	5.453
4	OutNPwrTotal ...	-179.015	-156.265	-158.243	-143.491	-113.487
5	OutPwr_dBm	-72.116	-52.684	-54.684	-40.000	-10.000
6	OutPGain_dB	-7.116	12.316	10.316	25.000	55.000
7	OutTOI_dBm	1000.000	5.000	1.517	16.046	46.046
8	OutP1dB_dBm	1000.000	-6.684	-8.684	5.875	35.875
9	OutSNR_Total ...	106.899	103.581	103.558	103.491	103.487
10	OutSFDR_Tota...	1000.000	107.510	106.506	106.358	106.356
RFfred=7.000E9						
0	Cmp_NF_dB	2.000	2.175	2.175	2.000	3.000
1	Cmp_S21_dB	-2.011	20.000	-2.011	9.021	30.000
2	Cmp_OutTOI...	1000.000	5.000	1000.000	30.600	1000.000
3	NF_Refln_NoT...	2.000	4.004	4.021	4.047	4.052
4	OutNPwrTotal	-174.233	-151.944	-153.927	-144.881	-114.875
5	OutPwr_dBm	-67.334	-47.021	-49.021	-40.000	-10.000
6	OutPGain_dB	-2.334	17.979	15.979	25.000	55.000
7	OutTOI_dBm	1000.000	5.000	2.398	11.367	41.367
8	OutP1dB_dBm	1000.000	-5.802	-7.802	1.188	31.188
9	OutSNR_Total ...	106.899	104.922	104.906	104.881	104.875
10	OutSFDR_Tota...	1000.000	104.629	104.216	104.165	104.161
RFfred=7.300E9						
0	Cmp_NF_dB	2.007	2.175	2.007	2.000	3.000
1	Cmp_S21_dB	-2.005	20.000	-2.005	9.012	30.000
2	Cmp_OutTOI...	1000.000	5.000	1000.000	30.600	1000.000
3	NF_Refln_NoT...	2.000	4.002	4.019	4.044	4.050
4	OutNPwrTotal	-174.346	-151.937	-153.920	-144.883	-114.878
5	OutPwr_dBm	-67.448	-47.012	-49.012	-40.000	-10.000
6	OutPGain_dB	-2.448	17.988	15.988	25.000	55.000
7	OutTOI_dBm	1000.000	5.000	2.521	11.479	41.479
8	OutP1dB_dBm	1000.000	-5.699	-7.699	1.281	31.281
9	OutSNR_Total ...	106.899	104.925	104.908	104.883	104.878
10	OutSFDR_Tota...	1000.000	104.624	104.294	104.241	104.238
RFfred=7.600E9						
0	Cmp_NF_dB	2.000	2.175	2.000	2.000	3.000
1	Cmp_S21_dB	-2.001	20.000	-2.001	9.001	30.000
2	Cmp_OutTOI...	1000.000	5.000	1000.000	30.600	1000.000
3	NF_Refln_NoT...	2.000	4.000	4.017	4.042	4.048
4	OutNPwrTotal	-174.385	-151.924	-153.911	-144.885	-114.879
5	OutPwr_dBm	-67.486	-47.001	-49.001	-40.000	-10.000
6	OutPGain_dB	-2.486	17.999	15.999	25.000	55.000
7	OutTOI_dBm	1000.000	5.000	2.570	11.517	41.517
8	OutP1dB_dBm	1000.000	-5.626	-7.626	1.313	31.313
9	OutSNR_Total ...	106.899	104.926	104.910	104.885	104.879
10	OutSFDR_Tota...	1000.000	104.618	104.321	104.268	104.264
RFfred=7.900E9						
0	Cmp_NF_dB	2.538	2.175	2.538	2.000	3.000
1	Cmp_S21_dB	-5.000	20.000	-5.000	14.684	30.000
2	Cmp_OutTOI...	1000.000	5.000	1000.000	30.600	1000.000
3	NF_Refln_NoT...	2.000	5.359	5.31	5.449	5.453
4	OutNPwrTotal	-179.015	-156.265	-158.243	-143.491	-113.487
5	OutPwr_dBm	-72.116	-52.684	-54.684	-40.000	-10.000
6	OutPGain_dB	-7.116	12.316	10.316	25.000	55.000
7	OutTOI_dBm	1000.000	5.000	1.517	16.046	46.046
8	OutP1dB_dBm	1000.000	-6.684	-8.684	5.875	35.875
9	OutSNR_Total ...	106.899	103.581	103.558	103.491	103.487

图 6-19　频率扫描下的电路预算分析结果

（3）AGC 电路测试。在无线通信中，针对不同的情况，接收机与发射机间的距离不固定，且无线信号多为时变的，再加上各种噪声的干扰，这些因素都会导致信号在传输过程中有不同程度的衰减，使得接收到的信号时强时弱，幅值变化很大。为了解决这一难题，无线通信系统中通常引入自动增益控制系统[35,36]。

图 6-14 中的 AGC 即为本次设计引入的自动增益控制系统，其作用主要是根据输入信号的强弱自动调节系统的增益大小，当输入信号较强时降低系统增益，反之增加增益，这样便可保证输出信号维持在特定的功率要求范围内。针对我们所研究的超宽带室内定位系统，由于采用的是无载波的极窄脉冲，功率低，宽带宽，极易受到多径干扰，且纳秒级的窄脉冲很容易产生定位误差，所以，在定位接收机中加入的 AGC 可以有效地控制信号幅度平稳。下面将对所引入的 AGC 电路测试，验证其增益控制的能力能否满足指标要求。图 6-20 所示为利用 ADS 搭建的 AGC 电路测试仿真图，利用的是包络（Envelope）仿真控制器。

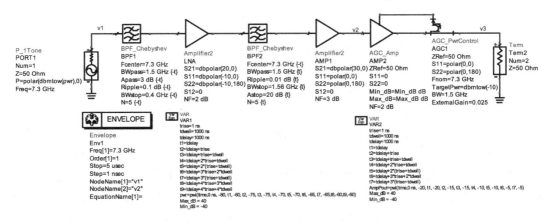

图 6-20　AGC 电路测试仿真图

在测试图中设定了 3 个测试点：v1、v2、v3，其中，v1 测试为输入点出的信号功率，v2 为经过低噪声与放大器输入 AGC 时的信号功率，v3 为经过 AGC 处理后的输出信号。通过 3 处测试点信号幅度的变化，可以直观地看出 AGC 电路的性能。在仿真过程中，通过两种变量的设置，从不同的角度验证 AGC 电路的性能，第一种是在目标功率确定的情况下，设定不同时段内输入信号的功率不同，如图 6-21 所示，设定的功率变化范围为-80～-60dBm。第二种是在输入信号不变的条件下，调节目标功率的大小观察 AGC 电路对增益的控制，调节的范围为-20～-5dBm，如图 6-22 所示。

```
Var  VAR
Eqn
     VAR1
     trise=1 ns
     tdwell=1000 ns
     tdelay=1000 ns
     t1=tdelay
     t2=tdelay+trise
     t3=tdelay+trise+tdwell
     t4=tdelay+2*trise+tdwell
     t5=tdelay+2*(trise+tdwell)
     t6=tdelay+3*trise+2*tdwell
     t7=tdelay+3*(trise+tdwell)
     t8=tdelay+4*trise+3*tdwell
     t9=tdelay+4*trise+4*tdwell
     pwr=pwl(time,0 ns, -80, t1, -80, t2, -75, t3, -75, t4, -70, t5, -70, t6, -65, t7, -65,t8,-60,t9,-60)
     Max_dB = 40
     Min_dB = -40
```

图 6-21　输入信号功率变量设置

```
Var   VAR
Eqn   VAR2
      trise=1 ns
      tdwell=1000 ns
      tdelay=1000 ns
      t1=tdelay
      t2=tdelay+trise
      t3=tdelay+trise+tdwell
      t4=tdelay+2*trise+tdwell
      t5=tdelay+2*(trise+tdwell)
      t6=tdelay+3*trise+2*tdwell
      t7=tdelay+3*(trise+tdwell)
      AmpPout=pwl(time,0 ns, -20, t1, -20, t2, -15, t3, -15, t4, -10, t5, -10, t6, -5, t7, -5)
      Max_dB = 40
      Min_dB = -40
```

图 6-22   目标功率变量设置

在两种变量的控制下，得到的测试结果分别如图 6-23 和图 6-24 所示。从图 6-23 中 3 个测试点的结果可以看出，在仿真过程的整个时段内输入信号的功率按照变量 1 中的设定变化，但由于已经将目标功率固定在-10dBm，所以，最后输出信号的功率幅度恒定在这附近，图中 v3 的图形结果也正好验证了这一点，比较 v2 与 v3 的图形曲线可以明显地看出 AGC 增益的变化；而反观图 6-24，v1 测试点的结果为一直线，与我们将输入的功率固定相吻合，v3 的曲线变化完全符合变量 2 中对目标功率的设定，这也是由于 AGC 自动调节增益的缘故，然后比较 v2 和 v3 的曲线，其中有一部分 v3 的曲线低于 v2，这部分说明输入 AGC 的信号过强，高于我们所要求的目标功率输出，这时 AGC 就会调节表现出负的增益，使得信号衰减，最后以我们所需求的目标功率幅度输出。从以上分析与仿真结果可以确定所引入的 AGC 电路很好地实现了增益控制的功能，能够应用于设计的 UWB 室内定位接收方案中。

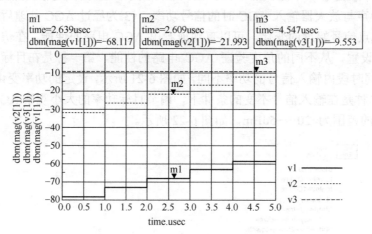

图 6-23   不同输入功率下的 AGC 测试结果

6.4.2   可控积分检测电路设计

以上电路的实现全是针对射频信号的一些基本处理，选取合适的频段，去除噪声，达

166

到一定的输出功率等，而处理过的信号仍然是模拟信号，无法送往数字端处理，要想送往数字端处理必须进行数字化处理，这就涉及采样。由采样定律我们知道想要采样系统指标所要求的超宽带信号，至少需要上 GHz 的采样频率，这对 AD 芯片的要求就更大，而这样的芯片市场上也不多，即使存在，其价格也很昂贵，不利于设计成本的控制，也不利于产品的大规模推广。因此，针对本次设计所采用的非相干检测数模混合接收方案，对 UWB 信号的数字化处理采用现在模拟端进行检测和判决，通过高速判决电路的比较，将信号数字化送入 FPGA 数字端处理。

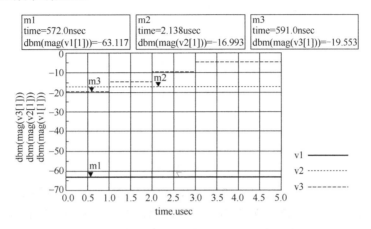

图 6-24　不同目标功率下的 AGC 测试结果

如图 6-15 所示，接收到的 UWB 信号由可控积分检测电路实现信号的检测，然后高速判决电路对积分后的信号判决，此时的高速判决电路相当于一位的数模采样器，从而实现信号的数字化，解决了超宽带数字化需要极高采样率这一难题，数字化后的信号送入后续 FPGA 数字断电路实现信号的同步、定时信息提取、数据解调等功能，采用这样的结构较之采用模拟电路实现这一系列功能降低了电路实现的复杂度。由此可以看出可控积分检测电路是连接射频前端与数字端的枢纽，是实现数字、模拟混合接收方案不可缺少的核心器件。

图 6-25 为可控积分检测电路的结构框图，该电路应用于超宽带信号的检测和的数字化。

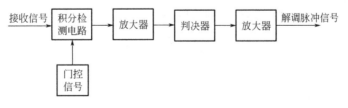

图 6-25　可控积分检测电路结构框图

在门控信号的控制下积分检测电路对射频前端处理过的信号进行检测，门控信号由数字端产生，检测后的信号经过适当放大后由判决器实现信号的判决，以达到数字化的目的。放大器是为了确保判决后的信号能够到达 FPGA 芯片能够识别的 TTL 电平级别。所设计的积分检测电路如图 6-26 所示。

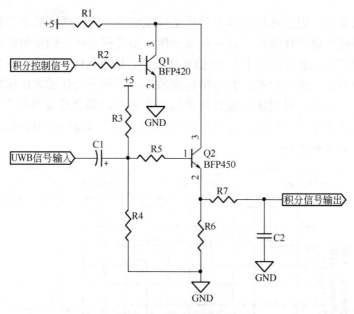

图 6-26　积分检测电路

可控的实现是靠三极管的级联来实现的，如图 6-26 所示。电路中采用的三极管为 BFP420 和 BFP450，其特征频率为 25GHz，可以满足中心频率为 7.3GHz 的超宽带信号工作要求，Q1 工作于饱和状态或截止状态，构成一个开关电路，电路的通断受 Q1 基极输出的由 FPGA 产生的门控信号的控制，从而控制积分时间的长短；三极管 Q2 为射极追随电路，该电路对信号的电压没有放大能力，可以将输入信号幅度不变地从发射极输出，C5 为积分电容，与电阻 R3 构成 RC 积分电路，其工作原理为电容的充放电，当 Q1 端输入为高电平时，Q1 导通处于饱和状态，相当于开关闭合，与 Q2 形成回路，Q2 的基极一直处于导通状态，当集电极导通后，电路形成射极追随器，输入信号由发射极输出，通过 RC 电路对电容充电，从而实现信号的积分；当 Q1 端为低电平时，Q1 工作于截止状态，相当于开关断开，Q2 不导通，这时 RC 电路放电，相当于对上一次积分结果清零，以便下一次信号到来时积分。因此，门控信号的低电平为清零信号，高电平为积分信号。

积分后的信号为了能够满足判决电路的要求，需要对信号进行一定的放大，同时也可以使得判决输出的电压幅度达到 FPGA 可以识别的信号幅度，因此，设计了如图 6-27 所示的运算放大电路。图 6-28 所示为高速判决电路。

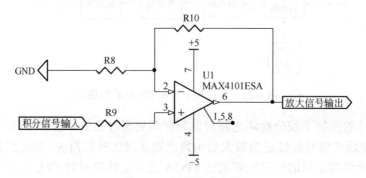

图 6-27　运算放大电路

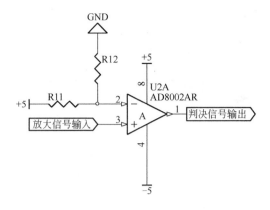

图 6-28　高速判决电路

发射端发送的数据为全"1"时，假定接收机接收到的 UWB 信号正好落入该可控射频积分检测器的积分区域内，运用 Multisim 对图 6-29 所示的可控能量积分器进行仿真，得到可控积分检测器的工作仿真结果如图 6-30～图 6-33 所示。

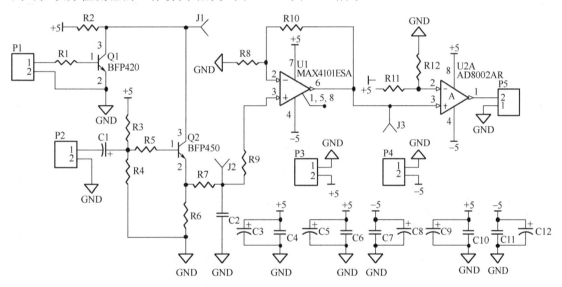

图 6-29　可控能量积分器原理图

图 6-30 所示为模拟的天线接收后经过射频前端处理的 UWB 信号，其重复频率为 10MHz，包络为 50ns，由此可以确定积分门控信号的占空比和周期。图 6-31 所示为 UWB 信号经过射频积分检测电路后的结果，从结果中可以看出，积分的充放电时间都比较短，因此，在选择芯片时，需要选择一些高速处理芯片，而积分后的信号幅度只有十几毫伏，信号幅度非常小，这样小的信号直接送入高速判决器判决，可能判决电路的灵敏度达不到这么高，将会影响判决的结果。因此，先对信号进行了放大，图 6-32 所示为放大后的积分信号，信号的幅度可以达到 200mv 左右。图 6-33 所示即为判决后的输出结果，电压幅度在 3V 左右，可以达到 FPGA 芯片识别的电平级别，可以直接输入到 FPGA 芯片中处理。其次电路中设计的高速判决电路实际上就相当于一个一位的高速采样电路，将信号数字化后送入数字端处理，但从成本和结构上看这样的方案明显有优势。

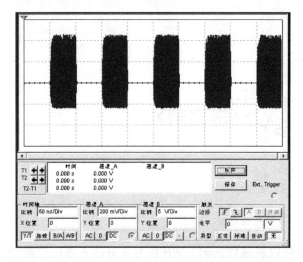

图 6-30　重复频率为 10MHz 的 UWB 信号

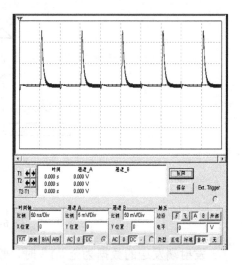

图 6-31　积分后的 UWB 接收信号

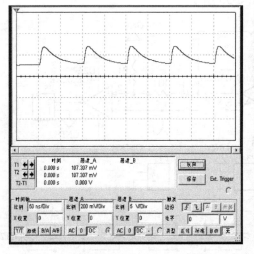

图 6-32　运算放大后的 UWB 积分信号

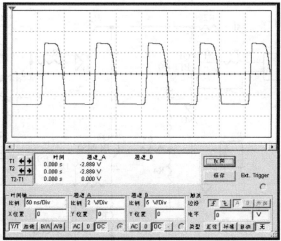

图 6-33　判决后的 UWB 信号

图 6-34 和图 6-35 所示为可控积分检测电路的实物图及实测结果。可以看出所做出的实物大小只有 5.1cm×2.2cm，体积较小，结构简单，成本低，能够满足超宽带定位设施小型化、低成本实现的需求。对比图 6-33 所示的仿真结果与图 6-35 所示的实测结果发现除了电压幅度有一定的差距外，基本一致，都能够实现信号的数字化，实测结果中判决后的信号幅度为 4V 左右，与 FPGA 芯片所能识别的 3.3V 高电平有一定的偏差，但这一偏差可以通过在电路中加入分压电路来到达所需的电平级别，所以，实测结果中判决后的信号完全能够满足 FPGA 数字端 TTL 输入电平的需求。因此，所设计的积分检测电路可以应用于接收方案中作为连接射频端与数字端的核心器件。

6.4.3　超宽带室内定位接收机数字端设计

在 6.4.2 节中射频前端电路的设计、可控积分检测电路的设计均是为了后续信号的基带处理，将信号转换成可以在 FPGA 芯片内处理的数字形式，从以上仿真结果与实测结果可以看出，射频端电路的设计可以满足要求。将信号送入数字端后，无论是解调还是提取定位信息，首先要做的就是同步，稳定、可靠、精确的同步是通信系统间确保信息正确传输的前提，对通信至关重要，尤其是针对本次研究的重点——定位，更加需要精确的时钟同步。UWB 信号同步捕获方案的设计与同步电路的实现是研究的重点。

图 6-34　可控积分检测电路实物图

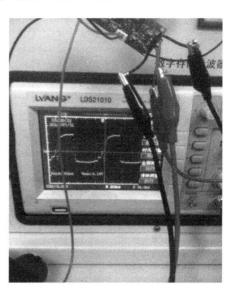

图 6-35　可控积分检测电路实测结果

1．UWB 通信定位系统数字端结构

TH-PPM-UWB 通信定位系统接收机系统结构如图 6-9 所示，采用的是数字模拟混合的接收方案，射频端的结构设计已经在第 3 章中进行了详细分析，本章将会介绍数字端的设计，图 6-36 所示为 UWB 通信定位系统数字端结构框图。

从图 6-36 中可以看出，接收机数字端的设计与上一节所设计的超宽带室内定位方案对应，在该方案中采用了三支路、串并结合的同步思路，同时数据解调与定位信息的提取相分离的结构。为此，在数字端对应不同的支路分别编写了不同的模块，门控脉冲产生单元用来提供积分电路所需的一系列步进门控信号；脉冲控制单元则是控制不同支路门控信号的输出与步进，最终确定由哪一时刻的步进信号作为积分电路的门控信号；捕获单元是实现系统同步的模块，而码元恢复与解调是解调接收数据的单元，以上模块构成了系统方案中的 A 支路，用来实现系统的粗同步与数据的解调；B、C 支路是在 A 支路同步的情况下触发工作，用来实现更为精确的细同步，提取定位信息，主要捕获单元与定位信息输出模块组成。以上即为定位方案数字端的设计，下面将详细分析 FPGA 对整个系统的步进控制与同步方案的实现。

2．接收机同步捕获方案设计

针对 UWB 通信系统信号的检测捕获，由于其以极窄的脉冲传输，时间短，且工作在低功率频谱下，与噪声混合，所以，UWB 信号的检测与捕获一直是一个难题，是众多学者夜以继日攻关的重点课题。目前，针对此方面的研究，已有不少相关的文献并提出了不同的算法，整体上可以分为相干捕获算法与非相干捕获算法。

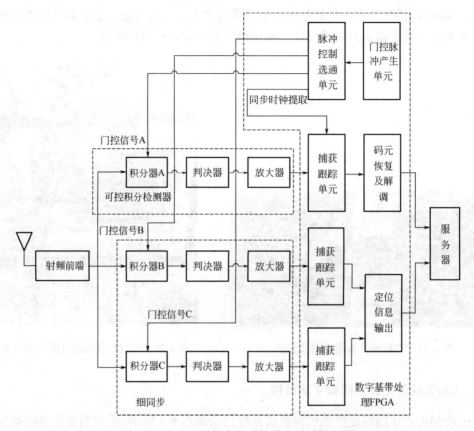

图 6-36 UWB 通信定位系统数字端结构框图

相干捕获算法的实现是以相干接收机为基础的，相干捕获虽然具有良好的性能，但接收机结构复杂，相干捕获算法的运算时间也长，不利于系统突发情况的处理。为了解决诸如此类问题，研究人员提出了不同的非相干捕获算法，如利用传输信息的二阶周期平稳性进行延时估计。但这些算法也因为超宽带极窄脉冲、低功率的传输特性变得很难由硬件电路实现，本章设计的非相干检测捕获方案，利用可控积分检测电路完成输入信号的检测，以及由 FPGA 设计的捕获电路完成同步捕获。

长久以来的研究，同步捕获的方法也有很多，按照传输信息方式的不同，可以分为导频辅助同步发和盲同步发两种[37~41]。

由图 6-36 可知，所设计接收方案中的同步捕获是由 FPGA 数字电路完成的，射频端积分检测电路在基带电路控制下完成全时域内分段 UWB 信号的检测，即通过 FPGA 控制积分器以步进的方式搜索捕获到达系统同步。本次采用的是串行步进控制的方式，当然也可以采用并行的方式，但采用并行控制时需要多路积分检测电路同时工作，这样虽然能够缩减捕获搜索的时间，却增加了硬件电路资源，提高了设计成本；而串行步进只要一路积分器，只要确保步进控制能够覆盖整个信号的持续时间，便可无遗漏地完成信号的检测，但这样的方式需要的搜索时间也较长，因此，串行方式是以搜索时间的消耗换取成本的降低。基于以上分析，设计采用了有导频辅助的线性步进串行搜索的方式实现系统同步，设计过程如下。

设定系统的传输速率为 10Mbps，这样的设定与图 6-30 中所模拟的重复频率为 10MHz 的 UWB 信号对应。通信系统在传输数据时是以帧为单元传输的，一帧一帧地传输，假定本次传输的信号格式如下：一帧的长度为 1024 比特，最前端的 300 个连"1"为导频码，其作用是作为导频辅助数据用来确定接收机的同步时刻并提取位同步时钟，然后以此时刻作为后续帧头、帧尾的检测，以及数据解调的标准时钟，同时作为服务器提取定位时间信息的标志。帧头设定为 11 位的巴克码"11100010010"，数据信息为 706 比特，帧尾为 7 位的巴克码，其值是"1110010"。在接收依据接收到的导频码确定同步后，当数字端基带解调模块检测到帧尾数据时，说明此时一帧的数据传输完毕，然后，接收机自动复位，重复以上步骤，继续下一帧数据的检测。

在捕获阶段，如图 6-36 中数字端结构所示，脉冲控制选通单元在门控脉冲产生电路的驱动下，从产生的门控信号中选取一路作为 A 支路工作的开启信号，此时 B、C 支路暂不工作。A 支路在该脉冲的控制下对接收到的 UWB 信号做积分运算，门控信号的周期 T=100ns，占空比为 1∶1，这样的设定是参考前面提到的模拟的重复频率为 10MHz，脉冲持续时间为 50ns 的 UWB 信号。A 支路积分检测电路在门控信号高电平期间做信号积分，在低电平期间作清零运算。假设门控信号每次步进的时间长度 tstep=5ns，则在 T=100ns 的情况下，积分控制信号只要经过 20 次步进便交叉覆盖整个码元持续时间，如图 6-37 所示。采用此类步进控制交错积分的方式，实现了积分领域对全时域信号的检测，避免了遗漏。

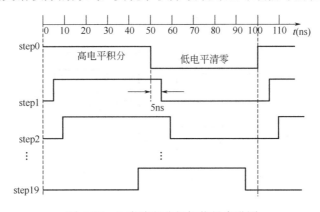

图 6-37　A 支路积分门控信号步进图

接收机数字端同步捕获工作流程如图 6-38 所示，首先初始门控信号 step0 控制积分器对接收到的导频 UWB 信号进行积分，当积分能量值超过门限时输出一个判决脉冲至 FPGA，FPGA 在设定的时间内对该输出脉冲统计计数，当统计值超过设定的脉冲个数门限值时，认为系统得到同步，此时的同步门控信号即为同步时钟；否则门控信号步进 tstep 变为 step1，继续对接收到的信号积分，重复上一步过程，直到统计计数值超过设定的脉冲门限值，停止步进；若搜索完一帧的同步导频码，仍然没有出现大于门限的统计计数值时，则选择输出最大统计值的门控信号近似为同步时钟。当 A 支路同步后，通过逻辑控制模块将 A 支路此时的同步时钟信号分别延时 5ns 和提前 5ns 作为 B、C 两路门控脉冲输出，开启 B、C 两路积分器，按照 A 支路的步进过程进行 0.5ns 的步进，从而进行更精确的同步搜索，然后从 B、C 支路中选取最精确的一路作为细同步信号，从而完成定位信息提取。当基带检测到帧尾时，表示一帧数据已传输完毕，下一帧数据开始接收，此时基带电路产生一个复位脉冲信号，对收端系统进行复位，保持门控信号步进值不变，并重新进行下一帧数据的同步捕获、时钟提取、数据解调及定位信息获取；当数据传输完毕，未检测到帧尾时，表示同步失调，此时在产生一个系统复位脉冲信号的同时，逻辑控制模块需调整 A 支路门控信号步进一个 tstep，重复前一帧的搜索工作。

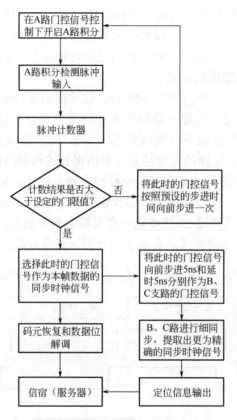

图 6-38　接收机数字端同步捕获工作流程

3. 基于 FPGA 的同步电路设计与仿真

根据以上同步方案的分析及图 6-36 所示的 UWB 通信定位系统数字端结构框图，可以确定数字端同步电路实现的模块组成及其各个模块的功能，同时由接收机同步捕获工作流程图也确定了数字端同步电路工作的时序，下面根据以上分析结果设计各个模块，实现电路同步的功能。

图 6-39 所示为设计的同步电路总体模块框图，从图中可以看出同步电路的模块组成及连接关系。由该图的模块组成也可以体现出所设计的三路串并行步进搜索方案的优势，只需要针对一条支路进行模块的设计，其余两条支路的模块与其大致相同，只需要在一些参

数上改变即可，如步进间隔或端口定义。这样充分减小了设计的工作量，简化设计结构，能够突出采用数字电路设计的优越性。按照图 6-39 所示，利用 VHDL 语言编写同步电路的各个组成模块，运用 EDA 设计软件 QuartusII 7.2 产生同步捕获各个模块与同步电路顶层文件的电路图，并进行了时序仿真，给出时序仿真波形图。以下针对几个重要的模块进行设计与分析。

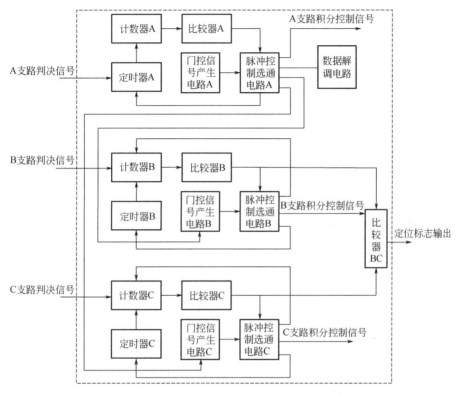

图 6-39　同步电路总体模块框图

1）锁相环电路模块

本次设计同步电路的实现所采用的信号频率有 100MHz、1GHz 及 1MHz，针对 FPGA 常用的 Altera 公司常用的开发板，其主板频率为 50MHz，不能满足我们设计的要求，因此，需要对其进行倍频及分频，FPGA 中倍频分频的实现除了采用 VHDL 编写硬件电路实现外，还可以直接调用芯片内部的锁相环实现，本次设计采用调用锁相电路的方式实现倍频及分频，产生我们设计所需要的信号频率，这样就不需要编写专门的倍频、分频电路，简化了设计。图 6-40 所示为调用内部锁相环产生的倍频、分频电路模块。

从电路模块图中可以看出我们所设计的电路功能，在输入信号为 50MHz 的情况下，锁相环内部倍率的设定决定信号的倍频数及分频数，图中设定了 3 路信号的倍率，分别是 c_0：2，c_1：20，c_3：1/50，c_0、c_1 的设定实现了 50MHz 信号的 2 倍频与 20 倍频，输出的信号应为 100MHz 与 1GHz，c_3 的设定实现是基准信号的 50 分频，输出的信号频率为 1MHz，3 路信号的输出频率设定满足我们设计所需要的信号频率。下面使用 QuartusII 7.2 中的时序仿真进行电路功能的验证。

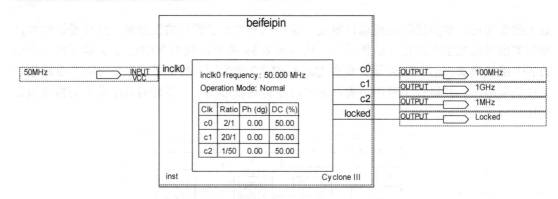

图 6-40   调用内部锁相环产生的倍频、分频电路模块

图 6-41 所示的时序仿真波形是在输入设定为 50MHz 的条件下进行的，然后比较 3 个输出波形，c0 的波形周期是输入波形的一半，频率即为 50MHz，符合 c0 的 2 倍频设置，同样从 c1 的波形也可以看出 c1 的频率为 1GHz，然后观察图中设置的标签，显示的为"+1.001492μs"，其表示的是与基准标签之间的时间差，而基准标签的位置是在 c2 的一个周期的上升沿，所以，可以看出 c2 的周期为 1μs，满足我们所需要的 1MHz 信号输出。

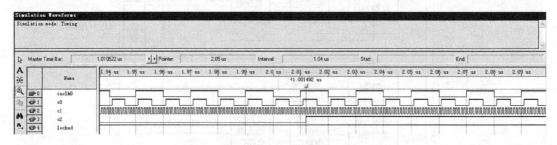

图 6-41   倍频、分频电路时序仿真波形

2）积分控制信号产生模块

由图 6-37 与 A 支路步进原理可知，控制积分信号的脉冲为 10MHz 重复周期、占空 1∶1 的方波信号，且每一次步进的间隔为 5ns，为 20 次步进，所以，设计出的积分控制信号产生模块要实现的功能就是产生 20 路周期为 100ns，且每一路较之前一路都要有 5ns 延时的方波。图 6-42 所示是利用 VHDL 编写，由 QuartusII 7.2 产生的积分控制信号产生电路模块，图 6-43 所示为所对应的时序仿真波形图。

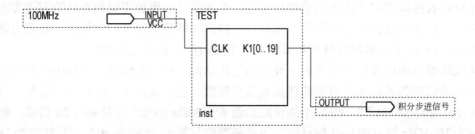

图 6-42   积分控制信号产生电路模块

积分控制信号产生电路图中与其仿真电路图中的输出信号 K1 为我们设计的步进信号

176

组，信号形式为矢量信号组，由 20 路组成，分别为 K1[0]～K1[19]，从仿真的结果可以看出，K1 的每一路输出信号较之前一路都有半个输入信号周期的延时，输入信号设定的为 100MHz，即 10ns，那么每一路半个周期的延时刚好是 5ns，满足我们设定的需求。

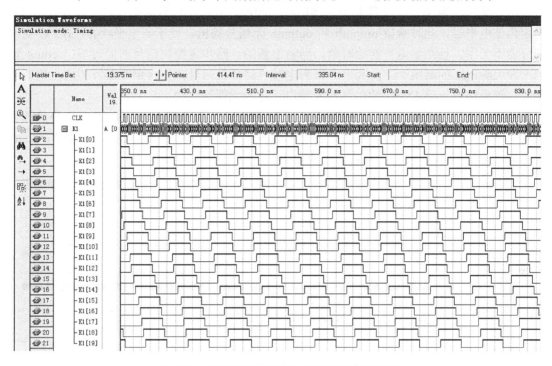

图 6-43　积分控制信号产生电路时序仿真波形

3）脉冲选通电路模块

脉冲控制选电路的作用是根据脉冲计数的结果来控制积分控制信号的步进，选取最佳控制信号，确定电路同步的时刻及当前的控制脉冲，而 A 支路的脉冲控制选电路除了具备以上功能外，还要在确定 A 支路同步的时刻选取 B、C 支路的控制信号，用于 B、C 支路做细同步使用。该电路的设计模块如图 6-44 所示。

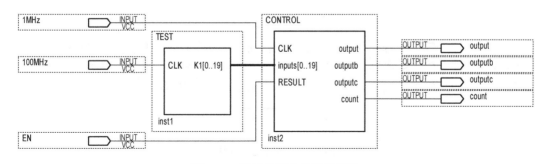

图 6-44　脉冲选通电路设计模块

图 6-44 中 CONTROL 模块为设计的 A 支路脉冲选通电路，RESULT 端口连接的是脉冲计数比较的结果，作为该电路控制信号步进的使能信号，在该端口为高电平时，说明计数值大于预设值，此时 A 支路完成初步同步，然后按照设定的要求输出 B、C 支路的积分

控制脉冲，B、C 支路开始进行同步工作；反之，电路控制信号步进继续进行同步捕获直至达到同步。从图 6-45 中的时序仿真波形中，也可以看出相应的结果，当使能信号 EN 设定为高电平时，除了端口 output 输出 A 支路积分控制脉冲外，端口 outputb 和 outputc 也输出相应的脉冲作为 B、C 支路开始工作的控制脉冲，且两路信号具有一定的时延。当 EN 设定为低电平时，此时端口 outputb 和 outputc 无信号输出，处于低电平状态，B、C 支路积分器不工作，且在低电平初始时刻，当输出新的一路步进控制信号的同时端口 count 输出一段大约 1μs 的高电平，此高电平作为定时电路复位信号，使得定时器置初值，重新倒计时，该模块有一路 1MHz 的信号输入端口正是为此而设定的。

此处只介绍与分析了 A 支路的脉冲选通电路模块与其时序仿真结果，B、C 路的该模块与 A 支路的功能基本相似，只是不需要在输出额外的两路信号，也就不需要设置 outputb 和 outputc 这样的输出端口，因此，不再对 B、C 路的该模块介绍。

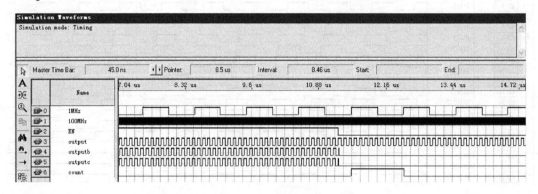

图 6-45　脉冲选通电路时序仿真波形

4）定时电路模块

根据 6.4.3.2 节中对同步工作的分析，我们知道脉冲计数器对输入脉冲的计数是在特定的时间限制内，根据本书所设定的数据格式及模拟的 10MHz 重复频率的 UWB，将这一时间设定为 30μs，因此，就设定了对应的电路模块用来控制脉冲计数器的计数时长，设计的电路模块如图 6-46 所示。

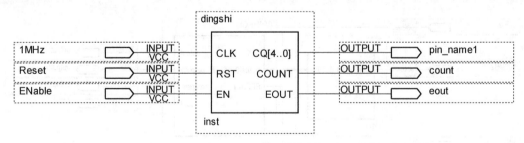

图 6-46　定时电路模块

时序仿真波形图中的端口 EN 为定时器的工作使能信号，只有当 EN 为高电平时，定时器才开始工作。该端口连接的是锁相电路中的输出端口 locked，始终处于高电平状态，那么定时器持续工作是不是意味着计数器也时刻在其控制下进行计数？从图中的结果可以看出并非如此，图 6-47 中的 EOUT 端口为计数器的控制信号，在定时器的不断倒计时期间，该端口并非一直为高电平，只有当有一复位信号使计数器置初值工作后，在之后的 30μs 倒计时期间 EOUT 才为高电平，此时计数器才处于对输入脉冲的计数状态。若无此复位信号，即 EOUT 一直为低电平状态，计数器不工作。复位信号由脉冲选通电路提供，在每一次输出新的一路步进积分控制信号时，输出一段这样的复位信号。同样，该模块中的端口 COUNT 作为计数器的初始复位信号，与 EOUT 的输出一样也受 RST 信号的控制。

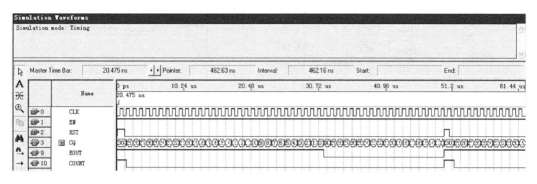

图 6-47　定时电路时序仿真波形

5）脉冲计数模块

可控积分检测电路采样后的信号送入 FPGA 数字端处理，在数字端首先对接收到的信号在设定的时间内计数，根据计数的结果来判断是否同步，为此，电路中就需要相应的计数电路，图 6-48 所示为所设计的计数器模块。

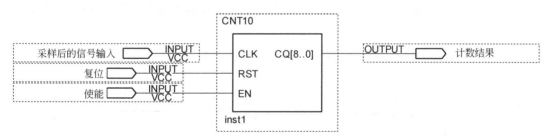

图 6-48　计数器模块

图 6-49 所示为计数器的时序仿真波形，从图中可以看出计数器在电平为高时工作，低时不计数，当有复位信号到来时，置计数值为初值 0，该电路所表现出的功能符合设计的要求。

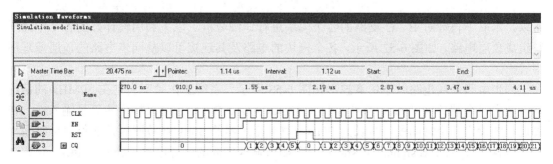

图 6-49　计数器时序仿真波形

179

6）比较器模块

脉冲计数器对输入脉冲技术完毕后，将计数的结果送入比较电路，与我们设定的数值进行比较，比较电路根据比较后的结果来控制脉冲选通电路的工作，判断是否到达同步、是否需要控制积分控制信号的步进，该电路如图 6-50 所示。

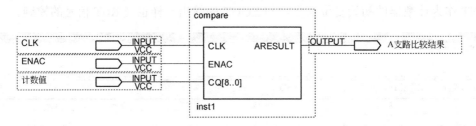

图 6-50　A 支路比较器电路

A 支路比较器时序仿真的结果如图 6-51 所示，图中端口 CQ 为计数器的计数值输入结果，ENAC 为 A 支路比较器的使能信号，只有在低电平时才触发比较器工作，高电平时比较器不工作，比较结果 ARESULT 处于高阻态，该端口的信号与计数器的使能控制信号一致，都是由定时电路提供，不同的是在该使能信号的高电平期间，计数器工作，比较器不工作，反之，比较器工作，计数器不工作。这样的设置可以保证在计数结束时才将计数结果赋给比较电路。在比较器工作期间，比较结果 ARESULT 根据计数值与预设值的大小关系呈现高低电平的转换，此端口的输出信号用来作为脉冲选通电路工作的标志。

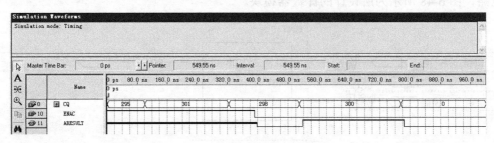

图 6-51　A 支路比较器时序仿真波形

7）同步电路顶层模块

以上模块的分析主要针对同步方案中 A 支路同步实现的各个模块，由于 B、C 支路的同步捕获的原理同 A 支路的一样，因此，在电路设计中会有相同的模块，即使不同的模块也有相同的原理，只是在端口的设置或者频率的设置不一样，程序中的基本算法原理一致，所以，本书不再针对 B、C 支路的各个模块进行详细分析。以下利用设计好的各个电路模块组成顶层电路，如图 6-52 所示，各个模块的电路及其连接可以从同步电路的顶层原理图中看出。

同步电路顶层电路时序仿真波形如图 6-53 所示，系统工作频率设定在 50MHz 的情况下，图中三个端口 A signal、B signal、C signal 为 A、B、C 三路采样后的信号输入端。仿真过程中设定几个时间段，时长为 30μs，对应定时器的 30μs 计数限制，在每一个时段里分别设置 A signal、B signal、C signal 三个端口输入不同的信号频率。在 0～30μs，设定 A 端口的周期为 120ns，那么在 30μs 的时间内技术结果不会大于设定值，A 支路不同步，那么 B、C 支路不工作，进入下一次计数判断过程；在 30～90μs 内，设定端口 A 的信号周期为 90μs，此时 A 支路完成同步，开启 B、C 支路，B、C 支路按照流程中的设定进行系统细同步，30～60μs 内，B 支路的信号周期为 90μs，C 支路周期为 120μs，那么 B 支路的计数结果大于 C 支路的且大于设定值 300，此时同步电路输出 "1010" 作为标志由服务器提取当前时间作为定位时间信息；反观，60～90μs 内，C 支路完成细同步工作，输出标致信息 "0101"。从上述仿真分析可以看出，设计方案满足预期要求。

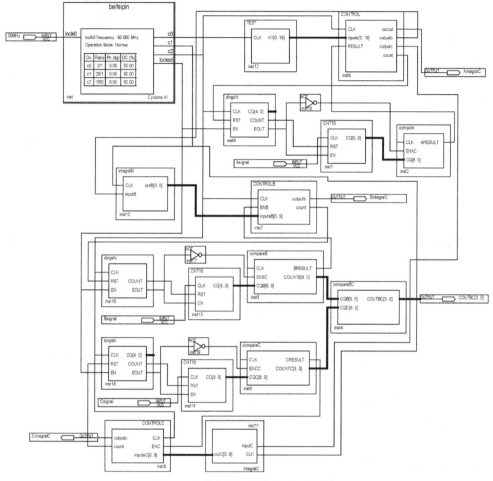

图 6-52　数字端同步电路顶层电路图

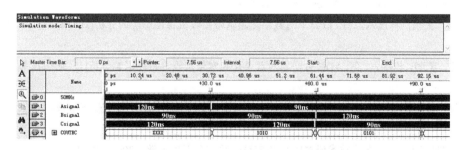

图 6-53　同步电路顶层电路时序仿真波形

小结

本章首先阐述了超宽带接收机相干结构与非相干结构，对两种结构孰优孰劣进行了比对，分析了用于超宽带接收中的同步方法的原理。在此基础上，基于 TDOA 的定位方案，设计了超宽带室内定位接收方案，给出了系统框图，并进行了简要的分析。针对 6.7～7.9GHz UWB 室内定位接收系统设计了一套数字、模拟混合的非相干接收方案，解决了超宽带纯数字接收机需要高速 A/D 采样器件的难题，设计简单，易实现。采用 ADS 软件搭建仿真模型，对所设计的电路进行频带选择性仿真及系统链路预算分析，验证了该电路结构的性能满足所要求的设计指标；同时，设计了可控积分检测电路，该电路作为射频端与数字端电路的连接枢纽，实现信号的脉冲检测与数字化。

最后设计了接收系统的数字端，重点研究了同步电路的实现，提出了一种有数据辅助、串并结合的同步捕获方案，利用 VHDL 编程语言编写了电路的各个模块，并使用 EDA 设计软件 Quartus II 7.2 进行了各个模块以及同步电路顶层文件的时序仿真。

参考文献

[1] TIAN Z,et al. Weighted energy detection of ultra-wideband signals[A]. Proceed-ings of IEEE 6th Workshop on Signal Processing Advances in Wireless Communications[C]. New York. USA. 2005: 158-162.

[2] Kim Sekwon, et al. A selective signal combining scheme for nocoherent UWB systems[C]. In 2008 IEEE 10th International Symposium on Spread Spectrum Techniques and Applications-Proceedings. ISSSTA 2008, Bologna,Italy. 2008: 313-317.

[3] Kim Sekwon,et al. A selective signal combining scheme for nocoherent UWB systems[C]. In 2008 IEEE 10th International Symposium on Spread Spectrum Techniques and Applications-Proceedings. ISSSTA 2008, Bologna,Italy. 2008: 313-317.

[4] hiasiriphet,T. Linder,J. A novel comb filter based receiver with energy detection for UWB wireless body area networks[C]. In Proceedings of ISWCS '08. 2008. IEEE International Symposium on Wireless Communication Systems, 21-24 Oct. 2008: 214-218.

[5] 许洪光，霍鹏，林茂六，等. 取样率对数字化超宽带接收机特性影响的分析[J]. 通信技术，2009，3：10-12.

[6] 许洪光，霍鹏，林茂六，等. ADC 分辨率对数字化超宽带接收机特性影响分析[J]. 通信技术，2009，6：129-131.

[7] 胡楚锋，郭淑霞，李南京，等. 超视距宽带信号同步测量技术研究[J]. 仪器仪表学报，2014，11：2531-2537.

[8] 张兰. TH-UWB 信号同步技术研究[D]. 哈尔滨：哈尔滨工程大学，2008：29-31.

[9] 王康年，葛利嘉，张洪德，等. 一种跳时超宽带无线电信号的高效同步捕获方法[J]. 解放军理工大学

学报（自然科学版），2007，2：113-117.

[10]　杜鹃，刘伟. 超宽带通信系统中同步算法研究[J]. 通信技术，2010，9：35-37.

[11]　肖竹，王勇超，田斌，等. 超宽带定位研究与应用：回顾和展望[J]. 电子学报，2011，1：133-141.

[12]　殷智浩，朱灿焰. 基于 TDT 的 Hermite 脉冲超宽带同步算法[J]. 通信技术，2010，8：121-123.

[13]　孙宁，柳卫平. 一种改进的 UWB 信号快速捕获算法[J]. 通信技术，2010，2：26-28.

[14]　徐湛，苏中. 基于能量检测的脉冲超宽带无数据辅助同步法[J]. 科学技术与工程，2013，17：4801-4807.

[15]　荆利明. 超宽带无线通信中同步技术的研究[D]. 苏州：苏州大学，2008：20-27.

[16]　丁金忠，黄焱，李怀秦，等. 改进的 OFDM 迭代最大似然定时同步方法[J]. 信息工程大学学报，2012，6：695-701.

[17]　罗文远. 脉冲超宽带收发机前端设计[D]. 长沙：湖南大学，2010：13-17.

[18]　于斌斌. 超宽带接收机研究综述[J]. 吉林农业科技学院学报，2012，3：63-65.

[19]　Gerosa Andrea,Soldà Silvia,Bevilacqua Andreavogrig,et al. An energy-detector for noncoherent impulse-radio UWB receivers[J]. IEEE Transactions on Circuits and Systems I: Regular Papers,2009,56(9): 1030-1039.

[20]　Mincheol Ha,Jaeyoung Kim,Youngjin Park,et al. A 6–10 ghz noncoherent IR-UWB CMOS Receiver[J]. Microwave and Optical Technology Letters,2012,54(9):2007-2009.

[21]　康晓非. 超宽带系统中接收技术研究[D]. 西安：西安电子科技大学，2012：39-56.

[22]　方志强. 基于能量检测的超宽带接收技术研究[D]. 哈尔滨：哈尔滨工业大学，2010：12-17.

[23]　Chao Y L,Scholtz R A. Optimal and suboptimal receivers for ultra wideband transmitted reference systems [C]. IEEE GLOBECOM(USA). 2003,10,2: 759-763.

[24]　Stefan Franz, Urbashi Mitra. On optimal data detection for UWB transmitted reference systems[C]. IEEE GLOBECOM(USA). 2003, 10, 2: 744-748.

[25]　Paquelet S,Aubert L M,Uguen B. An impulse radio asynchronous transceiver for high data rates[C]. IEEE International Conference Joint UWBST & IWUWBS. 2004,5: 1-5.

[26]　Weisenhorn M, Hirt W. Robust noncoherent receiver exploiting UWB channel properties[C]. IEEE International Conference Joint UWBST & IWUWBS. 2004,5: 156-160.

[27]　Oh M K,Jung B,Harjani R,et al. A new noncoherent UWB impulse radio receiver[J]. IEEE Communications Letters. 2005,2,9(2): 151-153.

[28]　崔准，郑文海. 高速通信中的载波相位跟踪[J]. 物联网技术，2012，3：63-65.

[29]　吕春艳. L 波段软件无线电射频接收前端的研究与设计[D]. 成都：西南交通大学，2014，12-19.

[30]　李昂，龚乐. 带改进 AGC 系统的 IR-UWB 无线定位接收机的设计与实现[J]. 微型机与应用，2011，6：31-34.

[31]　芦跃，邓晶. 无线区域网接收前端的 ADS 设计与仿真[J]. 绍兴文理学院学报（自然科学），2010，3：70-73.

[32]　刘亚姣. 2.4G 高灵敏度接收机射频前端设计与实现[D]. 程度：电子科技大学，2011：5-14.

[33]　贾锋，杨瑞民. 射频接收前端的 ADS 设计与仿真[J]. 计算机工程与应用，2014，13：219-223.

[34]　盛君，马真，陈毅华，等. 接收机射频前端电路的仿真设计[J]. 江苏理工学院学报，2013（2）：38-41.

[35]　杨延辉，韦再雪，杨大成. 认知无线电中干扰规避方案的研究[J]. 现代电信科技，2012，9：

47-52，57.

[36] 李昂. IR-UWB 无线定位接收机的研究与设计[D]. 桂林：桂林电子科技大学，2011：27-35.

[37] 李晓敏. OFDM 系统的设计与研究[D]. 南京：南京理工大学，2011：17-25.

[38] 周玉波. 通信系统中同步技术的研究[J]. 信息技术，2008，12：135-137，140.

[39] 卢锦川，董静薇. 通信系统中同步技术的研究综述[J]. 广东通信技术，2008，5：61-64，73.

[40] 毕东. 通信系统中同步技术的应用[J]. 信息系统工程，2012，4：103-104.

[41] 李志. MT-DS-CDMA 编码与载波同步研究与实现[D]. 北京：北京邮电大学，2009：13-20.

第 7 章

高精度室内定位算法

●　●　●　●　●　●　●　●

随着 LBS（Location Based Service）和 O2O（Online To Offline）的火热，近年来定位技术备受世人关注且发展迅速。特别是在物联网蓬勃发展的当今，人们对室内定位应用的需求随着技术高速发展而变得更加多样化，在工厂，管理者希望精确追踪贵重物资和生产设备；在火场，消防员在浓烟滚滚中需要实施有效救援；在医院，贵重医疗设备需要管控；行车中，驾驶者希望获取最畅通的路线和最近的空闲车位；在商场里，消费者希望得到精准的商铺和货品定位，销售者也希望实现精准的广告推送；智能家居的实现，离不开精准定位技术。哪里有物联，哪里就需要定位。这些需求为室内定位技术（Indoor Positioning System，IPS）的发展带来了巨大的机遇，IPS 有望成为导航和 LBS 领域的下一个百亿美元量级的蓝海市场。

7.1　UWB 室内定位算法研究现状

近年来，国内外专家学者针对 UWB 室内定位进行了不懈的努力与钻研。Stoica 等人提出了一个基于 TOA 完全集成的超宽带系统无线传感器能量收集网络，实现定位 ±1.5m 和最大测距 50m 的精度[1]。文献[2~6]介绍了几种标签定位技术，主要通过计算信号在标签和基站之间的到达时间或到达时间差来实现定位目的。Fang 算法给出了双曲线的简单解决方案和相关位置修正方法，但是这个方法没有充分利用多余的测量值来改善定位性能[7]。CHAN 算法提供了基于近似实现最大似然估计量的双曲线交叉点位置估计，但只有 TDOA 测量误差非常小才具有最优估计效果，随着 TDOA 测量误差的增加该算法性能迅速下降[8]。Sun[9]、Ge[10]、Yu[11]等都提出了基于 LS-SVM 的定位求解方法，但他们给出的是次最优解。Al-Qahtani，K.M 的主要思想是计算参考节点形成不同的亚群的残差，最终估计的线性求和从不同的残差的倒数加权消除噪声的影响[12]。

同济大学张洁颖通过数据库来估计标签的位置坐标，在收集信号强度信息建立数据库的基础上，开展了场景指纹定位算法的研究工作[13]。哈尔滨工业大学徐玉滨等表明接入点（APS）的智能选择同时利用正交局部保持投影（OLPP）技术，与目前广泛使用的加权 K 近邻和最大似然估计方法相比，定位精度提高了 0.49m[14]。西安电子科技大学沈冬冬等利用多层神经网络技术，对到达时间差（TDOA）和到达角度（AOA）混合算法进行改进，进行精确位置估计[15]。武汉大学蔡朝晖等提出了改进的基于区域划分的定位算法,在定位阶段为了降低各种外在因素对定位精度的削减,首先对接收信号强度进行补偿和滤波处理,在划分定位区域后挑选主要的参考节点,并根据加权最近邻匹配信息来确定需要的信号强度指纹[16]。北交大朱明强等针对接收信号强度存在较大噪声的复杂室内环境,提出了基于卡尔曼滤波(KF)和最小二乘法(LS)的定位算法,该算法采用 KF 对数据信息进行平滑预处理,随即通过分段曲线拟合来定位[17]。

郑飞将矫正因子加入经典 CHAN 算法中,但误差较大时系统的精度还有待提高[18]。张瑞峰等通过仿真分析得出 TAYLOR 在超宽带定位系统中的有效性,但是 TAYLOR 算法需要精确初始值,否则将不收敛[19]。林国军等将遗传算法与 TAYLOR 算法级联,但没有利用 TDOA 测量值,实际应用中接收机和发射机的不同步问题没有解决[20]。学者们分别利用残差加权算法、Fang 算法、最速下降算法以及总体最小二乘法产生初值,将此值作为泰勒级数展开点[21~23],定位精度最高达到 1.6m。文献[24]提出一种基于 Chirp 扩频技术的超宽带信号用于室内定位的方案,这是一种新颖的超宽带技术,通过仿真得出在室内办公非视距传播环境下,峰值检测法得到的结果平均误差为 19.46cm,门限检测法得到的结果平均误差为 18.72cm。

球形插值、两阶段最大似然函数法(ML)、线性校正最小二乘法、泰勒级数展开、梯度的算法、牛顿算法、高斯–牛顿算法、粒子群优化算法等方法已被研究用于室内定位[25~33]。以上这些算法在测量误差服从零均值高斯分布的时候,能够得到良好的定位效果。但是在实际信道下,不存在绝对理想的环境。Sibille、Alain、Mehbodniya、Abolfazl 等曾致力于超宽带室内定位系统的建模和分析[34~38]。

随着消费者对室内定位技术的需求日益增加,研究出抗多径干扰能力强、定位性能优良的室内系统将是基于 UWB 定位研究未来的发展方向,推出新的、更高精度的定位算法,让 UWB 室内定位系统产业化,具有举足轻重的经济价值和现实意义。

7.2 常用定位算法简介

超宽带信号对距离的分辨精度超过其他定位技术,所以是目前室内跟踪定位研究的热点。超宽带室内跟踪定位系统根据信号特征去设定技术参数,然后建立恰当的数学模型,求出所设定的参数,最后确定坐标,获得目标的位置,通常是采用基于测距的定位技术并辅以跟踪滤波算法。

1. 到达时间定位法

到达时间(Time Of Arrival,TOA)定位技术主要是利用基站发射信号到移动位置接收信号的时间信息从而获得两者之间的距离信息,进而完成位置的估计。该距离信息可以使移动目标与每个已知基站建立一个以参考基站为圆心,半径为距离信息的圆周方程。多个圆周方程的交点就是待测目标的位置。其几何模型如图 7-1 所示。

2．到达时间差定位法

到达时间差法（Time Difference Of Arrival，TDOA）定位的原理是测量出两个不同基站与移动目标之间的到达时间的差值，乘以速度 c 就可得出一个固定的距离差值。根据移动位置到两个基站的距离差能建立唯一的一条双曲线，然后凭借多基站建立双曲线方程组求解获得移动目标的坐标。其几何模型如图 7-2 所示。

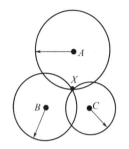

图 7-1　TOA 定位几何模型

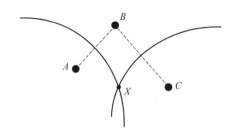

图 7-2　TDOA 定位几何模型

3．到达角度定位法

到达角度（Angle of Arrival，AOA）定位法通过参考基站的天线阵列取得移动目标所携带的标签发射信号的到达方向，然后计算出移动目标与参考基站之间的角度大小，求出方位线的交点就是待测目标的估计位置，AOA 定位是一种测向技术。其几何模型如图 7-3 所示。

4．接收信号强度定位法

接收信号强度（Received Signal Strength，RSS）的定位方法是根据接收信号的强度，利用发射信号的强度值和室内外的信道衰落模型，得出移动目标与定位基站间的距离，进而得出待测目标的位置。其几何模型如图 7-4 所示。

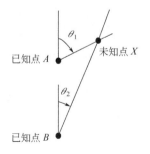

图 7-3　AOA 定位几何模型

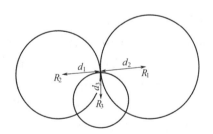

图 7-4　RSS 定位几何模型

RSS 定位技术的信号路径损耗模型如下：

$$\overline{P}(d) = P_0 - 10n\log_{10}\left(\frac{d_i}{d_0}\right) \tag{7-1}$$

式中，n 是路径损耗指数，$\bar{P}(d)$ 是距离发射信号在距离 d_i 处接收信号的平均功率，单位为 dBm，P_0 是距离发射信号 d_0 处接收信号的平均功率，d_0 为参考距离。该技术采用三角定位法，至少使用 3 个参考基站来实现定位。由于路径损耗模型是确定的，所以，信道衰基站之间的距离 d_i。然后由三角定位原理，以每个参考基站为圆心，d_i 为半径，三圆的交落所产生的路径损耗也是已知的，通过计算，得出标签与参考点就是待测目标的位置。

5．联合定位法

基于上述 4 种定位技术，在定位过程中，随着信道环境的变化，定位的精度和性能会发生巨大变化，因此，如果只采取以上定位方法的一种是很难适用于全部信道环境的，当然更无法保证移动目标在无线网络覆盖区域内不同位置都拥有较好的定位精度。为了有效提高定位精度，多基站协同、多种定位方式联合是目前定位技术的主要趋势。这些融合的定位方式包括 TOA-AOA、TDOA-AOA 及 TOA，TDOA-AOA 等。考虑超宽带在发射纳秒级宽的极窄脉冲进行通信时，具有很高的时间分辨率，因此，基于 TOA 的定位方法要优于其他方法。尤其在室内多径密集环境下，TOA 方法是最常被使用的定位技术。RSSI 定位法的算法简单，成本较低，便于实现，所以适合室内定位。因此，本章采用基于 TOA 和 RSS 联合定位方式。

7.3　超宽带室内定位算法数学模型

UWB 定位系统要实现定位，需要在获得和标签位置相关的信息后，构建相应的定位模型，然后利用这些参数和相关的数学模型来确定标签的位置坐标。

7.3.1　TOA 估计及其定位模型

TOA 定位俗称圆周定位，基本原理是得到 UWB 脉冲信号到达各个基站的时间，然后根据 $R_i = t_i c, c = 3 \times 10^8\,\mathrm{m/s}, i = 1, 2, 3 \cdots$ 得到 UWB 标签到达 UWB 基站之间的距离，利用若干个 UWB 基站已知位置坐标为圆心，以对应的各自与 UWB 标签的距离 R_i 为半径做圆，三个圆的交汇处就是目标的所在地点，其几何分析如图 7-5 所示。根据几何原理建立方程组并求解，从而得到标签的位置信息，计算过程如下。

图 7-5 中，(x_1, y_1)，(x_2, y_2)，(x_3, y_3) 分别为三个位置确定的 UWB 基站的坐标，标签（位置未知点）的坐标为 (x_0, y_0)，各个 UWB 基站到标签的距离为 R_1、R_2、R_3，根据 TOA 定位的几何原理可得到如下方程：

$$\begin{cases} (x_1 - x_0)^2 + (y_1 - y_0)^2 = R_1^{\ 2} \\ (x_2 - x_0)^2 + (y_2 - y_0)^2 = R_2^{\ 2} \\ (x_3 - x_0)^2 + (y_3 - y_0)^2 = R_3^{\ 2} \end{cases} \qquad (7\text{-}2)$$

转换为

$$R_i = \sqrt{(x_i - x_0)^2 + (y_i - y_0)^2} \tag{7-3}$$

将式（7-3）整理得

$$x_i x_0 + y_i y_0 = \frac{1}{2}(x_i^2 + y_i^2 + x_0^2 + y_0^2 + R_i^2) \tag{7-4}$$

将 x_0, y_0 看作未知量，对上述方程求解，就可得到标签的位置 x_0, y_0。

影响 TOA 定位方法精度主要因素是时钟同步误差和 UWB 脉冲信号到达各个接收机的时间的测量误差，如果 UWB 基站和标签无法做到精确的时钟同步，获得的到达时间会有误差，进而得到 R_i 也存在偏差，使得图 7-5 中的圆没有交会点，而是一片区域，无法精确获得标签的位置。

7.3.2　DOA 估计及其定位模型

DOA 定位是利用接收信号的天线具有方向性，基于信号的入射角度进行定位的。其原理如下：待标签发出信号后，通过测得标签发射的脉冲信号到达各个 UWB 基站的角度，解算出标签的位置坐标[39]。如图 7-6 所示，两点的连线称为方位线。在有多个 UWB 基站的条件下，测量它们与待测标签的 DOA 值，然后将之连接得到多条方位线，它们交会点就是待定位点。

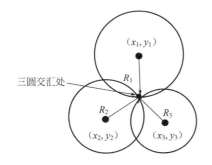

图 7-5　TOA 定位几何分析

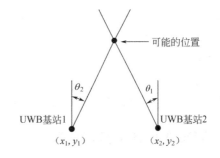

图 7-6　DOA 定位示意图

假设 UWB 基站 1 和 UWB 基站 2 的位置坐标为 (x_1, y_1) 和 (x_2, y_2)，分别测得标签发射信号与基站的入射角度 DOA 为 θ_1 和 θ_2，解算出下述非线性方程，即可得到标签的位置 (x_0, y_0)：

$$\tan(\theta_i) = \frac{x_0 - x_i}{y_0 - y_i}, i = 1, 2 \tag{7-5}$$

求解上式可得

$$\begin{bmatrix} x_0 \\ y_0 \end{bmatrix} = \boldsymbol{A}^{-1} \boldsymbol{H};$$
$$\boldsymbol{A} = \begin{bmatrix} \arctan(\theta_1) - 1 \\ \arctan(\theta_2) - 1 \end{bmatrix}; \boldsymbol{H} = \begin{bmatrix} \arctan(\theta_1) x_1 - y_1 \\ \arctan(\theta_2) x_2 - y_2 \end{bmatrix} \tag{7-6}$$

DOA 定位也称为 AOA 定位，是计算通过两条直线的交点来确定标签的位置的，两条线之间相交有且只有一个交点，避免定位的笼统性。但是为了测得 UWB 脉冲信号的入射角度，基站必须装备方向敏感的天线阵列。另外，测得 DOA 值的极小偏差都能引起定位较大的误差，加之 DOA 定位方法不适合非视距 NLOS 传播的情况，大大限制了该方法在 UWB 室内定位系统中的应用。

7.3.3 RSS 估计及其定位模型

基于 RSS 的定位方法是通过测得 UWB 脉冲信号的信号场强，依照信道衰落模型及得到的发射信号的 RSS 值，计算标签和 UWB 基站之间的距离。在发射处以接收处已知的固定能量的信号发射，接收处根据测得接收信号的能量信息与衰减来估算标签和基站的距离，然后遵照现有的室内外的信道传播模型，依据接收到的信号能量与已知的发射信号能量来计算收发端的距离，计算方法如下。

假设发射功率 P_t 已知，根据接收端测得的接收功率 P_r 计算传播损耗，接收功率 P_r 如下：

$$P_r = \frac{P_t G_t P_r k \lambda^2}{(4\pi d)^2} \tag{7-7}$$

式中，P_t 为发射功率，P_r 为接收功率，G_t 为发射天线增益，G_r 为接收天线增益，d 为距离，k 为损耗因子，λ 为波长。

通过测量 RSS，然后结合已知的 P_t, G_t, G_r 得到路径损耗，最后由式（7-7）就可计算出距离 d。得到标签和基站之间的距离后，通过常用的三边测量法就能确定待测点的坐标[40]。

RSS 估计的数学模型与 TOA 技术相近，只是取得距离的方式存在差异。RSSI 定位方法虽然简单，由于多径效应，定位精度较差。

7.3.4 TDOA 估计及其定位模型

TDOA 定位又称双曲线定位，它的原理是测量出两个不同 UWB 基站与标签之间的到达时间的差值，再辅以速度 c 便可得到一个固定的距离差值。与 TOA 定位方法相比，不需要得到绝对时间，大大降低了对时间同步的要求，系统复杂度降低[41]。其几何原理如图 7-7 所示。

根据双曲线的数学原理，以两个 UWB 基站的已知坐标为焦点，二者的距离差为长轴做出一条双曲线，同样以另一个 UWB 基站的已知坐标也可做出双曲线，它们的交点即为标签的位置，即图 7-7 中点 X 的位置。

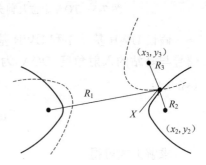

图 7-7 TDOA 几何原理

以基站 1 为基准，根据图 7-7，建立如下方程：

$$R_{i,1} + R_1 = R_i = \sqrt{(x_i - x_0)^2 + (y_i - y_0)^2} \tag{7-8}$$

式中，(x_0, y_0) 就是标签的位置坐标，$R_{i,1}$ 代表标签到其他基站的距离与到第一个基站的距离差值。联合式（7-8）得

$$R_{i,1}^2 + 2R_{i,1}R_1 = K_i - 2x_{i,1}x_0 - 2y_{i,1}y_0 - K_1 \tag{7-9}$$

以 x_0, y_0, R_1 为未知量，$K_i = x_i^2 + y_i^2$，$K_1 = x_1^2 + y_1^2$，$x_{i,1} = x_i - x_1$，$y_{i,1} = y_i - y_1$。对式（7-9）进行线性化处理，求解该式即可得到标签的位置坐标。TDOA 的测量通常有两种方法，一种是互相关法，另一种是间接计算法。采用间接计算的方法，即通过不同基站的 TOA 值之间的差得到 TDOA 值的定位方法，要求各个基站之间有精确的参考时钟，TOA 估计的误差越相像，转变成 TDOA 值时，这部分误差可以被除去，因而采用 TDOA 定位技术的误差要比直接用 TOA 定位小。

7.3.5 基于 TDOA 的 UWB 室内定位方案

综上所述，UWB 室内定位系统可以采用不同的定位方案，所设计出的定位算法会有一定的差距，所要处理与得到的参数也不尽相同。TOA 定位方法对同步技术要求比较高，实现难度大，设备硬件尺寸、功耗等不适合室内定位；DOA 定位技术硬件系统设备复杂，需要视距传输，也不适合于室内定位；RSSI 定位技术虽然算法简单，定位成本低，但是容易受到多径衰落及阴影效应影响，定位精度一般，不适合用于高精度室内定位系统。TDOA 定位技术降低了 TOA 高时间精度的要求，系统更加简单，节省成本；TDOA 设备的复杂度低于 DOA 设备；脉冲信号带宽越大，时间测量误差也越小。因此。TDOA 定位技术尤其适用于 UWB 室内定位系统。

在分析本章所设计的 UWB 室内定位算法前，首先简要地介绍 UWB 室内定位方案，即基于到达时间差的（TDOA）定位方法。

图 7-8 所示为基于 TDOA 的 UWB 定位方案，BS_1、BS_2、BS_3 代表位置已知的 UWB 基站，Tag 为所需要定位的标签。假设在 T_0 时刻标签同时向 3 个 UWB 基站发送脉冲信号，而 3 个 UWB 基站接收到该脉冲信号的时刻分别为 T_1、T_2、T_3。当 3 个 UWB 基站接收到脉冲信号后向控制中心单元发送确认通知，控制中心单元收到该通知的时刻分别为 W_1, W_2, W_3，而 τ_1, τ_2, τ_3 为 UWB 基站到控制中心单元在线上传输的时延。由于 UWB 基站到控制中心单元的信号传输采用的是光缆有线通信，这一时间都可以提前估算出来，由这些时间便可以计算到达时间差 TDOA。

基于 TDOA 的方案也称为双曲定位，其几何原理如图 7-8 所示。式（7-10）为 TDOA 二维平面坐标计算公式，i, j 指的是不同的接收点，分别以两个不同的接收点为焦点做双曲线，它们的交点就是所需要定位的目标。

$$R_{i,j} = \sqrt{(x_i - x_0)^2 + (y_i - y_0)^2} - \sqrt{(x_j - x_0)^2 + (y_j - y_0)^2} \ (i, j = 1, 2, \cdots, N) \tag{7-10}$$

式中，$R_{i,j}$ 表示标签到第 i 个基站的距离与到第 j 个基站的距离之间的差值，(x_i, y_i) 指的是不同基站的位置坐标，(x_0, y_0) 为标签的位置。

1. TDOA 的获取

本方案中 TDOA 的计算采用的是间接方法，即先获得 TOA，然后由不同基站的 TOA 相减获得 TDOA。由标签 (x_0, y_0) 向 3 个基站发射脉冲信号，接收点根据信号不同的到达时间计算差值，辅以已知信号传播速度，构建一组关于待测标签位置的双曲线方程，求解该方程可得到标签的估计位置。TDOA 参数估计方法如图 7-9 所示。

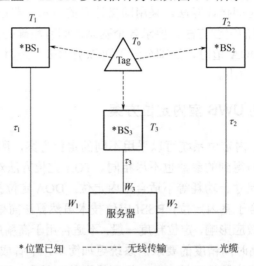

图 7-8　基于 TDOA 的 UWB 定位方案

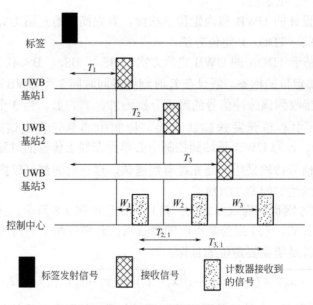

图 7-9　TDOA 参数估计方法

计算过程如下：

（1）控制中心单元收到信息通知的时刻分别为 W_1, W_2, W_3，根据各个基站到控制中心的线上时延 τ_1, τ_2, τ_3，推出各个 UWB 基站接收到信号的时刻 T_1, T_2, T_3：

$$T_1 = W_1 - \tau_1, \quad T_2 = W_2 - \tau_2, \quad T_3 = W_3 - \tau_3 \tag{7-11}$$

（2）标签同时向 3 个 UWB 基站发送脉冲信号的时刻为 T_0，由各个基站接收到信号的时刻计算得出不同的 TOA：

$$t_1 = T_1 - T_0, \quad t_2 = T_2 - T_0, \quad t_3 = T_3 - T_0 \tag{7-12}$$

（3）根据不同基站的 TOA 计算两个基站间的 TDOA：

$$T_{12} = t_1 - t_2, \quad T_{23} = t_2 - t_3, \quad T_{13} = t_1 - t_3 \tag{7-13}$$

最后将获得的 TDOA 值代入相应的算法，再参考已知 UWB 基站的位置就可以得到待定位标签的位置。

由上述获取 TDOA 值的过程可以看出，最后 TDOA 值与标签发射的时刻无关，因此，不需要各个 UWB 基站都与用户有共同的时钟。而当各个 UWB 基站之间都同步时，通过两个 UWB 基站的 TOA 相减获得 TDOA 时，可以抵消掉信号在 UWB 基站里的传输时延，提高精度，而且当时钟的同步越精确时，这种误差抵消的精确度也越高。而由于 UWB 基站到控制中心单元的传输采用的是有线的光缆传输，线上的误差都可以精确地估算出来，这部分误差在处理中就可以尽可能地消除。

2．评估标准

为了准确评估各种定位算法在超宽带系统中的定位性能，需要首先明确评估定位精准率的标准。当今常见的标准是定位值均方差（MSE）、均方根误差（RMSE）、克拉美罗下界（CRLB）、圆误差概率（CEP）等。后文主要依据 RMSE 指标对本书算法的定位精度进行探讨和评估。

基于 RMSE 的评价方法是待测用户真实位置与估计位置误差的判断标准，RMSE 的表达式如下：

$$\text{RMSE} = \sqrt{E\{(x - x_0)^2 + (y - y_0)^2\}} \tag{7-14}$$

式中，(x, y) 为用户的实际位置，(x_0, y_0) 为用户估计位置，MSE 也常用于评价定位准确率，其公式为

$$\text{MSE} = E\{(x - x_0)^2 + (y - y_0)^2\} \tag{7-15}$$

CRLB 给所有无偏差参数估计的方差确定一个下限，并为比较无偏估计量的性能提供一个标准，一般在平稳高斯噪声的平稳高斯信号的情况下，计算 TDOA 定位误差时使用：

$$\boldsymbol{\Phi} = c^2 (\boldsymbol{F}_t^{\mathrm{T}} \boldsymbol{Q}^{-1} \boldsymbol{F}_t)^{-1} \tag{7-16}$$

其中，

$$\boldsymbol{F}_t = \begin{bmatrix} \dfrac{x_1 - x_0}{R_1} - \dfrac{x_2 - x_0}{R_2} & \dfrac{y_1 - y_0}{R_1} - \dfrac{y_2 - y_0}{R_2} \\[2ex] \dfrac{x_1 - x_0}{R_1} - \dfrac{x_3 - x_0}{R_3} & \dfrac{y_1 - y_0}{R_1} - \dfrac{y_3 - y_0}{R_3} \\[1ex] \vdots & \vdots \\[1ex] \dfrac{x_1 - x_0}{R_1} - \dfrac{x_k - x_0}{R_k} & \dfrac{y_1 - y_0}{R_1} - \dfrac{y_k - y_0}{R_k} \end{bmatrix} \tag{7-17}$$

式中，$R_i, i = 1, 2 \cdots$ 为标签与各个基站位置 (x_i, y_i) 之间的距离，矩阵 $\boldsymbol{Q}$ 为 TDOA 协方差矩阵，矩阵 $\boldsymbol{\Phi}$ 的对角线元素之和给出了估计算法的理论下限，c 为光的传播速度。

CEP 是一种不确定性度量（定位估计相对于均值），针对平面定位系统，CEP 的概念是包括了一半以均值为中心的随机矢量实现的圆半径。倘若定位估计无偏差，CEP 即标签相对真实位置的不确定性度量，如图 7-10 所示。倘若估计有偏差，且以偏差 B 为界，则对于 50%概率，用户的估计位置在距离 $B + \text{CEP}$ 内，此时，CEP 是一个复杂函数，对于 TDOA 定位，通常近似表达为

$$\text{CEP} = 0.75 \sqrt{\sigma_x^2 + \sigma_y^2} \tag{7-18}$$

式中，σ_x^2, σ_y^2 分别为平面估计位置的方差。

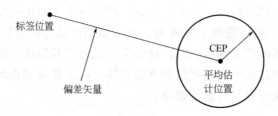

图 7-10　圆误差概率 CEP

7.4　超宽带厘米级室内定位算法设计

UWB 技术应用中标签的位置信息对整个系统至关重要，对于 UWB 定位功能的应用，目前主要关心的是提供具备精确定位功能、低成本通信。UWB 室内定位技术的主要目的是计算出各个标签在平面和空间的位置信息，精确室内定位算法是 UWB 系统中的一项关键技术。

7.4.1　CHAN-TAYLOR 级联定位算法

标签的定位精度与定位算法密切相关。UWB 定位算法包括 CHAN 方法、Fang 方法、SI 方法、LS 方法等。它们对 TDOA 测量值的误差要求不同，算法的计算复杂度也各不相同。但是，这些算法都面对一个难题，即定位准确率受到信道环境的影响比较大。

本章采用 CHAN-TAYLOR 混合定位算法，经实验仿真结果证明运用该算法定位精度大大提高，可达到厘米级，能够有效提高定位精度。CHAN-TAYLOR 级联算法步骤如图 7-11 所示。

1. 改进的 CHAN 算法

实际应用中 TOA 定位技术对设备要求很高，实现代价太大。所以，通常根据 TDOA 的测量值列出双曲线方程计算出标签的位置。一个 TDOA 可以得到标签到两个 UWB 基站之间的距离差，一系列 TDOA 的数据信息组成一组关于标签位置的双曲线方程组，得到该

方程组的解即可得到标签估计位置。TDOA 定位技术需要无错测距信息，热噪声引起的测距误差，将导致非理想的定位估计。所以，定位难点就由非线性方程求解问题转换成了非线性优化的最优估计。CHAN 算法是一种依据 TDOA 测量值估计标签位置的可行办法。下文具体分析改进的 CHAN 算法在 UWB 系统的具体运用。

$$R_k{}^2 = (x_k - x_0)^2 + (y_k - y_0)^2$$
$$R_1{}^2 = (x_1 - x_0)^2 + (y_1 - y_0)^2$$

（7-19）

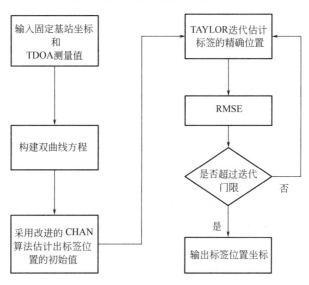

图 7-11　CHAN-TAYLOR 级联算法步骤

假设 $R_{k,1}$ 表示标签到第 k 个 UWB 基站与第 1 个 UWB 基站之间的距离差值，则有

$$R_{k,1} = R_k - R_1$$
$$R_k{}^2 = (R_{k,1} + R_1)^2$$

（7-20）

为计算非线性方程，需要先将该方程进行线性化处理，将式（7-19）代入式（7-20）得

$$R^2{}_{k,1} + R^2{}_1 + 2R_{k,1}R_1 = x_k^2 + x_0^2 - 2x_k x_1 + y_k^2 + y_0^2 - 2y_k y_1$$
$$R^2{}_1 = x_1^2 + x_0^2 - 2x_1 x_0 + y_1^2 + y_0^2 - 2y_1 y_0$$

（7-21）

将式（7-21）中两个式子相减，得

$$R^2{}_{k,1} + 2R_{k,1}R_1 = U_1 - 2x_1 x_{k,0} + U_2 - 2y_1 y_{k,0}$$
$$U_1 = x_k^2 - x_1^2;\ x_{k,0} = x_k - x_0$$
$$U_2 = y_k^2 - y_1^2;\ y_{k,0} = y_k - y_0$$

（7-22）

在式（7-22）中，将 x_0，y_0，R_1 当做未知变量，那么式（7-22）第一个式子成为线性方程组，解出该方程组即可得标签的估计位置。本书采用改进的 CHAN 算法得到标签位置估计值，并以此值作为 TAYLOR 算法的初始值，得到更加精确的估计结果。当标签远离各个 UWB 基站时，最小二乘算法计算第一次估计结果：

$$Z_a = [x_0, y_0, R_1]^T \approx (G_1^T Q^{-1} G_1)^{-1} G_1^T Q^{-1} Ha \qquad (7\text{-}23)$$

式中，

$$G_1 = \begin{bmatrix} x_2 - x_1 & y_2 - y_1 & R_2 - R_1 \\ x_3 - x_1 & y_3 - y_1 & R_3 - R_1 \\ \vdots & \vdots & \vdots \\ x_k - x_1 & y_k - y_1 & R_k - R_1 \end{bmatrix} \qquad (7\text{-}24)$$

$$Ha = 0.5 \times \begin{bmatrix} (R_2 - R_1)^2 - (x_2^2 + y_2^2) + (x_1^2 + y_1^2) \\ (R_3 - R_1)^2 - (x_3^2 + y_3^2) + (x_1^2 + y_1^2) \\ \vdots \\ (R_k - R_1)^2 - (x_k^2 + y_k^2) + (x_1^2 + y_1^2) \end{bmatrix} \qquad (7\text{-}25)$$

$$Q = de \times \left\{ 0.5 \times \begin{bmatrix} 1 & & & \\ & 1 & & \\ & & \ddots & \\ & & & 1 \end{bmatrix}_{k-1} + 0.5 \times \begin{bmatrix} 1 & 1 & \cdots & 1 \\ 1 & 1 & \cdots & 1 \\ \vdots & \vdots & \ddots & \vdots \\ 1 & 1 & \cdots & 1 \end{bmatrix}_{k-1} \right\}$$

Q 矩阵是由 TDOA 测量误差的标准差产生的。Z_a 得到结果只是模糊估计，利用这次结果校正 Q 矩阵得到另一矩阵 Q_1，运用最小二乘算法对标签位置进行进一步估计，表达式如下：

$$\begin{aligned} Ba &= \text{diag}(Z_a(3) + R_1, \ldots, Z_a(3) + R_{k-1}) \\ Q_1 &= BaQBa \\ Z_1 &= (G_1^T Q_1 G_1)^{-1} G_1^T Q_1^{-1} Ha \end{aligned} \qquad (7\text{-}26)$$

在式（7-26）估计结果的基础上，对 CHAN 算法进行改进。利用附加变量等约束条件构造一组新的误差矩阵 Q_2，再次进行标签位置估计，表达式如下：

$$\begin{aligned} Ba' &= \text{diag}(\sqrt{(Z_1(1) - x_2)^2 + (Z_2(1) - y_2)^2}, \ldots, \sqrt{(Z_1(1) - x_{k-1})^2 + (Z_2(1) - y_{k-1})^2}) \\ Q_2 &= Ba'QBa' \\ Z_2 &= (G_1^T Q_2 G_1)^{-1} G_1^T Q_2^{-1} Ha \end{aligned} \qquad (7\text{-}27)$$

利用式（7-27）得到的位置估计结果和主基站位置坐标 (x_1, y_1) 对上式结果进行修正，进而得到

$$G_1' = \begin{bmatrix} 1 & 0 \\ 0 & 1 \\ 1 & 1 \end{bmatrix}$$

$$B' = \begin{bmatrix} Z_2(1) - x_1 & 0 & 0 \\ 0 & Z_2(2) - y_1 & 0 \\ 0 & 0 & \sqrt{(Z_2(1) - x_1)^2 + (Z_2(2) - y_1)^2} \end{bmatrix}$$

$$Ha' = \begin{bmatrix} (\boldsymbol{Z}_2(1) - x_1)^2 \\ (\boldsymbol{Z}_2(2) - y_1)^2 \\ \boldsymbol{Z}_2^2(3) \end{bmatrix} \tag{7-28}$$

最终，标签位置估计的表达式

$$\boldsymbol{Z}_a' \approx (\boldsymbol{G}_1'^{\mathrm{T}} \boldsymbol{B}'^{-1} \boldsymbol{G}_1^{\mathrm{T}} \boldsymbol{Q}_2^{-1} \boldsymbol{G}_1 \boldsymbol{B}'^{-1} \boldsymbol{G}_1')^{-1} \times (\boldsymbol{G}_1'^{\mathrm{T}} \boldsymbol{B}'^{-1} \boldsymbol{G}_1^{\mathrm{T}} \boldsymbol{Q}_2^{-1} \boldsymbol{G}_1 \boldsymbol{B}'^{-1} \boldsymbol{G}_1') Ha' \tag{7-29}$$

以上改进的 CHAN 算法是以 TDOA 测量误差服从零均值的高斯分布为前提，否则将会使定位误差增大。另外，以上分析并没有规定误差为何种误差，所以，只要误差服从高斯分布，就能发挥出改进的 CHAN 算法的优良性能。

2. TAYLOR 定位算法

在 UWB 室内定位系统中，只要测得 TDOA 值，标签和两个 UWB 基站之间的距离差即可求得，一系列 TDOA 计算值组成一组双曲线方程组，该方程组的解就是标签的估计位置。经典 CHAN 是基于最大似然估计求解双曲线定位方程组的，在 TDOA 测量误差比较小时，估计性能良好，一旦 TDOA 测量误差的变大，该算法性能也随之迅速下降。本章在此基础上，利用约束条件等对经典 CHAN 算法进行改进，保证了该算法的正确性和稳定性。

TAYLOR 算法也是 TDOA 定位的有效方法，拥有精度高、健壮性强等优点，在每次的递归中通过求解 TDOA 测量误差的局部最小二乘法来更新标签的估计位置。但是该算法需要接近于真实标签位置坐标的值作为初始值，如果该值的选取不合适误差较大，TAYLOR 算法将可能不收敛，难以定位标签。

为了得到精确的标签估计位置，同时保证 TAYLOR 算法的收敛性，设计了采用改进的 CHAN 算法对测量数据进行初步处理，将此估计结果作为 TAYLOR 算法的展开点。

根据 TDOA 建立非线性观测方程，定义如下函数：

$$\begin{aligned} f(x, y) &= c(t_i - t_j) \\ &= R_i - R_j \\ &= \sqrt{(x_i - x)^2 + (y_i - y)^2} - \sqrt{(x_j - x)^2 + (y_j - y)^2} \end{aligned} \tag{7-30}$$

式中，c 为光传播速度，t_i, t_j 分别为标签到达第 i 个基站和第 j 个基站所用时间，R_i, R_j 分别为标签到达两个不同基站的距离。

设 $Z = F(x, y)$ 在点 (x_a, y_a) 的某一邻域内有 $n+1$ 阶连续偏导，$(x_a + \gamma_x, y_a + \gamma_y)$ 为此邻域内一点，则 TAYLOR 级数展开式的二元一次项为

$$F(x_a + \gamma_x, y_a + \gamma_x) = F(x_a, y_a) + \gamma_x \frac{\partial F(x_a, y_a)}{x} + \gamma_y \frac{\partial F(x_a, y_a)}{y} + \cdots \tag{7-31}$$

以改进的 CHAN 算法得到的初始位置估计 (x_0, y_0) 为参考点，对式（7-31）在该点处进行 TAYLOR 级数展开，不计二阶及以上的余项分量，该式转变成

$$\boldsymbol{\Gamma}\boldsymbol{\zeta} = \boldsymbol{A} + \boldsymbol{\Psi} \tag{7-32}$$

其中：

$$\boldsymbol{\Gamma} = \begin{bmatrix} \dfrac{x_1 - x_0}{R_1} - \dfrac{x_2 - x_0}{R_2} & \dfrac{y_1 - y_0}{R_1} - \dfrac{Y_2 - y_0}{R_2} \\[2mm] \dfrac{x_1 - x_0}{R_1} - \dfrac{x_3 - x_0}{R_3} & \dfrac{y_1 - y_0}{R_1} - \dfrac{y_3 - y_0}{R_3} \\[2mm] \cdots & \cdots \\[1mm] \cdots & \cdots \\[2mm] \dfrac{x_1 - x_0}{R_1} - \dfrac{x_{k-1} - x_0}{R_{k-1}} & \dfrac{y_1 - y_0}{R_1} - \dfrac{y_M - y_0}{R_{k-1}} \end{bmatrix}$$

$$\boldsymbol{\zeta} = \begin{bmatrix} \Delta x \\ \Delta y \end{bmatrix} \tag{7-33}$$

$$\boldsymbol{A} = \begin{bmatrix} R_{2,1} - R_2 + R_1 \\ R_{3,1} - R_3 + R_1 \\ \cdots \\ \cdots \\ R_{k-1,1} - R_{k-1} + R_1 \end{bmatrix}$$

式（7-32）中的 $\boldsymbol{\psi}$ 为误差矢量，采用加权最小二乘（Weighted Square，WLS）估计得到

$$\boldsymbol{\zeta} = \begin{bmatrix} \Delta x \\ \Delta y \end{bmatrix} = (\boldsymbol{\Gamma}^{\mathrm{T}} \boldsymbol{K}^{-1} \boldsymbol{\Gamma})^{-1} \boldsymbol{\Gamma}^{\mathrm{T}} \boldsymbol{K}^{-1} \boldsymbol{A} \tag{7-34}$$

式中，$\boldsymbol{K}$ 矩阵为 TDOA 测量值的协方差。在迭代中，令 $x_0 = x_0 + \Delta x$，$y_0 = y_0 + \Delta y$，重复以上过程逐步减小误差，直到 $\Delta x, \Delta y$ 达到足够小，符合预设门限：

$$|\Delta x| + |\Delta y| < \varepsilon \tag{7-35}$$

3. 算法分析

通信领域不管哪一种定位技术，都不能适应所有的评估标准。定位精度是 UWB 室内定位系统运行性能的一种重要的技术指标。为此，专家学者们制定了一系列技术参数，主要的技术指标有误差累计分布函数、均方根值、标准差及均方根误差等。通过这些参数，设计人员可以客观、准确地分析不同结构的定位性能差异，设计出更高精度的室内定位算法。本章针对 UWB 室内定位系统设计精确室内定位算法，其系统的一些指标如表 7-1 所示。

表 7-1　UWB 系统指标

序　号	名　称	数　值
1	中心频率	7.3GHz
2	噪声系数	4dB
3	定位距离	2～10m
4	带宽	1.2GHz

本章选择均方根误差（RMSE）作为定位算法优劣的评价标准，RMSE 可以很好地体现定位的精密度，公式如下：

$$\text{RMSE} = \sqrt{\frac{\sum_{i=1}^{n}\{(x - X_{\text{real}})^2 + (y - Y_{\text{real}})^2\}}{n}} \tag{7-36}$$

4．仿真结果

为了验证 CHAN-TAYLOR 级联定位算法的性能，仿真时 UWB 基站分布在 10×10 的范围内，采用 4 个 UWB 基站，分别安置在房间的 4 个位置。TDOA 的计算值误差服从均值为零、方差为 σ^2 的正态分布。由于实际环境中的 TOA 测量值会受到环境的影响，那么在进行仿真时，改变环境中的信噪比，来观察信噪比对 TOA 值的影响。先选取高斯信道来进行仿真，首先挑选测距区间 0～4m，那么采用模拟实际的 TOA 间隔值为 $[1,2,3,4]$，将其中的信噪比设置为 $[-10,-5,0,5,10](\text{dB})$，仿真进行 1000 次并求平均值，结果如图 7-12 所示。

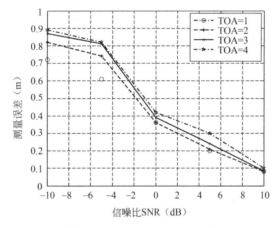

图 7-12　信噪比对 TOA 影响

从图 7-12 中分析可以得到：当 SNR 从-5dB 降到-10dB，信号受到噪声严重影响，TOA 估计值精确度也随之降低，测量误差越来越大；当 SNR 超过 0dB 以后，可以看出误差显著变小；而伴随距离的增加，误差也会变大，在 SNR 达到一定值时，误差的变化趋于平缓。因而可以得出如下结论：SNR 越大，所得 TOA 估计值越稳定和精确。

对经典 CHAN 算法和 CHAN-TAYLOR 级联定位算法进行比较分析，如图 7-13 所示。为了保证精确性和稳定性，仿真实验都取 1000 次的平均值，并且求出定位均方根误差。由图 7-13 可以看出，在 TDOA 测量值标准差为 0.1～0.5ns 时，经典 CHAN 算法所得结果均方根误差在 20cm 以下，而所设计的 CHAN-TAYLOR 级联定位算法的均方根误差保持在 10cm 以下；当 TDOA 测量值标准差为 0.5～0.9ns 时，经典 CHAN 算法误差较大，而所提算法均方根误差仍保持在 10cm 以下。

7.4.2　PLS-PSO 混合定位算法

为了实现室内环境下更高精度的超宽带定位，设计了一种基于偏最小二乘算法（PLS）

和粒子群优化技术（PSO）的室内定位方案。如图 7-14 所示，该方案借助偏最小二乘算法对定位数据进行建模分析，采用粒子群优化算法实现定位。仿真结果显示，该方案定位均方误差可达厘米级，且对复杂部署环境具有较强的适应性，性能较稳定、稳健性强。

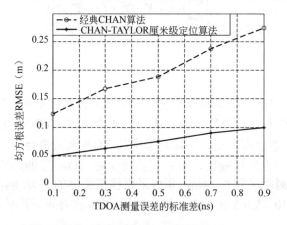

图 7-13　定位性能评价图

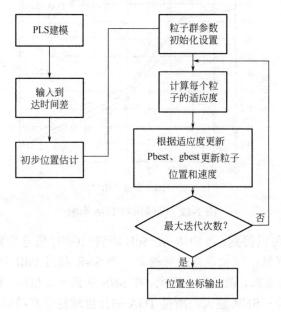

图 7-14　PLS-PSO 混合定位算法流程图

1. 偏最小二乘（PLS）算法

将偏最小二乘算法应用到室内定位中，采用一种基于 PLS 算法的精确 UWB 室内定位方案。仿真结果表明，在室内环境中，该方案能较大程度地改善 PSO 算法收敛速度慢、易陷入局部极小点等对定位精度的影响，具有较高的定位精度。

PLS 算法是 S.Wold 和 C.Albano 等人在 1983 年首先推出的，该算法利用对系统中的数据信息进行分化和挑拣，提炼对因变量关联性最强的综合变量，辨识系统中的信息和噪声。PLS 算法是经过最小二乘回归扩展而来，在化学领域得到了最初的关注。近些年，PLS 算法在经济、水利、环保和电力等领域都得到了广泛的应用，并取得了良好的效果。Bineng Zhong 等人将 PLS 算法用在目标的跟踪与分割中，产生的视觉效果和定量测量表明该方法能完成准确的目标跟踪结果和分割结果。以上证明了 PLS 算法在定位系统中的适用性，PSO 算法程序易于理解，便于实现，复杂度低，后期维护也简便，但 PSO 算法优化后期存在诸多问题对定位精度造成不利的影响。本书基于 PLS 算法运用一种 PLS-PSO 混合定位算法。

假设待测区域为一个二维平面，在其中存在 k 个 UWB 基站，已知坐标信息，即固定 UWB 基站。UWB 基站所采集的测量数据到达时间之间的差值（TDOA）和 UWB 之间的距离数据可以分别表示成两组矢量数据 $\boldsymbol{T}_i = [T_{i1}, T_{i2}, \cdots, T_{ik}]^{\mathrm{T}}$（到 k 个已知位置 UWB 接收机的 TDOA 测量值）和 $\boldsymbol{R}_i = [R_{i1}, R_{i2}, \cdots, R_{ik}]^{\mathrm{T}}$（相应的 UWB 接收机间距离差）。此时，得到：

$$\boldsymbol{R} = \boldsymbol{T}\boldsymbol{\eta} + \varepsilon \tag{7-37}$$

式中，$\boldsymbol{\eta} = (\eta_1, \eta_2, \cdots, \eta_k)^{\mathrm{T}}$ 是回归系数，ε 为随机误差。为了获得 TDOA 与真实距离之间的最优线性关系，方程需要获得 $\boldsymbol{\eta}$ 的最优估计值 $\hat{\boldsymbol{\eta}}$。这就需要使 $\|\varepsilon\|^2$ 最小，当 $\|\varepsilon\|^2$ 最小时，可以得

$$\boldsymbol{T}^{\mathrm{T}}\boldsymbol{T}\hat{\boldsymbol{\eta}} = \boldsymbol{T}^{\mathrm{T}}R \tag{7-38}$$

从式（7-37）知，$\boldsymbol{T}$ 中的变量间也会存在严重的多重相关性，此时对式（7-38）直接计算，将导致估计结果失效。与此同时，估计值 $\hat{\boldsymbol{\eta}}$ 的精度不只与输入变量相关，还与输出变量 $\boldsymbol{R}$ 有关，两者共同决定着 $\hat{\boldsymbol{\eta}}$ 的预测方向。

具体如下：

（1）初始化 $\boldsymbol{u}$：$\boldsymbol{u} = \boldsymbol{r}_i$，其中 $\boldsymbol{r}_i$ 是 $\boldsymbol{R}$ 中的任意一个列向量。

（2）计算 $\boldsymbol{T}$ 的权值向量 $\boldsymbol{w}$：$\boldsymbol{w} = (\boldsymbol{T}\boldsymbol{T}_u)/(\boldsymbol{u}\boldsymbol{T}_u)$。

（3）归一化 $\boldsymbol{w}$：$\boldsymbol{w} = \boldsymbol{w}/\|\boldsymbol{w}\|$。

（4）$\boldsymbol{t} = (X\boldsymbol{w})/(\boldsymbol{w}^{\mathrm{T}}\boldsymbol{w})$，$\boldsymbol{t} \leftarrow \boldsymbol{t}/\|\boldsymbol{t}\|$。

（5）检验收敛性，若收敛转步骤（6），否则转步骤（2）。

（6）推算 $\boldsymbol{R}$ 的权值向量 $\boldsymbol{c}$：$\boldsymbol{c} = (\boldsymbol{R}\boldsymbol{T}_t)/(\boldsymbol{t}\boldsymbol{T}_t)$。

（7）归一化 $\boldsymbol{u}$：$\boldsymbol{u} = \boldsymbol{u}/\|\boldsymbol{u}\|$。

（8）$\boldsymbol{u} = \boldsymbol{R}\boldsymbol{c}$，$\boldsymbol{u} \leftarrow \boldsymbol{u}/\|\boldsymbol{u}\|$。

2. PLS-PSO 定位模型搭建

PLS-PSO 混合定位算法分两个阶段：训练阶段和定位阶段。训练阶段，根据 PLS 构建定位模型；在定位阶段，运用训练得出的映射模型对未知标签进行位置估计，PLS-PSO 定位大致流程如图 7-15 所示。

图 7-15　PLS-PSO 定位大致流程

3. PSO 算法适应值函数选取

PSO 算法是一种进化计算方法，同遗传算法类似，都是一种基于群体迭代的优化算法。初始化一群随机粒子，然后通过迭代计算寻找到最优解。但它比遗传算法更简单一些，也无须遗传算法的交叉和变异计算，它依据搜寻当前搜索到的最优值来确定全局最优解。

所设计的 PLS-PSO 混合定位算法的主要思想如下：根据 PLS 算法建立定位模型，采用 PSO 算法进行位置估计，通过迭代寻找到最优解，直到达到满意的结果为止。具体步骤如下：

（1）通过建立的偏最小二乘回归方程，把未标准化的回归系数作为目标变量来对其进行优化，输入一组新的 TDOA 值，构建定位模型。

（2）对速度值进行初始设定，适应度函数为要优化的目标函数。这里选取定位标准差作为适应度函数，如下式：

$$f_1(x) = \frac{1}{m}\sum_{i=1}^{m}\left[\frac{|x_{mi}-x_i|}{y_i}\right]$$
$$f_2(x) = \frac{1}{n}\sum_{i=1}^{n}\left[\frac{|x_{ni}-x_i|}{x_i}\right] \tag{7-39}$$

式中，$f_1(x)$ 是样本数据的拟合误差；$f_2(x)$ 是保留的用于验证模型数的预测误差；m 是样本的数量，n 是用于预测的样本数量。x_{mi} 是第 m 次观测的拟合值，x_{ni} 是用于预测的第 n 次观测的预测值，x_i 是第 i 次观测的观测值。为了找到最优的解，需要式（7-39）均达到最小，即最终的适应度函数为

$$\min f(x) = \alpha_1 f_1(x) + \alpha_2 f_2(x) \tag{7-40}$$

式中，α_1 和 α_2 是权重，且 $\alpha_1 + \alpha_2 = 1$。

（3）对于每一个粒子，将其适应值与所到达过的最优位置 P_i 的适应值进行对比，若更好，则令其成为当前最好的位置。

（4）对于每一个粒子，将其适应值与全局经历过的最好位置 P_g 的适应值进行比较，若较好，则将其作为当前全局最好的位置。

（5）遵照下面两个式子对粒子的速度和位置进行更新；

$$V_{ik} = \begin{cases} K(v_{ik} + c_1 g_1(P_{ik}-x_{ik}) + c_2 g_2(P_{gk}-x_{ik})), X_{\min} < x_{ik} < X_{\max} \\ 0, \ 其他 \end{cases}$$
$$x_{ik} = \begin{cases} x_{ik} + V_{ik}, & X_{\min} < x_{ik} < X_{\max} \\ X_{\max}, & x_{ik} + V_{ik} > X_{\max} \\ X_{\min}, & x_{ik} + V_{ik} < X_{\min} \end{cases} \tag{7-41}$$

式中，v_{ik} 表示第 i 个粒子在第 k 次迭代时的速度；c_1, c_2 代表学习因子；g_1, g_2 为对角元素均匀分布在 $[0,1]$ 内的随机数组成的对角线矩阵；K 指的是加权因子，一般在 $0.1 \sim 0.9$；x_{ik} 为第 i 个粒子在第 k 次迭代的粒子坐标；$X_{\max}, X_{\min}$ 为粒子所能到达的范围。

（6）若达到了足够好的适应值，则执行步骤（7）；否则再转到步骤（2）。

（7）给出最终结果。

4．仿真结果

定位算法性能评判通常采用软件仿真的方式来评价定位算法的优劣。本节通过仿真实验来分析和评价 PLS-PSO 混合定位算法在超宽带室内定位系统中的性能。仿真在 MATLAB 平台上进行，所有的编码都选用 MATLAB 语言编译。实验考虑在 10×10 的空间进行仿真，4 个 UWB 基站分布在房间的 4 个角，坐标分别为 $(0,0)$，$(0,10)$，$(10,0)$，$(10,10)$。PSO 算法的参数选取如下：粒子更新速率最大值为 $V_{max} = 2.5$，学习因子 c_1 和 c_2 为 1.5，最大加权因子 $W_{max} = 0.7368$，最小加权因子 $W_{min} = 0$，粒子群的种群大小为 200。为了降低一次实验结果的片面性，每种部署实验都进行了 1000 次仿真，以每次结果的均方根误差 RMSE 为评价依据。

仿真针对所采用的 PLS-PSO 混合定位算法与 PSO 算法进行了比较，如图 7-16 所示。实线显示干扰误差对于 PSO 算法的定位结果影响不大。但是，实现高精度的位置估计，PSO 算法单独使用不太理想。

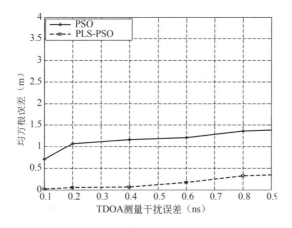

图 7-16　PLS-PSO 定位性能评价

7.5　基于实际超宽带信道模型的定位算法设计

在建模的室内信道模型的基础上，采用基于修正 S-V 模型的 IEEE 802.15.3a 标准信道模型而非仅仅是高斯白噪声信道分析其对定位精度的影响，并进一步改进所提的定位算法。

为了进一步提高定位精度，提出了一种基于 UWB 定位系统的 2LS-PSO 算法。采用了有导频辅助的搜索方式，减少超宽频信号的获取时间，允许更精确的时间测量。为提高 PSO 算法的收敛速度，本次选取两步最小二乘算法来做初始位置估计。仿真结果证明了该算法在 IEEE 802.15.3a 信道下的有效性和稳健性，定位系统模型和算法流程图如图 7-17 所示。

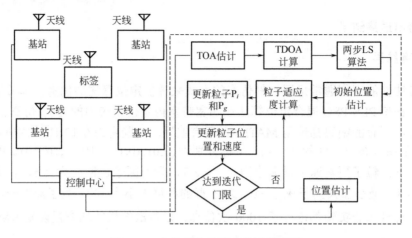

图 7-17 定位系统模型和算法流程图

1. 修正 S-V 信道模型

修正 S-V 信道模型又称为 IEEE 802.15.3a 标准信道模型,描述了多径按簇分布的情况,一般情形下,能够比较好地拟合 UWB 信道中的数据信息。IEEE 工作组对 S-V 模型进行了一些完善,用对数正态分布代表多径增益幅度,用另一对数正态随机变量阐释总多径增益的波动,避免了传统信道模型存在幅度衰落不再表现为瑞利衰落,可能在多径延迟内没有多径成分等问题,使得修正 S-V 信道模型更加接近实测数据,更加契合 UWB 通信系统中的实际信道。

IEEE 802.15.3a 标准信道模型的冲击响应函数为

$$h(t) = X \sum_{m=1}^{M} \sum_{j=1}^{K(m)} \alpha_{mj} \delta(t - T_m - \tau_{mj}) \tag{7-42}$$

式中,X 是对数正态随机变量,表示信道的幅度增益;m 指的是观测到的簇的个数;$k(m)$ 代表第 m 簇内接收到的多径数量;α_{mj} 指的是第 m 簇中的第 j 条路径的系数;T_m 表示第 m 簇到达时间,τ_{mj} 指的是第 m 簇中的第 j 条路径的时延。

式(7-42)中的信道系数 α_{mj} 可表示为

$$\alpha_{mj} = q_{mj} \varphi_{mj} \tag{7-43}$$

式中,q_{mj} 是均等概率取 +1、−1 的离散随机变量;φ_{mj} 指的是第 m 簇中的第 j 条路径服从正态分布的信道系数。φ_{mj} 可表达为

$$\varphi_{mj} = 10^{\frac{x_{mj}}{20}} \tag{7-44}$$

式(7-44)中的 x_{mj} 服从 $(u_{mj}^2, \theta_{mj}^2)$ 的高斯随机变量。另外,x_{mj} 进一步分解为

$$x_{mj} = u_{mj} + \chi_{mj} + \lambda_{mj} \tag{7-45}$$

式中,χ_{mj} 和 λ_{mj} 是两个高斯随机变量,分别代表每簇和每一分量的信道系数波动。运用每

簇幅度和簇内的每个多径分量的幅度都服从指数衰减的特征，可算出 u_{mj} 的值：

$$\left\langle \left|\varphi_{mj}\right|^2 \right\rangle = \left\langle \left|10^{\frac{u_{mj}+\chi_{mj}+\lambda_{mj}}{20}}\right| \right\rangle$$

$$= \left\langle \left|\varphi_0\right|^2 \right\rangle \mathrm{e}^{\frac{T_m}{\Omega}} \mathrm{e}^{\frac{\tau_{mj}}{\Upsilon}} \tag{7-46}$$

$$\Rightarrow u_{mj} = \frac{10\ln\left(\left\langle \left|\varphi_0\right|^2 \right\rangle\right) - 10\dfrac{T_m}{\Omega} - 10\dfrac{\tau_{mj}}{\Upsilon}}{\ln 10} - \frac{(\sigma_a^2 + \sigma_b^2)\ln 10}{20}$$

在修正 S-V 模型中，第 j 簇第 m 条路径的增益是复随机变量，它的模为 φ_{mj}，$\left\langle \left|\varphi_0\right|^2 \right\rangle$ 代表 $\left|\varphi_0\right|^2$ 的期望值，φ_0 指的是第一簇第一条路径的平均能量，Ω 和 Υ 分别表示簇和多径的功率衰减系数，到达时间变量 T_m 和 τ_{mj} 分别为到达速率 Λ 和 λ 的泊松过程，σ_a^2 与 α_b^2 为 χ_{mj} 和 λ_{mj} 的方差。

幅度增益 X 是对数正态随机变量，表达式如下：

$$X = 10^{\frac{p}{20}} \tag{7-47}$$

式中，p 服从 (p_0^2, σ_p^2) 的高斯随机变量，p_0 的值由平均总多径增益决定 L，则有

$$p_0 = \frac{10\ln L}{\ln 10} - \frac{\sigma_p^2 \ln 10}{20} \tag{7-48}$$

总多径增益 L 表示发送一个单位能量的脉冲时，接收到的 m 个脉冲的总能量与发射的脉冲在传播过程中遭受的衰减有关。在多径环境下，L 随着距离的增加而减小，可以通过下式得到：

$$L = \frac{L_0}{D^\varsigma} \tag{7-49}$$

式中，L_0 是距离 $D=1\mathrm{m}$ 时的参考功率增益，ς 为能量或功率的衰减指数。L_0 的值可以采用下式得到：

$$L_0 = 10^{\frac{-A_0}{10}} \tag{7-50}$$

式中，A_0 表示参考距离 $D=1\mathrm{m}$ 时的路径损耗。

IEEE 工作组给出修正 S-V 信道模型在不同环境下信道的参数值，如表 7-2 所示。

表 7-2　修正 S-V 信道模型的参数设定

信道环境	Λ（1/ns）	λ（1/ns）	Ω	γ	σ_a	σ_b	σ_p
CM1：LOS（0～4m）	0.0233	2.5	7.1	4.3	3.3941	3.3941	3
CM2：NLOS（0～4m）	0.4	0.5	5.5	6.7	3.3941	3.3941	3
CM3：NLOS（4～10m）	0.0667	2.1	14	7.9	3.3941	3.3941	3
CM4：极限 NLOS 多径信道	0.0667	2.1	24	12	3.3941	3.3941	3

冲击响应函数式（7-33）表示的信道模型可以表征为下列参数：

（1）簇平均到达率 Λ。

（2）脉冲平均到达率 λ。

（3）簇的功率衰减因子 Ω。

（4）簇内脉冲的功率衰减因子 γ。

（5）簇的信道系数标准偏差 σ_a。

（6）簇内脉冲的信道系数标准偏差 σ_b。

（7）信道幅度增益的标准偏差 σ_p。

2. 2LS-PSO 定位算法分析

UWB 基站测得的脉冲信号可以表示为

$$\gamma_i(t) = \sum_{i=1}^{M} s_i(t)h(t) + n(t) \tag{7-51}$$

式中，$\gamma_i(t)$ 指的是第 i 个 UWB 基站处的信号，$s(t)$ 代表的是标签发射脉冲信号形式，$h(t)$ 表示的是信道模型的冲激函数式，这里指修正 S-V 信道模型，即式（7-42）；$n(t)$ 指的是热噪声。

将式（7-42）代入式（7-51）得

$$\gamma_i(t) = \sum_{i=1}^{M} s(t) X \sum_{m=1}^{M} \sum_{j=1}^{K(m)} \alpha_{mj}\delta(t - T_m - \tau_{mj}) + n(t) \tag{7-52}$$

标签发射信号信号形式可表示为

$$s_i(t) = \sum_i \sqrt{E_i} \sum_{j=1}^{N} p[t - (j-1)T_s - c_j(j)T_c - a_j\theta] \tag{7-53}$$

通过分析接收到信号的峰值来估计 TOA 值，进而间接获得 TDOA。具体分析如下：

$$\begin{aligned}
\hat{\tau}_i &= \arg\max_\tau \int r_i(t)s_i(t - \tau_i)\mathrm{d}t \\
&= \arg\max_\tau \int \left(\sum_{i=1}^{M} s_i(t)h(t) + n(t) \right) s_i(t - \tau_i)\mathrm{d}t \\
&= \arg\max_\tau \int \sum_{i=1}^{M} \left(\sum_i \sqrt{E_i} \sum_{j=1}^{N} p(t - (j-1)T_s - c_j(j)T_c - a_j\theta)h(t) + n(t) \right) \times \\
&\quad \sum_{i=1}^{M} \left(\sum_i \sqrt{E_i} \sum_{j=1}^{N} p((t - \tau_i) - (j-1)T_s - c_j(j)T_c - a_j\theta) \right)\mathrm{d}t
\end{aligned} \tag{7-54}$$

粒子群优化算法（Particle Swarm Optimization，PSO）是一种基于群集智能（Swarm Intelligence）的优化技术，由仿效鸟群捕食的社会行为抽象而来的，鸟群之间通过集体的协作使群体达到最优化目的（找到食物）。鸟被抽象为粒子群中的一个个粒子，每个粒子都有一个被目标函数决定的适应值，依据自身飞行经历和其他粒子的飞行经历，不断更新自身最好位置，向最优解位置靠近。同 GA（Genetic Algorithm）算法类似，都是采用群体迭代来实现算法的，但是 PSO 算法不需要变异、交叉运算，而是微粒在解空间内趋近粒子最优位置进行搜索的。

PSO 算法的基本思想如下：通过群体中个体之间互助和信息同享来确定最优解。每个粒子都是由鸟群中的一只鸟抽象而来的，所有的粒子位置的优劣由适应值函数决定，每一个粒子都有记忆功能，根据适应值函数，将搜索到的最佳位置记录下来，如果该粒子的位置不是最优位置，该粒子将会参考自身，以及其他粒子的飞行经历动态调整未来的飞行距离和方向。

本章在采用 2LS 算法得到的定位估计结果基础上，结合 PSO 算法的优化，提出 2LS-PSO 混合定位算法。PSO 算法的主要步骤如表 7-3 所示。

表 7-3　PSO 算法的主要步骤

Algorithm	pseudo-code for canonical PSO
Step 1.	Setting Parameters：c_1，c_2，r_1，r_2，w，etc.
Step 2.	For each particle i: Initialize $p_i(0)$; Initialize $V_i(0)$; Initialize $p_g(0)$ with $p_i(0)$;
Step 3.	Evaluate the fitness $f(x)$ of each particle of the swarm
Step 4.	Repeat: For each particle i in the swarm update particle i according to: $$V_{ik} = \begin{cases} K(v_{ik} + c_1 g_1(P_{ik} - x_{ik}) + c_2 g_2(P_{gk} - x_{ik})), X_{\min} < x_{ik} < X_{\max} \\ 0, \qquad\qquad\qquad\qquad other \end{cases}$$ $$x_{ik} = \begin{cases} x_{ik} + V_{ik}, & X_{\min} < x_{ik} < X_{\max} \\ X_{\min}, & x_{ik} + V_{ik} > X_{\max} \\ X_{\min}, & x_{ik} + V_{ik} < X_{\min} \end{cases}$$ If $f(p_i(\tau)) < f(p_i(0))$, Then $p_i(0) = p_i(\tau)$; End End If $f(p_i(\tau)) < f(p_g(\tau))$, Then $p_g(\tau) = p_i(\tau)$; End End Chose the smallest p_g as the x_{ik} For each particle i in the swarm Update V_{ik} and x_{ik};　　End
Step 5.	Until the maximum number of iterations

本章提出 2LS-PSO 混合定位算法，首先采用两步最小二乘算法（2LS）对定位数据信息进行初步处理，以 2LS 进行初始标签位置估计，然后引入 PSO 优化算法，结合 PSO 优化算法得到更加精确的位置估计结果，其流程如图 7-18 所示。

3. 仿真结果

本章在以上基础上提出基于 2LS-PSO 混合定位算法，通过比较该算法与 LS 算法的定位结果，分析该定位算法的性能。参数设置如表 7-4 所示。

图 7-18 2LS-PSO 算法流程

表 7-4 2LS-PSO 定位算法的参数设置

名　称	数　值
学习因子 c1	1.4862
学习因子 c2	1.4862
粒子的最大速度 Vmax	2.5
惯性因子	0.7368
群体规模	100
迭代次数	75

4 个 UWB 基站的位置坐标分别为（10,10）、（0,10）、（10,0）、（0,0），标签在此区域内随机分布。为了保证实验结果的稳定性和准确性，所有仿真结果是 1000 次独立运行的平均水平。采用误码率（比特误码率）BER 作为仿真结果的性能指标，图 7-19 表示不同的信道的 BER。随着信噪比的增加，在 AWGN 信道和 IEEE 805.15.3a 的 CM1、CM2 信道性能均降低。可以看出，该算法在 AWGN 信道的性能优于 IEEE 802.15.3a 下的信道。但是，AWGN 信道不考虑路径损耗和阴影的影响。因此，当评估 UWB 系统性能时，IEEE 802.15.3a 信道模型十分重要。

图 7-20 显示各算法的性能，对于 LS 算法，当误差较小时定位性能良好，但随着误差变大，定位误差也增长。2LS-PSO 混合定位算法受噪声影响较小，仿真结果表明，在 IEEE 802.15.3a 信道环境下，本书提出的算法表现稳定，定位精度高，尤其在噪声比较大的情况下，明显优于 LS 算法。

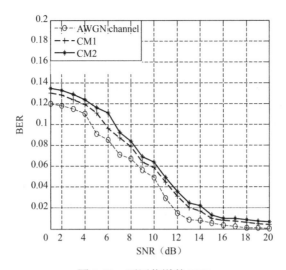

图 7-19　不同信道的 BER

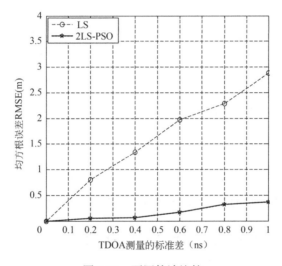

图 7-20　不同算法比较

7.6　干扰对定位精度影响分析

多用户干扰显著影响着超宽带系统的性能。在多用户系统中，待测用户的信号会受到来自其他用户的干扰，使精度变差。Issa、Yamen 等基于 IR-UWB 研究跳时脉冲位置调制系统的性能，比特误码率性能分析考虑 MAI 的影响[42]。Hazra、Ranjay 和 Tyagi、Anshul 将双跳合作策略应用于 IR-UWB 系统误码率分析[43]。Baek、Sunyoung 等采用多个接收天线，对不同数量的天线和 MP（Multi Paths），评估二进制 PPM 调制分析系统性能[44]。Yin、Hai Bo 等结合稀疏变换和最小化算法重构 UWB-2PPM 信号，理论分析和仿真表明该算法可以重构原传输信号且不依据导频信号[45]。Xu Huibin 等基于 SGA 仿真结果揭示了反极性抗 MUI 阻力优于正交[46]。Naanaa、Anis 分析了基于 TH-CDMA 的超宽带系统的误码率性能，研究了碰撞时间和其他用户多路访问对系统性能的影响[47]。Kristem、Vinod 等研究多用户干扰 MUI 和多路径传播对的超宽带系统性能的抑制，并提出 TH-IR 非线性处理方案，通知有优化参数选择表明该算法优于阈值和中值滤波算法[48]。Yanf Chen 等考虑 TH-PPM 信号，评估基于 SGA 和 MUI 的超宽带系统的误码率[49]。Yuhong、Li 等对直接序列脉冲幅度调制（DS-PAM），时间跳跃脉冲位置调制（TH-PPM）和 MB-OFDM 超宽频系统进行性能比较[50]。

众所周知，GPS 和 E-911 在室外通信与定位领域发挥着举足轻重的作用，而在室内定位技术中，超宽带发展正成为促进社会和生活改变的新动力。本章节针对多用户 UWB 无线电通信，分析在多用户干扰 MUI 情况下的 UWB 系统的性能。重点介绍了最佳二进制正交脉冲位置调制（2PPM）和二进制反极性脉冲幅度调制（2PAM）多用户通信的基本原理，从理论和仿真上对 THMA-UWB 系统性能进行了分析，包括几种调制方式和参数对系统抗干扰的分析，最终对系统的误码率进行了仿真分析。

7.6.1 信号模型

UWB 信号是极窄的脉冲信号，在这里，接收信号建模为高斯函数二阶导数形式，其时域和频域表达式分别为

$$p_0(t) = A\left[1 - 4\pi\left(\frac{t}{T_{tau}}\right)^2\right]\exp\left[-2\pi\left(\frac{t}{T_{tau}}\right)^2\right]$$

$$p_0(f) = \frac{A\pi}{\sqrt{2}}T_{tau}(fT_{tau})^2\exp\left[-\frac{\pi(fT_{tau})^2}{2}\right]$$

(7-55)

式中，T_{tau} 为高斯脉冲成形因子，也是脉冲宽度的数值；A 为信号脉冲峰值幅度。

7.6.2 最佳二进制正交脉冲相位调制：2PPM-THMA

在 UWB 通信系统中，选用二进制脉冲相位调制，扩频方式选取跳时（TH）扩频。此时，第 k 个用户传输的二进制 PPM-THMA 信号的表达式为

$$f_{TX}^{(k)}(t) = \sum_{j=-\infty}^{+\infty} A^{(k)}s(t - jT_s - c_j^{(k)}T_c - \alpha_j^{(k)}\varepsilon)$$

(7-56)

式中，$s(t)$ 是能量归一化的脉冲信号；$A^{(k)}$ 表示每个脉冲的传输能量；T_s 是平均脉冲重复时间；$c_j^{(k)}T_c$ 是由于 TH 码引起的时移；$c_j^{(k)}$ 是第 k 个标签采用的 TH 码的第 j 个系数；T_c 为切普宽度；$a_j^{(k)}\varepsilon$ 代表调制致使的时延；$a_j^{(k)}$ 是第 k 个标签的第 j 个脉冲传输的二进制数值；ε 是 PPM 偏移。

一般而言，用 $N_s \geqslant 1$ 个脉冲输送一个比特信息。用 N_s 个脉冲传输一个比特对平均脉冲重复时间 T_s 有如下约束：

$$T_s \leqslant T_b / N_s \Rightarrow T_s = \gamma_R(T_b / N_s), \gamma_R \leqslant 1$$

(7-57)

式中，T_b 为传输一个比特所用时间，γ_R 是一个参数。

为了不失一般性，假设 TH 码引起的最大时延不超过平均脉冲重复时间 T_s，故切普宽度 T_c 必须满足

$$T_c \leqslant T_s / N_h \Rightarrow T_c = \gamma_c (T_s / N_h), \gamma_c \leqslant 1 \tag{7-58}$$

调制后每个脉冲的宽度都限制在切普宽度 T_c 范围内，所以，PPM 偏移 ε 满足

$$\varepsilon \leqslant T_c - T_M \tag{7-59}$$

式中，T_M 为 $s(t)$ 的持续时间。

假设一个 TH-UWB 系统包含 N_k 个标签，则参考基站接收到的信号为来自 N_k 个标签的所有信号和热噪声的总和，即

$$
\begin{aligned}
\phi(t) &= \sum_{k=1}^{N_k} \sum_{j=-\infty}^{+\infty} (\vartheta^{(k)})^2 A^{(k)} s(t - jT_s - c_j^{(k)} T_c - a_j^{(k)} \varepsilon - \tau^{(k)}) + n(t) \\
&= \phi_u(t) + \phi_{\text{MUI}}(t) + n(t)
\end{aligned}
\tag{7-60}
$$

式中，$A^{(k)}$ 代表第 k 个标签的信号经过传输路径到达接收端在幅度上的衰减；$\tau^{(k)}$ 为传输时延。$\phi_u(t)$ 代表基站输入端的有用信号；$\phi_{\text{MUI}}(t)$ 表示基站输入端的 MUI 分量；$n(t)$ 是双边功率谱密度为 $N_0 / 2$ 的加性高斯白噪声。

为了不失一般性，参考接收机解调来自第一个用户的第一比特信号，UWB 基站已知 TH 码，即 $c_j^{(k)}$，且发射机和基站之间完全同步，则基站输入端的有用信号和 MUI 分量 $\phi_u(t)$ 和 $\phi_{\text{MUI}}(t)$ 可分别表示为

$$
\begin{aligned}
\phi_u(t) &= \sum_{j=0}^{N_s-1} \sqrt{A^{(1)}} s(t - jT_s - c_j^{(k)} T_c - a_j^{(k)} \varepsilon) \\
& t \in (0, T_b) \\
\phi_{\text{MUI}}(t) &= \sum_{n=2}^{N_k} \sum_{j=-\infty}^{+\infty} \sqrt{A^{(k)}} s(t - jT_s - c_j^{(k)} T_c - a_j^{(k)} \varepsilon - \tau^{(k)}) \\
& t \in [0, T_b]
\end{aligned}
\tag{7-61}
$$

软判决相关基站的输出，可表示如下：

$$
\begin{aligned}
P &= \int_0^{T_b} \phi(t) m(t) \mathrm{d}t = P_u + P_{\text{MUI}} + P_k \\
m(t) &= \sum_{j=0}^{N_s-1} r(t - jT_s - c_j^{(k)} T_c) \\
r(t) &= s(t) - s(t - \varepsilon)
\end{aligned}
\tag{7-62}
$$

对于最佳正交 2PPM 调制，选择关于 ML 准则的判决标准，即式（7-59）中得到的 P 值与阈值 0 比较，判决规则如下：

$$
\begin{cases}
P > 0 \Rightarrow \hat{b} = 0 \\
P < 0 \Rightarrow \hat{b} = 1
\end{cases}
\tag{7-63}
$$

为了保持一般性，探讨系统性能。P_{MUI} 和 P_k 均服从均值为 0，方差分别为 σ_{MUI}^2 和 σ_k^2 的高斯分布。同时考虑热噪声和 MUI 的影响，平均误码率表达式如下：

$$\mathrm{Pr_b} = \frac{1}{\sqrt{\pi}} \int_{\sqrt{\frac{\mathrm{SNR_{sp}}}{2}}}^{+\infty} e^{\xi^2} \, d\xi$$

$$\mathrm{SNR_{sp}} = \frac{E_b}{\sigma_k^2 + \sigma_{MUI}^2} \tag{7-64}$$

$$= ((\mathrm{SNR}_k)^{-1} + (\mathrm{SIR})^{-1})^{-1}$$

$$= ((E_b / \sigma_k^2)^{-1} + (E_b / \sigma_{MUI}^2)^{-1})^{-1}$$

不失一般性，有用信号的能量 E_b 能够根据计算一个比特的 N_s 个脉冲在接收端输出的有用能量总和获得：

$$E_b = (P_u)^2$$

$$= \left(A^{(1)} \sum_{i=0}^{N_s-1} \int_{iT_s + c_j^{(1)} T_c}^{iT_s + c_j^{(1)} T_c + T_c} s(t - iT_s - c_j^{(1)} T_c) r(t - iT_s + c_j^{(k)} T_c) dt \right)^2$$

$$= A^{(1)} \left(N_s \int_0^{T_c} s(t)(s(t) - s(t-\varepsilon)) dt \right)^2 \tag{7-65}$$

$$= A^{(1)} (N_s)^2 \left(\int_0^{T_c} s(t)^2 dt - \int_0^{T_c} s(t) s(t-\varepsilon) dt \right)^2$$

$$= A^{(1)} (N_s - N_s W(\varepsilon))^2$$

$$= A^{(1)} N_s (1 - W(\varepsilon))$$

式中，$W(\varepsilon)$ 是脉冲信号 $s(t)$ 的自相关函数。二进制 PPM 接收机输出热噪声的方差 σ_k^2 和 σ_{MUI}^2 如下：

$$\sigma_k^2 = N_s N_0 (1 - W(\varepsilon))$$

$$\sigma_{MUI}^2 = \sum_{k=2}^{N_u} \frac{N_s A^{(k)}}{T_s} \int_0^{T_s} \left(\int_0^{2T_M} s(t - \tau^{(k)}) r(t) dt \right)^2 d\tau \tag{7-66}$$

因此，信号和热噪声的比值 SNR_k、信号与 MUI 干扰的比率 $\mathrm{SIR_{MUI}}$ 可以表示为

$$\mathrm{SNR}_k = E_b \frac{1 - W(\varepsilon)}{N_0}$$

$$\mathrm{SIR} = \frac{(1 - W(\varepsilon))^2 \gamma_R}{\sigma_M^2 R_b \sum_{k=2}^{N_u} \frac{A^{(k)}}{A^{(1)}}} \tag{7-67}$$

当 $W(\varepsilon)$ 取最小值时，SNR_k 得到最大值，并且可以选取最佳 ε 值，使得 SNR_k 得到最大值。这一过程即为最佳 2PPM 调制。对于正交脉冲，因为 PPM 偏移 ε 大于脉冲持续时间 T_M，$W(\varepsilon)$ 恒等于 0，故有 $1 - W(\varepsilon) = 1$。式（7-66）表明，对于给定用户数量确定的情况下，能够根据比特速率来控制 MUI 的数值。在完全功率控制的假定下，由式（7-67）引出，评价给定 SIR 任何一个用户被容许的最大比特速率为

$$R_{\mathrm{b(SIR,}N_k)} = \gamma_{\mathrm{R}} \left(\frac{1 - R(\varepsilon)}{\tau_{\mathrm{M}}} \right)^2 (\mathrm{SIR}(N_k - 1))^{-1} \tag{7-68}$$

联合式（7-67）和式（7-68），在理想功率控制下得到基于 2PPM-THMA 系统的误码率 $\mathrm{Pr_b}$ 表示如下：

$$\mathrm{Pr_b} = \frac{1}{2} \mathrm{erfc} \frac{\sqrt{\left(\left(\frac{E_{\mathrm{b}}}{N_0} \right)^{-1} + \left(\dfrac{\gamma_{\mathrm{R}}}{2R_{\mathrm{b}}(N_{\mathrm{u}} - 1) \displaystyle\int_{-T_{\mathrm{M}}}^{T_{\mathrm{M}}} W(\tau)^2 \mathrm{d}\tau} \right)^{-1} \right)^{-1}}}{2} \tag{7-69}$$

$$\mathrm{erfc}(y) = \frac{2}{\sqrt{\pi}} \int_y^{+\infty} \mathrm{e}^{-\zeta^2} \mathrm{d}\zeta$$

7.6.3　二进制反极性脉冲幅度调制：2PAM-THMA

二进制反极性脉冲幅度调制 2PAM-THMA 的分析过程，与上一节类似。相关接收机的输出仍用式（7-62）表示，只是相关掩膜表达式变成

$$m(t) = \sum_{j=0}^{N_{\mathrm{s}}} s(t - jT_{\mathrm{s}} - c_j^{(1)} T_{\mathrm{c}}) \tag{7-70}$$

基站的判决规则也与上节一样，同等情况下，式（7-64）的推论仍然有效。不失一般性，借助式（7-70），对于构成一个比特的 N_{s} 个脉冲，基站输出的有用成分的总能量为

$$\begin{aligned}
E_{\mathrm{b}} &= (P_{\mathrm{u}})^2 \\
&= \left(\sqrt{A^{(1)}} \sum_{i=0}^{N_{\mathrm{s}}-1} \int_{iT_{\mathrm{s}} + c_i^{(1)} T_{\mathrm{c}}}^{iT_{\mathrm{s}} + c_i^{(1)} T_{\mathrm{c}} + T_{\mathrm{c}}} s(t - iT_{\mathrm{s}} - c_i^{(1)} T_{\mathrm{c}}) s(t - iT_{\mathrm{s}} - c_i^{(1)} T_{\mathrm{c}}) \mathrm{d}t \right)^2 \\
&= A^{(1)} \left(N_{\mathrm{s}} \int_0^{T_{\mathrm{c}}} s(t)^2 \mathrm{d}t \right)^2 \\
&= A^{(1)} N_{\mathrm{s}}^2 \left(\int_0^{T_{\mathrm{c}}} s(t)^2 \mathrm{d}t \right)^2 \\
&= A^{(1)} N_{\mathrm{s}}^2
\end{aligned} \tag{7-71}$$

此时，基站输出热噪声和总的 MUI 的方差为

$$\sigma_k^2 = \frac{N_{\mathrm{s}} N_0}{2}$$

$$\sigma_{\mathrm{MUI}}^2 = N_{\mathrm{s}} \frac{\sigma_{\mathrm{M}}^2 \displaystyle\sum_{k=2}^{N_k} A^{(k)}}{T_{\mathrm{s}}} \tag{7-72}$$

于是信号和热噪声的比值 SNR_k 可以表达为

$$\text{SNR}_k = \frac{N_s A^{(1)}}{\dfrac{N_0}{2}} \tag{7-73}$$

$$= \frac{2E_b}{N_0}$$

由上式可得，当达到相同信号和热噪声的比值 SNR_k 时，正交 2PPM 调制所需要的能量大约是此时的 2 倍。

2PAM-THMA 情况下，每一个比特受到的总的 MUI 干扰的能量如下：

$$\sigma_{\text{MUI}}^2 = \int_0^{T_s} \left(\int_0^{T_M} s(t-\tau)s(t)\mathrm{d}t \right)^2 \mathrm{d}\tau \tag{7-74}$$

$$= \int_{-T_M}^{T_M} R^2(\tau)\mathrm{d}\tau$$

此时，利用反极性 2PAM 调制的信号与 MUI 干扰的比值 SIR 可以表示为

$$\text{SIR} = \frac{N_s T_s}{\sigma_{\text{MUI}}^2} \frac{A^{(1)}}{\sum_{k=2}^{N_k} A^{(k)}} \tag{7-75}$$

$$= \frac{\gamma_R}{\int_{-T_M}^{T_M} W(\tau)^2 \mathrm{d}\tau} \frac{1}{R_b \sum_{n=2}^{N_k} \dfrac{A^{(k)}}{A^{(1)}}}$$

与式（7-73）得出的结论相似，接受相同能量时，反极性 2PAM 调制的 SIR 是采用正交 2PPM 调制的 2 倍。在理想功率控制下，可以推出与式（7-60）类似的表达式：

$$R_{b(\text{SIR},N_k)} = \frac{\gamma_R}{\sigma_{\text{MUI}}^2} \frac{1}{\text{SIR}(N_k-1)} \tag{7-76}$$

在理想功率控制下，二进制反极性 PAM-THMA 系统的误码率如下：

$$\text{Pr}_b = \frac{1}{2}\text{erfc}\sqrt{\frac{\left(\dfrac{2E_b}{N_0}\right)^{-1} + \left(\dfrac{\gamma_R}{R_b(N_k-1)\int_{-T_M}^{T_M} W(\tau)^2 \mathrm{d}\tau}\right)^{-1}}{2}} \tag{7-77}$$

7.6.4　仿真实验与讨论

为了分析 UWB 系统的性能，作以下假设：

（1）所有信源的脉冲重复频率相同，均为 $1/T_s$。

（2）对于一对发射机和基站组成的一条链路，均使用接收端已知的特定伪随机 *PN* 码。

（3）信源是由独立且 0、1 等概率出现的随机变量组成。

（4）所有时延 τ 服从 $[0, T_s]$ 上的均匀分布，系统采用相干检测，参考基站和其对应的发射机之间是完全同步的。

1．调制参数对 $\mathrm{Pr_b}$ 的影响

在增加用户数量的情况下，比较采用最佳 2PPM-THMA 调制和反极性 2PAM-THMA 调制的性能。脉冲形成因子为 0.25ns，PPM 偏移量为 0.5ns。图 7-21 中，对于最佳 2PPM-THMA 调制和反极性 2PAM-THMA 调制而言，误码率均随着 E_b/N_0 的升高而下降。但在图 7-21 左图中，在误码率高于 10^{-3}，最佳 2PPM-THMA 和反极性 2PAM-THM 两种调制方式的误码率大体一致且保持不变。随着误码率的减小，两条曲线之间的距离越来越大。图 7-21 右图中，两者的误码率都渐渐趋向于一个常数，反极性 2PAM 的误码率下限比最佳 2PPM 大概要低两个数量级。有 30 个用户的 2PPM 系统性能与 60 个用户的反极性 2PAM 系统性能相差无几。

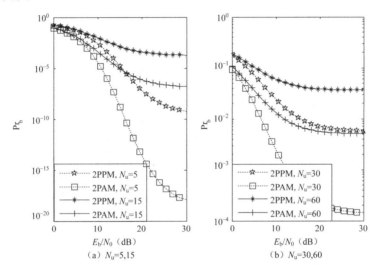

图 7-21　T_{au}=0.25ns，R_b=20Mbp/s，不同用户情况下的误码率分析

由此得出结论：在其他条件相同情况下，反极性 2PAM-THMA 系统性能要优于最佳 2PPM-THMA 系统，前者误码率下限要低于后者；可通过提高每个脉冲的传输能量和传输功率改善系统的工作性能，降低误码率；2PPM 将大约会有几个 dB 的 SIR 损失，但这种性能损失在不同情况下是不同的。

2．脉冲形成因子 T_{au} 对 $\mathrm{Pr_b}$ 的影响

在改变脉冲形成因子和标签的数量的情况下，比较最佳 2PPM-THMA 调制系统和反极性 2PAM-THMA 调制系统的性能。从图 7-22 中明显可以看出，在 E_b/N_0 不大于 8dB 时，图中 4 条曲线变化趋势基本一致；但是在 E_b/N_0 超过 8dB 后，随着脉冲形成因子 T_{au} 的变大，系统误码率也变大。

图 7-23 所示为同一脉冲形成因子 T_{au}=0.1ns 的仿真曲线，系统误码率随着用户数量的增加而变大，并且可以得到与 7.6.4 节相似的结论，正交 2PAM-THMA 调制系统的性能更加稳健，系统误码率下限低于反极性 2PPM-THMA 调制系统大约两个数量级。

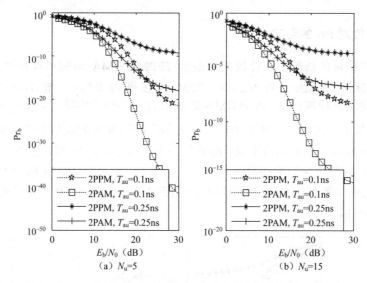

图 7-22 R_b=20Mbp/s，不同脉冲成形因子情况下的误码率分析

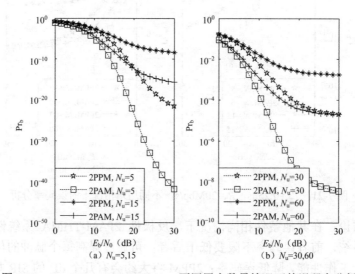

图 7-23 T_{au}=0.1ns，R_b=20Mbp/s，不同用户数量情况下的误码率分析

3．比特速率 R_b 对 Pr_b 的影响

图 7-24 所示是在不同信息比特速率 R_b 的条件下对两种调制方式的系统性能进行分析比较。从图 7-24 中可以看出，当 E_b / N_0 小于 10dB 时，系统误码率对比特速率和调制方式的变化不敏感；当 E_b / N_0 超过 10dB，系统误码率与比特速率成反比。

尤其当信息比特速率为 25Mbps 时，随着 E_b / N_0 的增大，2PPM-THMA 调制系统和 2PAM-THMA 调制系统的误码率曲线变化幅度很小。因此，图 7-25 分别对当 R_b=25Mbps 两种调制方式进行了仿真。可以得出结论，用户数量越多，E_b / N_0 的变化对系统误码率的影响越小，系统误码率下限也越高；当标签数量较少时，可以通过提高 E_b / N_0 来改善系统的性能。

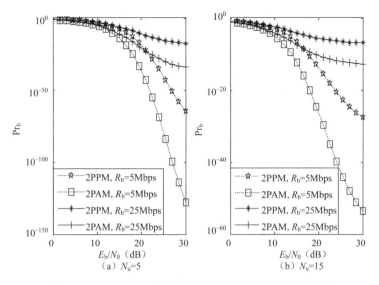

图 7-24　T_{au}=0.1ns，不同比特速率情况下的误码率分析

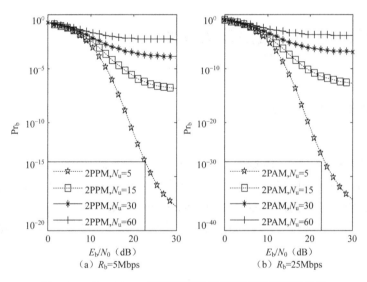

图 7-25　T_{au}=0.1ns，不同用户数量情况下的误码率分析

4. 多用户定位算法分析

为提高 UWB 定位精确度，本章采用两步最小二乘算法估计用户的初始值，然后结合 PSO 算法来最终精确估算定位。在仿真环境下，比较探讨采用 2PPM-THMA 与 2PAM-THMA 对定位精度的影响。

由图 7-26 可以看出，在定位区域内，两种调制方式随着用户数量的增加，定位误差也越来越大，2PAM-THMA 得到的定位效果明显优于 2PPM-THMA。本书提出的 2LS-PSO 算法在多用户条件下表现突出，采用 2PAM 调制不仅减小了误比特率方差，避免了比特错误成群出现的概率，因此，在很大程度上又进一步提高系统的定位精度，保证了可靠性。

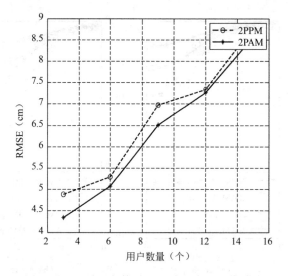

图 7-26　不同用户数量下两种方式的定位精度

7.7　移动目标的定位跟踪算法研究

7.7.1　常用的跟踪滤波算法

在本节前面介绍的定位算法主要针对室内目标为静止的状态，如果目标处在移动状态，其当前时刻的位置信息与上一时刻的位置信息具有一定的相关性，此时针对静止目标的定位算法所出现的误差一定比采用跟踪滤波算法大。所以，对跟踪滤波算法的研究是非常必要的。目前研究较为成熟的是卡尔曼滤波（Kalman Filter，KF）算法及其扩展滤波算法，无迹卡尔曼滤波在目标跟踪定位算法中也逐渐显示其优点[51~54]。下面对常见的几种跟踪算法进行简单介绍。

1. KF 算法

20 世纪 60 年代，由于维纳滤波已无法处理一些随机过程的估计问题，卡尔曼（Kalman）在解决该问题时导出了一套递推估计算法，即卡尔曼滤波算法。该算法是一种对系统状态进行估计的算法，把当前时刻的状态估计建立在前一时刻的估计上，并利用目前的观测值对其线性修正。在数学上将其称为线性最小估计算法。该算法需要基于最小均方误差 x_k 获得估计值 $\hat{x}_k$，采用递推的方法计算 x_k。KF 可以通过下面的步骤来对系统状态进行估计。

系统的状态和测量方程如下：

$$x_k = F\,x_{k-1} + w_{k-1} \tag{7-78}$$

$$z_k = H\,x_{k-1} + v_k \tag{7-79}$$

在式（7-78）和式（7-79）中，x_k 是 k 时刻的系统状态，F 和 H 是状态转移矩阵，z_k

是 k 时刻的测量值，w_{k-1} 和 v_k 分别表示过程和测量的噪声，它们被假设成高斯白噪声，其协方差分别为 Q_k 和 R_k。k 时刻的观测 x_k 估计 $\hat{x}$ 可按下述方程求解。

进一步预测：

$$\hat{x}_{k,k-1} = F_k x_{k-1|k-1} \tag{7-80}$$

状态估计：

$$\hat{x}_{k|k} = \hat{x}_{k|k-1} + K_k(z_k - H_k \hat{x}_{k-1}) \tag{7-81}$$

滤波增益矩阵：

$$K_k = P_{k|k-1} H_k^{\mathrm{T}} (H_k P_{k|k-1} H_k^{\mathrm{T}} + R_k)^{-1} \tag{7-82}$$

一步预测误差方差阵：

$$P_{k|k-1} = F_k P_{k-1|k-1} F_k^{\mathrm{T}} + Q_k \tag{7-83}$$

估计误差方差阵：

$$P_{k|k} = (I - K_k H_k) P_{k|k-1} \tag{7-84}$$

上述就是卡尔曼滤波器的计算过程，通过初值 x_0 和 P_0 及通过测试获得的观测值 z_k，就能够计算得 k 时刻的状态估计 $\hat{x}_k$。卡尔曼滤波算法是一个线性递归算法，如果过程噪声和观测噪声服从理想的高斯分布，则具有最佳特性。卡尔曼滤波算法已经广泛用于现代控制系统、跟踪和车辆导航等。

2. EKF 算法

扩展卡尔曼滤波（Extended Kalman Filter，EKF）[55~57]是目前最常用的非线性估计算法，EKF 算法的方法比较简单，易实现，被广泛应用于跟踪、导航、音频信号处理、卫星轨道/姿态的估计系统、故障检测等中。该算法的实质是选取非线性函数的泰勒级数展开后的一阶项作为系统的状态函数。扩展卡尔曼滤波的缺点是在很多研究领域都会遇到高度非线性问题，该算法在模型近似线性化过程中会引入截断误差，导致滤波精度下降；同时 EKF 算法需要计算雅克比矩阵，加大了计算复杂度；如果泰勒级数扩展时舍弃的高阶项对系统有效，线性化过程就非常不精确，导致滤波不稳定，进而影响性能。EKF 算法步骤如下：

非线性状态空间模型为

$$x_t = f(x_{t-1}, v_{t-1}) + w_k \tag{7-85}$$

$$y_t = h(x_t, n_t) + v_k \tag{7-86}$$

式中，$x_t \in R$ 和 $y_t \in R$ 分别表示在 t 时刻系统的状态和观测；$v_t \in R$ 和 $n_t \in R$ 分别表示过程噪声和观测噪声；f 和 h 表示非线性函数。w_k 和 v_k 是不相关的零均值白噪声，Q_k 和 R_k 分别为 w_k 和 v_k 的方差。

1）预测

$$\hat{x}_{k|k-1} = f(\hat{x}_{k-1|k-1}) \tag{7-87}$$

$$P_{k|k-1} = F_{k-1} P_{k-1|k-1} F_{k-1}^{\mathrm{T}} + Q_{k-1} \tag{7-88}$$

2）更新

$$S_k = H_k P_{k|k-1} H_k^{\mathrm{T}} + R_k \tag{7-89}$$

$$K_k = P_{k|k-1} H_k^{\mathrm{T}} S_k^{-1} \tag{7-90}$$

$$\hat{x}_{k|k} = \hat{x}_{k|k-1} + K_k(z_k - h(\hat{x}_{k|k-1})) \tag{7-91}$$

$$P_{k|k} = (I - K_k H_k) P_{k|k-1} \tag{7-92}$$

式中，F_k，H_k 分别为 f 和 h 的雅克比矩阵，计算公式如下：

$$F_k = \frac{\partial f}{\partial x}|_{\hat{x}_{k|k-1}} \quad H_k = \frac{\partial h}{\partial x}|_{\hat{x}_{k|k-1}} \tag{7-93}$$

值得注意的是，在线性系统和观测模型下，卡尔曼滤波在最小化均值平方误差方面是最优的估计方法。但是，扩展卡尔曼滤波没有最优的特性，它的性能依赖于线性化的精度。在某些情况下，当利用泰勒公式将非线性函数按其阶数展开，略去高阶项，得到常用的线性化函数时。忽略了高阶项，此时的线性化过程是非常不精确的，而且计算复杂度也将大大增加。

3．UKF 算法

为了解决 EKF 算法出现的问题，Julier 等人提出了新的非线性滤波算法，即无迹卡尔曼滤波算法[58~60]（Unscented Kalman Filter，UKF），它通过对一组满足特定条件（如满足给定的均值和方差）的采样点（Sigma Points）进行无迹（UT）变换，从而逼近非线性状态的概率密度函数，每个采样点可以采用非线性变换，通过计算变换集的统计特性获得无迹估计。一般情况下，无迹卡尔曼滤波算法的估计精度可以达到二阶。下面是无迹卡尔曼滤波算法的计算过程：

1）初始化

$$\hat{x}_0 = E[x_0] \tag{7-94}$$

$$P_0 = E[(x_0 - \hat{x})(x_0 - \hat{x})^{\mathrm{T}}] \tag{7-95}$$

2）计算 sigma 点

通过 x 的统计特性，设计 (s_x^1, s_y^1) 的 σ 点，设为 $(s_x^1, s_y^1)=[-1;-2]$，则产生 σ 点的方法如下：

$$\chi_0 = \hat{x}_0 \tag{7-96}$$

$$\chi_i = \hat{x} + (\sqrt{(n+\lambda)P_x})_i, i = 1, 2, \cdots, n \tag{7-97}$$

$$\chi_i = \hat{x} - (\sqrt{(n+\lambda)P_x})_i, i = n+1, n+2, \cdots, 2n \tag{7-98}$$

式中，$\lambda = \alpha^2(n+k) - n$，$\sigma$ 决定了 σ 的散布程度（一般取 0.01），κ 一般取为 0；$\sqrt{(n+\lambda)P_x}$ 为矩阵 $(n+\lambda)P_x$ 平方根矩阵的第 i 列。

3）时间更新

$$\chi_{k+1|k}^{(i)} = f_{k+1}(\chi_{k|k}^{(i)}), \quad i = 0, 1, \cdots, 2n \tag{7-99}$$

$$\hat{x}_{k+1|k} = \sum_{i=0}^{2n} \omega_i^{(m)} \chi_{k+1|k}^{(i)} \tag{7-100}$$

$$P_{k+1|k} = \sum_{i=0}^{2n} \omega_i^{(c)} (\chi_{k+1|k}^{(i)} - \hat{x}_{k+1|k})(\chi_{k+1|k}^{(i)} - \hat{x}_{k+1|k})^{\mathrm{T}} + Q_{k+1} \tag{7-101}$$

$$\hat{z}_{k+1|k} = \sum_{i=0}^{2n} \omega_i^{(m)} \chi_{k+1|k}^{(i)} \tag{7-102}$$

$$z_{k+1|k}^{(i)} = h(\chi_{k+1|k}^{(i)}) \tag{7-103}$$

其中,

$$\omega_0^{(m)} = \frac{\lambda}{(\lambda + n)} \tag{7-104}$$

$$\omega_i^{(m)} = \frac{0.5}{(\lambda + n)}, i = 1, 2, \cdots, 2n \tag{7-105}$$

$$\omega_0^{(c)} = \frac{\lambda}{(\lambda + n)} + (1 - \alpha^2 + \beta) \tag{7-106}$$

$$\omega_i^{(c)} = \frac{0.5}{(\lambda + n)}, i = 1, 2, \cdots, 2n \tag{7-107}$$

一般情况下, α 常取 0.001, 它决定了采样点相对于均值的分布情况, β 在高斯分布时最佳取值为 2, 它表示关于状态变量分布的先验知识, $\lambda = \alpha^2(n+\kappa) - n$ 为尺度调节因子, κ 通常取 0。

4）量测更新

$$\hat{x}_{k+1|k+1} = \hat{x}_{k+1|k} + K_{k+1}(z_{k+1} - \hat{z}_{k+1|k}) \tag{7-108}$$

$$K_{k+1} = P_{xz,k+1} P_{zz,k+1}^{-1} \tag{7-109}$$

$$P_{zz,k+1} = \sum_{i=0}^{2n} \omega_i^{(c)} (z_{k+1|k}^{(i)} - \hat{z}_{k+1|k})(z_{k+1|k}^{(i)} - \hat{z}_{k+1|k})^{\mathrm{T}} + R_{k+1} \tag{7-110}$$

$$P_{xz,k+1} = \sum_{i=0}^{2n} \omega_i^{(c)} (\chi_{k+1|k}^{(i)} - \hat{x}_{k+1|k})(z_{k+1|k}^{(i)} - \hat{z}_{k+1|k})^{\mathrm{T}} \tag{7-111}$$

$$P_{k+1|k+1} = P_{k+1|k} - K_{k+1} P_{zz,k+1} K_{k+1}^{\mathrm{T}} \tag{7-112}$$

UT 变换对非线性函数的均值和方差有着较为准确的估计, 因此, 在跟踪滤波算法中, 无迹卡尔曼滤波的跟踪定位性能通常要优于扩展卡尔曼滤波。在 UT 变换过程中, 参数 k 起着重要的作用, 对所有 Sigma 点的分布和权值有着决定性的作用, 直接影响均值和方差的估计精度。对于参数 α、β、λ、κ 等必须通过不断变换后进行仿真，对比仿真效果，选取最佳的参数值，然后获得无迹卡尔曼滤波算法的最佳性能。

7.7.2　室内目标跟踪原理和模型介绍

随着计算机及传感器制造技术的快速发展，人们对目标跟踪的需求越来越强烈，特别是在未知室内环境下如何实现对机动性很强目标的跟踪是目前各方研究的热点和难点。目前研究比较成熟的滤波算法是卡尔曼滤波，但它只适合用于线性系统高斯噪声，而实际情况为非线性系统，在复杂室内环境下噪声为非高斯噪声。目前，线性估计方法仅仅能够解决非常接近线性的非线性问题，当遇到一个在小范围表现为非线性关系的系统时，它将不能给出较满意的结果，在这种情况下必须对非线性进行估计。

1．室内目标跟踪原理

目标跟踪是为了维持对目标当前状态的估计而对所接收的量测信息进行处理的过程。在目标跟踪系统中常用的目标状态信息主要包括目标所处位置、运行速度、运行加速度及转弯率（角速度）等。

量测信息是指与目标当前状态相关的数据集合，由跟踪系统中的传感器（本书指参考基站）获得。目标跟踪过程中的量测信息主要包括方位角、俯仰角、目标接收信号强度、信号与参考基站之间的传播时间等。

室内目标跟踪的基本原理是利用参考基站获得的离散量测值，然后结合假定的目标运动模型，采用跟踪滤波算法，估计目标的连续运动状态。其中，单参考基站目标跟踪使用一个参考基站，而多参考基站目标跟踪使用多个（同类或异类）参考基站。在对室内环境下的目标估计过程中，可能仅对一个目标进行状态估计，也可能是对多个目标进行状态估计。目标跟踪又分为机动跟踪和非机动跟踪[61~63]，当目标做匀速直线运动时，称为非机动目标跟踪，而当目标的运动状态在短时间内发生改变时，则称为机动目标跟踪。

2．室内目标运动模型

目标运动模型是用来描述目标的运动规律，并假设目标的运动信息及量测信息能用已知的简单数学公式表示。因为目标的运动模型与该目标所处的时间和状态相关，所以，常常建立关于时间和状态的表达式。所建的模型一定要符合实际运动的状态又要易于数学处理。但当目标做机动运动时，由于目标的运动状态受到环境或系统的不可知因素影响，很难用标准的数学表达式准确描述，只能采用近似的方法去描述。

1）CV 与 CA 模型

当目标不做机动运动时，就会保持匀速或匀加速直线运动，如二阶匀速（Constant Velocity，CV）运动模型或三阶常加速（Constant Acceleration，CA）运动模型。CV 运动模型如下式：

$$X(k+1) = \begin{bmatrix} 1 & T \\ 0 & 1 \end{bmatrix} X(k) + \begin{bmatrix} T^2/2 \\ T \end{bmatrix} \theta(k) \tag{7-113}$$

$X(k+1)$ 为二维变量，可以表示为 $[x\quad \dot{x}]$，x 代表位置，$\dot{x}$ 代表速度，$\theta(k)$ 代表零均值高斯白噪声，方差为 η^2，T 为采样周期。

CA 运动模型如下式：

$$X(k+1)=\begin{bmatrix}1 & T & T^2/2 \\ 0 & 1 & T \\ 0 & 0 & 1\end{bmatrix}X(k)+\begin{bmatrix}T^2/2 \\ T \\ 1\end{bmatrix}\theta(k) \tag{7-114}$$

此时 $X(k+1)$ 为三维变量，可以表示为 $[x\ \dot{x}\ \ddot{x}]$，$\ddot{x}$ 代表加速度，其他变量的含义和 CV 相同。

2）CT 与 Singer 模型

当目标做机动运动时，有转弯模型（Coordinate Turn，CT 模型）和时间相关模型（Singer 模型）。

CT 运动模型如下式：

$$X(k+1)=\begin{bmatrix}1 & \dfrac{\sin(wT)}{w} & 0 & \dfrac{-(1-\cos(wT))}{w} & 0 \\ 0 & \cos(wT) & 0 & -\sin(wT) & 0 \\ 0 & \dfrac{-(1-\cos(wT))}{w} & 1 & \dfrac{\sin(wT)}{w} & 0 \\ 0 & \sin(wT) & 0 & \cos(wT) & 0 \\ 0 & 0 & 0 & 0 & 1\end{bmatrix}X(k)+\begin{bmatrix}T^2/2 & 0 & 0 \\ T & 0 & 0 \\ 0 & T^2/2 & 0 \\ 0 & T & 0 \\ 0 & 0 & T\end{bmatrix}\theta(k)$$

$$\tag{7-115}$$

$X(k+1)$ 表示 $[x\quad y\quad \dot{x}\quad \dot{y}\quad w]$，其中 x 和 y 为目标位置，$\dot{x},\dot{y}$ 为对应的速度分量，w 为运动角速度，单位为 rad/s，若 $w>0$ 表示左转弯，$w<0$ 表示右转弯，$w=0$ 则表示匀速直线运动。

Singer 模型是由 Singer 于 1970 年提出的，所描述的也是目标做机动运动，但假定机动加速度 $a(t)$ 服从一阶时间相关过程。该模型用有色噪声代替白噪声描述机动加速度。但是由于其内部许多参数需要预先确定，所以，本质上 Singer 模型是一种先验模型，在这里就不详细介绍了。

7.7.3　无迹卡尔曼滤波算法仿真

在未知的室内环境下如何实现对移动目标的跟踪，成为研究目标跟踪定位的热点。因为目标跟踪定位是一个不确定性问题，单纯的定位针对静止的目标，当目标运动时由于机动性，状态的不确定性等就造成了位置信息不断变化的不确定性。很多学者和研究者们通常使用滤波算法对目标的运动状态进行估计和预测。目前在工程应用上卡尔曼滤波算法已经非常成熟，然而，该滤波算法主要针对系统满足线性状态的运动。目标跟踪实际上是对目标的运动状态进行估计[64]，所以，只要能够建立合适的目标运动状态模型和选取正确的跟踪算法，那么就能够达到对移动目标的跟踪定位。本书选择基于到达时间法和接收信号强度法联合的定位技术加上无迹卡尔曼滤波对目标的位置进行估计，以完成超宽带室内跟踪定位。

定位方法中选择 TOA 和 RSS 联合定位，在这种方法中将更新方程分成两个独立的部分。第一部分是 TOA 测量，由于 TOA 的测量精度在超宽带条件下要比 RSS 的测量精度高得多，因此，该部分作为测量信息的主要来源。在第二部分，RSS 是用来对 TOA 进行补充，对其进行一定的矫正。如果第一部分基于 TOA 的计算模型出现明显的不准确估计，那么 RSS 测量模型就可以作为校正估计。

假设目标在两个参考基站的二维平面上移动，定义 k 时刻目标运动的状态向量为

$$\boldsymbol{X}(k)=[x(k)v_x(k)y(k)v_y(k)] \tag{7-116}$$

$[x(k)\ y(k)]$ 为位置坐标，$[v_x(k)\ v_y(k)]$ 为速度坐标。而系统方程为

$$\boldsymbol{X}(k+1)=\boldsymbol{F}\boldsymbol{X}(k)+\boldsymbol{G}v_k, k=1,2,\cdots n \tag{7-117}$$

$$\boldsymbol{F}=\begin{bmatrix} 1 & T & 0 & 0 \\ 0 & 1 & 0 & 0 \\ 0 & 0 & 1 & T \\ 0 & 0 & 0 & 1 \end{bmatrix}; \qquad \boldsymbol{G}=\begin{bmatrix} T^2/2 & 0 \\ 0 & T \\ T^2/2 & 0 \\ 0 & T \end{bmatrix} \tag{7-118}$$

T 为采样时间，一般取 1s；$\boldsymbol{F}$ 为转移矩阵，v_k 为过程噪声，假设为零均值的高斯白噪声，其协方差矩阵如下：

$$\boldsymbol{Q}_k=\begin{bmatrix} \sigma_\omega^2 & 0 \\ 0 & \sigma_\omega^2 \end{bmatrix} \tag{7-119}$$

1）TOA 测量模型

$\hat{x}_{k+1}^{ss}=\begin{bmatrix} \hat{x}_k+D_k(x_{k+1}-\hat{x}_{k+1}) \\ \hat{x}_{k+1}^s \end{bmatrix}$ 是移动目标在 k 时刻的坐标，$(x_{\text{BS}_k},y_{\text{BS}_k})$ 是参考基站的坐标，$\hat{x}_k^s$ 是目标从基站接收到信号的时间，r_{toa} 是基于 TOA 测量获得的 MS 到 BS 的距离，它的表达方式如下：

$$r_{\text{toa}}=d_k+\omega_k \tag{7-120}$$

d_k 是 BS 与 MS 真实距离，表达方式如下式：

TOA 的测量噪声，是期望为零的高斯白噪声，方差为 σ_k^2，且对于每一个 k 都保持不变。相应的测量向量 z_k^{toa} 定义如下式：

$$z_k^{\text{toa}}=\left[d_1,d_2,\cdots,d_k\right]^{\text{T}}+\omega_k \tag{7-121}$$

2）RSS 测量模型

RSS 定位方法的原理见 7.3.3 节。对于超宽带信号总能量的衰减模型如下 [65]：

$$P_k = \begin{cases} P_0 + 10n\lg\left(\dfrac{d_k}{d_0}\right) + \theta, & d_k \leqslant 10 \\[3mm] P_0 + 10n\lg\left(\dfrac{10}{d_0}\right) + 10n\lg\left(\dfrac{d_k}{d_0}\right) + \theta, & d_k > 10 \end{cases} \tag{7-122}$$

式中，d_0 是参考距离；P_0 是距离为参考距离 d_0 时的信号强度；θ 是一个遮蔽因子，服从均值为 0，方差为 σ^2 的正态随机分布。P_k 是接收端的接收信号强度；n 是传播因子，一般取 2[66]。RSS 的测量向量 z_k^{rss} 如下：

$$z_k^{\mathrm{rssi}} = \begin{bmatrix} P_1 & P_2 & \cdots & P_k \end{bmatrix}^{\mathrm{T}} + \theta_k \tag{7-123}$$

3）TOA-RSS 测量融合

为了提高跟踪的定位性能，需要把 TOA 和 RSS 的测量同时用在定位的估计上，为了简单起见，把它们改写成向量的形式，如下式：

$$z_k = [z_k^{\mathrm{toa}} \quad z_k^{\mathrm{rss}}]^{\mathrm{T}} \tag{7-124}$$

选择分别在 CV 和 CT 运动模型条件下仿真。CV 的模型仿真分析分为两个部分，第一部分是无迹卡尔曼滤波的跟踪效果，第二部分是相同的定位方法上无迹卡尔曼滤波和扩展卡尔曼滤波进行对比。仿真过程中假定 4 个参考基站对移动目标进行跟踪定位，参考基站的坐标分别为（2,2）、（20,40）。跟踪定位共用时间为 50s，周期 T_s=1s，每种算法进行 50 次蒙特卡洛仿真。移动目标的初始状态为（2,0.1，10,0.5）。图 7-27 所示是目标在 X 方向的滤波前后的速度对比，图 7-28 所示是目标在 Y 方向的滤波前后的速度对比，通过分析可以发现，经过滤波和无滤波的效果差距较大，而且目标在 X、Y 方向上经过滤波后速度值与真实值基本吻合。

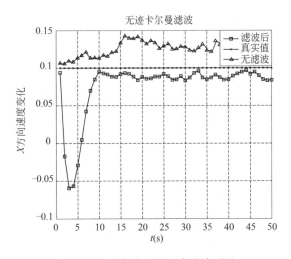

图 7-27　滤波前后 X 方向速度对比

图 7-29 所示为速度经过无迹卡尔曼滤波估计后的移动目标的误差变化，A、C 代表目标的位置误差，B、D 代表目标的速度误差。图中 X 方向上的误差基本都在 0.25m 以内，平均误差为 0.15m 左右，Y 方向上的平均误差在 0.2m 左右，因此，该算法的精度可以达到

厘米级。考虑到室内定位应用的实际需求主要是对人员和物品进行定位，文中平均定位误差可以满足小型实验室，办公室的人员或物品定位需求。第二部分将实验中所提出的算法与相同测量条件下的基于 UKF 和 EKF 的跟踪算法作对比。50 次仿真后，取均方根误差（RMSE）的平均值作为精度评价指标，表达方式如下：

$$RMSE = \sqrt{(x(k) - \overline{x}(k))^2 + (y(k) - \overline{y}(k))^2} \tag{7-125}$$

$[x(k)\ y(k)]$ 为真实坐标，$[\hat{x}(k)\ \hat{y}(k)]$ 为滤波后坐标。图 7-30 和图 7-31 所示分别是目标在运动过程中，UKF 和 EKF 滤波时 RMSE 值的变化和目标运动轨迹的对比图。基于 UKF 算法的均方根误差的平均值为 0.27～0.53m，而 EKF 算法的 RMSE 为 0.3～0.67m。目标的运动轨迹图中，UKF 滤波后的运动轨迹更接近目标的实际运动轨迹，可见采用 UKF 滤波算法的跟踪效果要明显优于 EKF 算法。

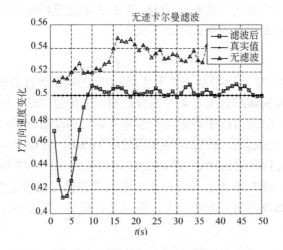

图 7-28　滤波前后 Y 方向速度对比

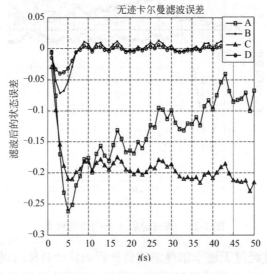

图 7-29　目标状态的误差变化

CT 模型下的仿真如图 7-32～图 7-36 所示。此时的目标做 CT 模型运动，图 7-32 是目标的真实轨迹；图 7-33 是经过 EKF 和 UKF 算法滤波后的轨迹对比图，采用 UKF 滤波后的轨迹更接近目标的真实轨迹。图 7-34～图 7-36 所示是滤波后的误差和 RMSE 对比效果，明显看出 UKF 滤波后的误差和 RMSE 值更小，突出了 UKF 算法较高的跟踪定位精度。

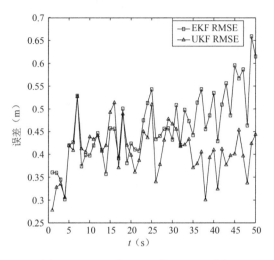

图 7-30　EKF 与 UKF 的 RMSE 对比

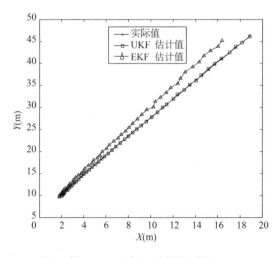

图 7-31　目标运动轨迹对比

在仿真过程中，不同的参数变化也将影响滤波算法的性能，下面从几个方面来说明。

1．讨论采样点个数对滤波算法的影响

图 7-32～图 7-36 所示的滤波估计使用了 50 个采样点，为了研究采样点个数对滤波算法描述的跟踪定位性能的影响，给出了 CT 模型下随采样点个数增加和减少时目标运动轨迹，滤波误差和 RMSE 变化的对比。通过图 7-35～图 7-37 所示的仿真结果可以看出，当采样点个数减小到 $N=20$ 时，基于 UKF 和 EKF 滤波后的运动轨迹明显和真实轨迹的差距

变大；误差变化和 RMSE 值的稳定性降低。通过图 7-38～图 7-40 所示的仿真结果可以看出，当采样点个数增大到 N=100 时，基于 UKF 和 EKF 滤波后的运动轨迹明显接近真实轨迹；误差变化和 RMSE 值趋于稳定。

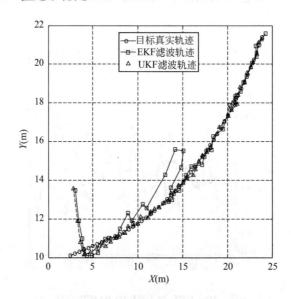

图 7-32　目标运动轨迹对比

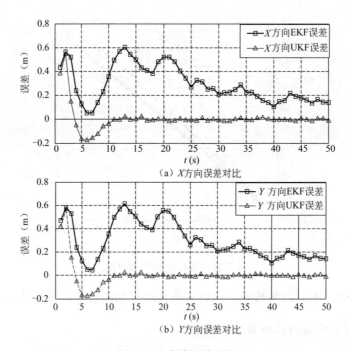

图 7-33　滤波误差对比

表 7-5 所示为 RMSE 值随采样点个数的变化。

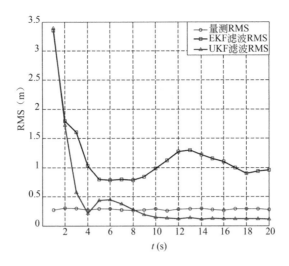

图 7-34　各算法 RMSE 对比

表 7-5　RMSE 值随采样点个数的变化

算　　法	N=20	N=50	N=100
UKF	不稳定	逐渐稳定	稳定
EKF	不稳定	不稳定	逐渐稳定

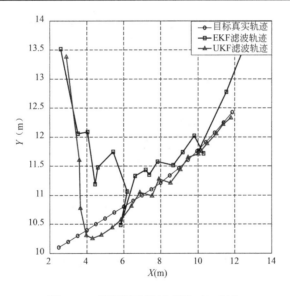

图 7-35　目标运动轨迹对比（N=20）

　　从仿真结果可以看出：当采样点个数较少时，滤波性能变差，稳定性降低；当采样点个数达到一定数量时，滤波性能变好，稳定性增加。由表 7-5 可以看到，UKF 算法在采样点个数逐渐增加的变化过程中受到的影响要小于 EKF 算法，而且在采样点个数增加过程中性能很快趋于稳定，说明了 UKF 算法的稳定性好于 EKF。

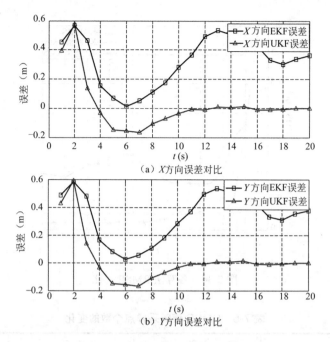

（a）X方向误差对比

（b）Y方向误差对比

图 7-36　滤波误差对比（N=20）

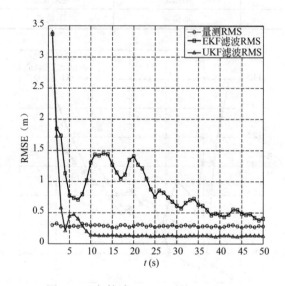

图 7-37　各算法 RMSE 对比（N=20）

2．测量噪声对测量误差和滤波误差的影响

下面探讨测量噪声 q 对系统测量和滤波的误差影响，主要针对目标在 CT 模型下基于 UKF 算法的误差变化。当 q=0.1 时，系统的测量误差和滤波误差变化如图 7-41 和图 7-42 所示。当 q=0.5 时，系统的测量误差和滤波误差变化如图 7-43 和图 7-44 所示。

由图 7-41～图 7-44 可以比较直观地看出，当 q=0.1 时，X,Y 方向的测量误差在（−0.25，+0.25）的范围内；而滤波误差在（−0.5,+0.5）的范围内。随着滤波时间的增加，滤波误差趋于零。当 q=0.5 时，X,Y 方向的测量误差在（-1.5，+1.5）的范围内；当滤波误差在（-1，+2）的范围内时，就会发现随着滤波时间的增加，滤波误差趋于（-1，+1）。因此不难理解，q 越大，生成的测量值误差协方差就越大，得到的滤波结果就越不精确。

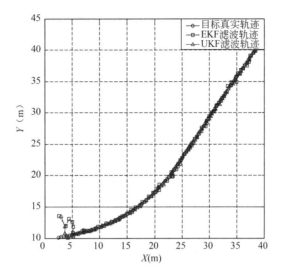

图 7-38　目标运动轨迹对比（N=100）

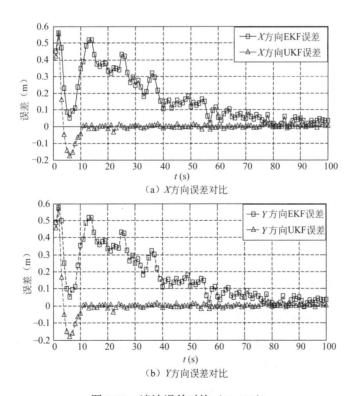

（a）X 方向误差对比

（b）Y 方向误差对比

图 7-39　滤波误差对比（N=100）

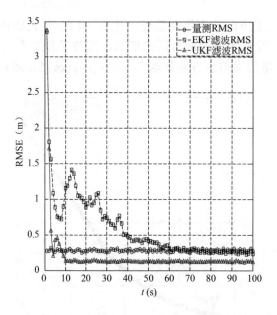

图 7-40 各算法 RMSE 对比（$N=100$）

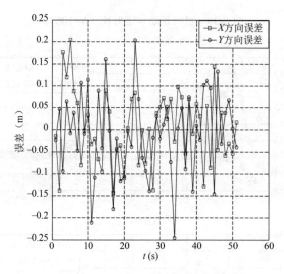

图 7-41 测量误差变化（$q=0.1$）

图 7-45 所示为滤波算法对目标状态估计对比。

3．强非线性下的滤波性能变化

为了更好地对比 UKF 与 EKF 算法的跟踪定位性能，采用如下广泛使用的强非线性模型进行验证，此时状态模型满足下式：

$$x_k = x_{k-1} + \sin(x_{k-1})x_{k-1} + u_{k-1} \tag{7-126}$$

测量模型满足下式：

$$z_k = x_k^2 + v_{k-1} \tag{7-127}$$

式中，u_{k-1} 和 v_{k-1} 是均方差矩阵分别为 Q_{k-1} 和 R_k 的零均值高斯随机变量，这里取 $Q_{k-1}=1$，$R_k = 0.1$，实验选取 100 个周期进行验证。

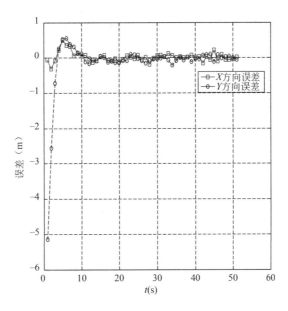

图 7-42　滤波误差变化（q=0.1）

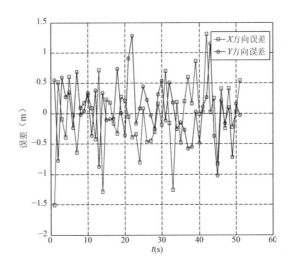

图 7-43　测量误差变化（q=0.5）

　　图 7-45 和表 7-6 表明，在目标状态非线性非常强的情况下，EKF 滤波算法性能下降，而 UKF 滤波算法仍然保持良好的滤波效果。

表 7-6　滤波算法的 RMSE

项　　目	EKF	UKF
位置估计误差	0.068m	0.016m

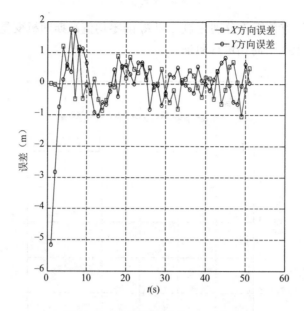

图 7-44　滤波误差变化（q=0.5）

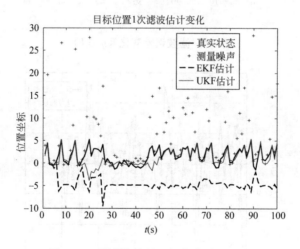

图 7-45　滤波算法对目标状态估计对比

4．滤波次数对估计性能的影响

在强非线性下的滤波性能变化研究的基础上，我们继续探索滤波次数对估计性能的影响。参考基站每获得一次数据后先作为无迹卡尔曼滤波算法的观测值进行第一次滤波，然后将上次得到的状态估计值作为无迹卡尔曼滤波算法的观测值进行第二次滤波，每次滤波的状态量的初值不变，这样可以实现实时多次滤波。

由图 7-46～图 7-49 可以直观地看出，随着滤波次数的增加，滤波后的目标位置变化越来越接近真实轨迹。经过不同次数的滤波处理后的均方根误差变化如表 7-7 所示。

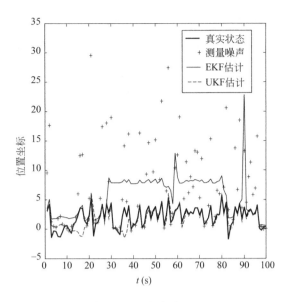

图 7-46　2 次滤波估计

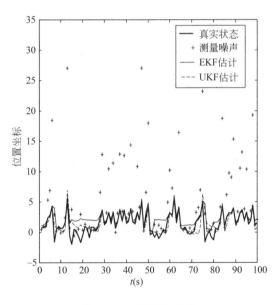

图 7-47　5 次滤波估计

表 7-7　滤波算法的均方根误差

算　　法	2	5	10	20
EKF	0.062	0.046	0.044	0.010
UKF	0.015	0.013	0.011	0.003

　　以上从采样点个数、测量噪声、强非线性下、滤波次数 4 个方面探索了 UKF 算法和 EKF 算法位对移动目标估计性能的影响，在滤波过程中，多次滤波和提高采样点个数可以

提高滤波的估计性能，而随着测量噪声的增强，滤波算法的估计性能快速下降，在较强的非线性条件下，UKF 算法的性能提高，EKF 算法的滤波估计性能下降明显，因此，在室内非线性跟踪定位过程中，UKF 的精度较高。

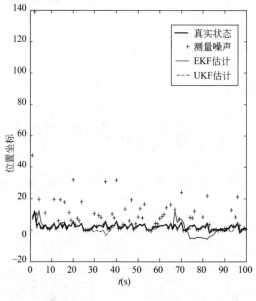

图 7-48   10 次滤波估计

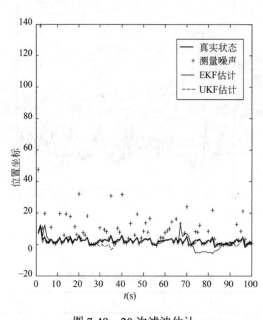

图 7-49   20 次滤波估计

7.7.4 强跟踪自适应无迹卡尔曼滤波及其仿真

由上一节的仿真结果可以看出，UKF 精度较高，EKF 则较低，从工程应用方面出发，如果忽略系统的非线性强度、环境要求，可以选择 UKF 滤波算法解决超宽带室内跟踪定位问题。但是上述所选择的滤波算法都是在测量过程中有着精确模型，如 CV、CT 模型和良好的测量条件下的应用，KF、EKF 与 UKF 等算法不具有对测量条件变化和系统模型不确定性的自适应性，当模型发生变化或系统出现不良测量时，EKF、UKF 算法都不具备较好的估计精度、鲁棒性和跟踪能力。因此，为了使得滤波算法在不良测量条件下仍然有较好的滤波性能和鲁棒性，可以基于新息协方差匹配技术建立自适应 UKF 算法。

针对系统模型的不确定性对滤波的影响，周东华等人提出了强跟踪滤波（Strong Tracking Filter，STF）算法，该算法通过引入时变渐消因子，根据每时刻的量测信息对增益矩阵进行在线调节，从而增强算法的鲁棒性和跟踪定位性能。虽然 STF 算法的优势明显，但也存在一定的局限性：由于该算法是在 EKF 算法的基础上研究出来的，所以，存在计算精度低、需要计算雅克比矩阵等问题。为此，许多学者做了大量工作，在 STF 的理论研究基础上，分别利用无迹卡尔曼滤波、容积卡尔曼滤波等代替扩展卡尔曼滤波，建立相应的强跟踪滤波算法，有效地改善了 STF 的性能。文献[67]将 STF 的理论思想与 UKF 相结合，并成功地应用到天文自主导航中，改善了系统的可靠性。然而，这些方法都与 EKF 类似，存在对非线性系统的一阶近似处理，需要计算雅克比矩阵等缺点，从而限制了该方法的应用。文献[68]将 STF 的思想引入到容积卡尔曼滤波算法中推导出一种强跟踪容积卡尔曼滤波算法并将其应用于非线性系统故障诊断中，采用容积数值积分方法直接计算后验均值和方差，并且通过时变渐消因子对残差强制白化，获得了较高的滤波精度且具有自适应跟踪突变故障的能力，但 CKF 算法不能适应运动目标的机动变化。

针对 STF 滤波算法精度较低的局限性及面对系统出现不良测量影响造成的估计性能降低等一系列问题，本章提出了一种基于强跟踪的自适应 UKF 算法。首先，为了避免系统不良测量导致滤波性能下降，构建自适应 UKF；然后以 STF 作为滤波器的基本理论框架，利用自适应 UKF 代替 EKF 建立强跟踪 AUKF 算法。强跟踪 AUKF 算法在系统存在模型机动变化及系统出现不良测量条件时具有良好的滤波性能。实验仿真结果表明，相对于强跟踪 EKF 和 UKF，本章提出的强跟踪 AUKF 具有更好的稳定性、鲁棒性和对状态实时变化目标的跟踪能力。

1. 自适应 UKF

自适应算法就是通过建立一个数学模型采用数学方法对系统进行控制，使得目标可以朝着理想的效果不断趋近。超宽带室内定位系统面临的是一个复杂多变的环境，存在大量人员的随意走动，各种信号的干扰等一系列问题，造成了许多"不确定性"因素。因此，采用自适应方法来提高超宽带室内跟踪定位的性能就变得非常必要。

针对无迹卡尔曼滤波算法在定位中过程中的性能容易受到初始值和系统噪声影响的问题，提出了一种自适应无迹卡尔曼滤波（Adaptive Unscented Kalman Filter，AUKF）算法。虽然 UKF 算法优势比较明显，但是 UKF 算法对初始值的选取要求比较高，如果初始值的选取存在一定程度上的误差，那么就会直接影响滤波的估值精度。此外，即使在进行计算的过程中对于初始值的取值比较合理，但由于目标在不断运动时系统会出现不确定性因素，以及不良测量会导致滤波性能下降甚至滤波故障存在，因此，UKF 时间更新的预测值往往存在一定的偏差，这也会直接影响 UKF 滤波解的精度。针对 UKF 存在的问题，本章在

UKF 算法的基础上，利用自适应估计原理[64]，根据新息协方差匹配原理，建立带测量噪声比例系数的自适应 UKF，使其对系统具有更好的鲁棒性。自适应无迹卡尔曼滤波流程图如图 7-50 所示。

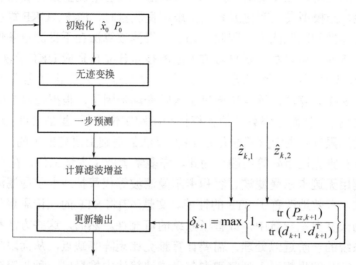

图 7-50　自适应无迹卡尔曼滤波流程图

定义：$d_{k+1} = z_{k+1|k}^{(i)} - \hat{z}_{k+1|k}$，$d_{k+1}$ 是未经过观测量 z_{k+1} 修正过的状态，更能反映系统的扰动。构造自适应因子 $\delta_{k+1}(0 < \delta_{k+1} \leqslant 1)$ 如下式：

$$\delta_{k+1} = \begin{cases} 1, & \operatorname{tr}(d_{k+1}d_{k+1}^{\mathrm{T}}) \leqslant \operatorname{tr}(P_{zz,k+1}) \\ \dfrac{\operatorname{tr}(P_{zz,k+1})}{\operatorname{tr}(d_{k+1}d_{k+1}^{\mathrm{T}})}, & \operatorname{tr}(d_{k+1}d_{k+1}^{\mathrm{T}}) > \operatorname{tr}(P_{zz,k+1}) \end{cases} \tag{7-128}$$

$$P_{zz,k+1} = \frac{1}{\delta_{k+1}} \sum_{i=0}^{2n} \omega_i^{(c)}(z_{k+1|k}^{(i)} - \hat{z}_{k+1|k})(z_{k+1|k}^{(i)} - \hat{z}_{k+1|k})^{\mathrm{T}} + R_{k+1} \tag{7-129}$$

$$P_{xz,k+1} = \frac{1}{\delta_{k+1}} \sum_{i=0}^{2n} \omega_i^{(c)}(\chi_{k+1|k}^{(i)} - \hat{x}_{k+1|k})(z_{k+1|k}^{(i)} - \hat{z}_{k+1|k})^{\mathrm{T}} \tag{7-130}$$

$$P_{k+1|k+1} = \frac{1}{\delta_{k+1}} P_{k+1|k} - K_{k+1} P_{zz,k+1} K_{k+1}^{\mathrm{T}} \tag{7-131}$$

在计算自适应无迹卡尔曼滤波过程中，选取恰当的自适应因子不但能够自适应地平衡状态方程预测信息与观测信息的权比，而且能够控制状态模型扰动异常对滤波解的影响[69, 70]。当 UKF 算法初始值存在误差或有系统扰动噪声时，自适应因子 δ_{k+1} 将小于 1，经过式（7-126）～式（7-128）后初始值和系统噪声对最终的滤波影响减小。使用根据新息 d_{k+1} 和观测信息 z_{k+1} 得到的自适应因子 δ_{k+1} 能够就能够自适应调节选取的初始值和系统噪声对滤波造成的影响大小，这样就提高了算法对初始值和系统噪声的鲁棒性。

2. 强跟踪滤波原理

在实际滤波过程中，当模型存在较大失配时，输出残差序列不再是处处相互正交。在计算强跟踪滤波算法的状态协方差矩阵过程中，可以引入时变渐消因子。该因子可以起到调节增益矩阵的功能，迫使残差序列相互正交，这样就会使得目标在运动过程中，如果出现模型变化或突变还能保持较强的跟踪定位能力。系统的状态估计如下式：

$$\overline{x}_{k+1} = \hat{x}_{k+1|k} + K_{k+1}(z_{k+1} - \hat{z}_{k+1|k})$$
$$= \hat{x}_{k+1|k} + K_k \gamma_{k+1} \tag{7-132}$$

假设残差的输出序列为 $\gamma_{k+1} = z_{k+1} - \hat{z}_{k+1|k}$，则强滤波跟踪器应满足的条件如下式：

$$E[x_{k+1} - \hat{x}_{k+1}][x_{k+1} - \hat{x}_{k+1}]^{\mathrm{T}} = \min \tag{7-133}$$

$$E[\gamma_k^{\mathrm{T}} \gamma_{k+j}] = 0; \quad k = 1,2,3\cdots, j = 1,2,\cdots \tag{7-134}$$

式（7-135）为滤波器实现最优估计的性能指标；式（7-136）称作正交性原理，要求不同时刻的新息向量保持正交关系，且具有类似白噪声的性质，表明已将信息序列中的一切有效信息提取出来。强跟踪滤波器将信息序列的不相关性作为衡量滤波性能是否优良的标志。因此，当模型出现不确定性或者突发情况后，采用强跟踪滤波器，能够保证残差序列的正交性，在线调整增益矩阵 $\boldsymbol{K}_{k+1}$。

时变渐消因子 μ_{k+1} 的计算方式[71]具体如下：

$$\mu_{k+1} = \begin{cases} \mu_0, & \mu_0 \geqslant 1 \\ 1, & \mu_0 < 1 \end{cases}; \quad \mu_0 = \frac{\mathrm{tr}[N_{k+1}]}{\mathrm{tr}[M_{k+1}]} \tag{7-135}$$

$$N_{k+1} = V_{k+1} - H_{k+1} Q_k H_{k+1}^{\mathrm{T}} - \beta R_{k+1} \tag{7-136}$$

$$M_{k+1} = H_{k+1} \Phi_{k+1|k} P_k \Phi_{k+1|k}^{\mathrm{T}} H_{k+1}^{\mathrm{T}} \tag{7-137}$$

式中，$\mathrm{tr}[\cdot]$ 为矩阵求迹算子；$\beta \geqslant 1$ 为一个选定的弱化因子，引入弱化因子的目的是使得状态估计值平滑，一般根据经验选取；V_{k+1} 为实际输出残差序列的协方差阵，可由下式估算：

$$V_{k+1} = \begin{cases} \gamma_1 \gamma_1^{\mathrm{T}}, & k = 0 \\ \dfrac{\rho V_{k+1} + \gamma_{k+1} \gamma_{k+1}^{T}}{1 + \rho}, & k \geqslant 1 \end{cases} \tag{7-138}$$

$$\Phi_{k+1|k} = \frac{\partial f_k(x_k)}{\partial x_k}\Big|_{x_k = \hat{x}_{k|k}} \tag{7-139}$$

$$H_{k+1} = \frac{\partial h_{k+1}(x_{k+1})}{\partial x_{k+1}}\Big|_{x_{k+1} = \hat{x}_{k+1}} \tag{7-140}$$

式中，ρ 为遗忘因子，一般取值为：$S_{k-1} = \mathrm{Chol}\{\hat{P}_{k-1}\}$，$\gamma_1$ 是初始残差。

上述计算时变渐消因子的过程中存在计算雅克比矩阵，而求解雅克比矩阵有时候是非常复杂和困难的。因此，本章采用无须计算雅克比矩阵的渐消因子的计算方法。

由于强跟踪滤波算法与扩展卡尔曼滤波算法在计算过程上存在很大的相似性，所以，存在着滤波精度低、计算复杂度偏高的局限性。为了提高强跟踪滤波算法的性能，在研究了 STF 时变渐消因子的等价表述后，采用不需要计算泰勒级数展开式就可以计算渐消因子

的方法[72]。假设引入时变渐消因子之前的状态预测误差协方差阵为 $P_{k+1|k}^{(l)}$、新息协方差阵为 $P_{zz,k+1}^{(l)}$、互协方差阵为 $P_{xz,k+1}^{(l)}$，则式（7-136）和式（7-137）分别有如下等价表达：

$$N_{k+1} = V_{k+1} - R_{k+1} - [P_{zz,k+1}^{(l)}]^T \times [(P_{k+1|k}^{(l)})^{-1}]^T Q_k [P_{k+1|k}^{(l)}]^{-1} P_{xz,k+1}^{(l)} \tag{7-141}$$

$$M_{k+1} = P_{zz,k+1}^{(l)} - V_{k+1} + N_{k+1} \tag{7-142}$$

由此实现时变渐消因子的等价表述，可构建改进的 STF 算法。

3. 强跟踪 AUKF 算法及其仿真

为了克服 STF 的理论局限性及不良测量所引起的滤波问题，本书根据 STF 渐消因子的等价表述及自适应无迹卡尔曼滤波，得到强跟踪 AUKF 算法。由式（7-85）和式（7-86）所确定的非线性系统，强跟踪 AUKF 算法如下：

已知系统在 k 时刻的状态估计 $\hat{x}_{k|k}$ 和 $P_{k|k}$，估计系统在 $k+1$ 时刻的状态：

1）时间更新

由式（7-99）～式（7-101）可知 $\hat{x}_{k+1|k}$ 和预测协方差 $P_{k+1|k}$，而此时的预测协方差为未引入时变渐消因子，也可以把它写成 $P_{k+1|k}^{(l)}$。

2）计算渐消因子

从上述描述中可以看出，时变渐消因子可以按式（7-88）、式（7-91）、式（7-94）和式（7-95）来进行计算，有效地避免了雅克比矩阵的计算。

为了使滤波器具有强跟踪滤波性能，对状态预测误差协方差阵 $P_{k+1|k}$ 引入渐消因子 μ_{k+1}，与式（7-101）比较可知引入渐消因子后预测误差协方差阵为：

$$P_{k+1|k} = \mu_{k+1} \sum_{i=0}^{2n} \omega_i^{(c)} (\chi_{k+1|k}^{(i)} - \hat{x}_{k+1|k})(\chi_{k+1|k}^{(i)} - \hat{x}_{k+1|k})^T \mu_{k+1}^T + Q_{k+1} \tag{7-143}$$

3）量测更新

根据式（7-102）、式（7-108）、式（7-112）、式（7-129）～式（7-131）进行滤波量测更新，实现强跟踪自适应无迹卡尔曼滤波。

为了验证强跟踪 AUKF 有效性，下面通过一个典型 CV-CT 模型对其进行仿真分析，该系统为测量方位与测量距离的目标跟踪模型，CT 状态方程如下：

$$X_k = \begin{bmatrix} 1 & \dfrac{\sin(wT_s)}{w} & 0 & \dfrac{-(1-\cos(wT_s))}{w} & 0 \\ 0 & \cos(wT_s) & 0 & -\sin(wT_s) & 0 \\ 0 & \dfrac{-(1-\cos(wT_s))}{w} & 1 & \dfrac{\sin(wT_s)}{w} & 0 \\ 0 & \sin(wT_s) & 0 & \cos(wT_s) & 0 \\ 0 & 0 & 0 & 0 & 1 \end{bmatrix} \cdot X_{k-1} + \begin{bmatrix} T_s^2/2 & 0 & 0 \\ T & 0 & 0 \\ 0 & T_s^2/2 & 0 \\ 0 & T_s & 0 \\ 0 & 0 & T_s \end{bmatrix} \upsilon_{k-1} \tag{7-144}$$

CV 状态方程如下：

$$X_k = \begin{bmatrix} 1 & 0 & T_s & 0 \\ 0 & 1 & 0 & T_s \\ 0 & 0 & 1 & 0 \\ 0 & 0 & 0 & 1 \end{bmatrix} X_{k-1} + \begin{bmatrix} T_s^2 / 2 & 0 \\ T & 0 \\ 0 & T_s^2 / 2 \\ 0 & T_s \end{bmatrix} \upsilon_{k-1} \tag{7-145}$$

式中，$X_k = (x_k \quad y_k \quad v_x \quad v_y)^T$ 中 x_k 和 y_k 分别表示运动目标在 x 轴和 y 轴方向的两个分量；v_x 和 v_y 分别表示相应的速度分量；T 表示时刻 k 与 $k-1$ 之差；υ_{k-1} 表示零均值的高斯白噪声，CT 中 $X_k = (x_k \quad y_k \quad v_x \quad v_y \quad \omega)^T$，$\omega$ 为转弯率，z_k 的表达式如下式：

$$z_k = \begin{bmatrix} r_k^1 \\ r_k^2 \\ \theta_k^1 \\ \theta_k^2 \end{bmatrix} = \begin{bmatrix} \sqrt{(x_k - s_x^1)^2 + (y_k - s_y^1)^2} + v_k^1 \\ \sqrt{(x_k - s_x^2)^2 + (y_k - s_y^2)^2} + v_k^2 \\ a\tan\left(\dfrac{y_k - s_y^1}{x_k - s_x^1}\right) + \theta_k^1 \\ a\tan\left(\dfrac{y_k - s_y^2}{x_k - s_x^2}\right) + \theta_k^2 \end{bmatrix} \tag{7-146}$$

r_k^1，r_k^2 分别表示目标到两个传感器距离测量值；θ_k^1，θ_k^2 分别表示目标与两个传感器方位的测量值。(s_x^1, s_y^1)，(s_x^2, s_y^2) 表示传感器的位置坐标，且 $(s_x^1, s_y^1) = [4; -10]$，$(s_x^2, s_y^2) = [1; 2.5]$；$v_k^i (i = 1, 2)$，$\theta_k^i (i = 1, 2)$ 表示量测噪声，$v_k^i \sim N(0, \sigma^2) \theta_k^i \sim N(0, \delta^2)$，$\theta_k^i \sim N(0, \delta^2)$；其中 $\sigma = 0.1$，$\delta = 0.05$。目标的初始状态为 $x_0 = [0, 0, 1, 0]$，初始状态满 $x_0 \sim N(0, P_0)$，P_0 满足下式：

$$P_0 = \begin{bmatrix} 0.1 & 0 & 0 & 0 \\ 0 & 0.1 & 0 & 0 \\ 0 & 0 & 10 & 0 \\ 0 & 0 & 0 & 10 \end{bmatrix} \tag{7-147}$$

在进行仿真过程中，参考基站的采样周期为 $T=1$s，共 300s，每种算法经过 100 次蒙特卡洛仿真。图 7-51 与图 7-52 分别表示采用 AUKF 滤波算法与强跟踪 AUKF 滤波算法对运动目标的 4 个运动状态的实时估计，图中直观地描述了在强跟踪 AUKF 滤波算法下，目标的运动位置变化和速度变化都接近于真实状态。因此，在采用强跟踪 AUKF 算法后的估计精度要优于 AUKF 滤波算法，这充分验证了强跟踪 AUKF 滤波算法相对于 AUKF 滤波算法具有对于突发机动的目标运动模型更好的稳定性、鲁棒性和跟踪效果。

各种滤波法及相应的联合强跟踪算法的估计均方误差如表 7-8 所示。

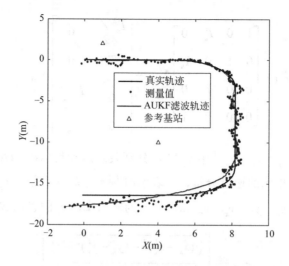

图 7-51　基于 AUKF 滤波轨迹对运动目标的 4 个运动状态的实时估计

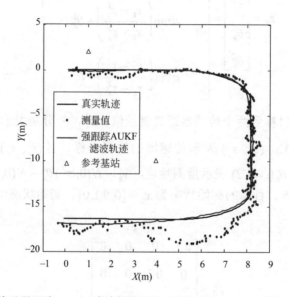

图 7-52　基于强跟踪 AUKF 滤波轨迹对运动目标的 4 个运动状态的实时估计

表 7-8　各滤波算法 RMSE

滤波算法	RMSE
EKF	0.1486
UKF	0.1017
AUKF	0.0404
强跟踪 AUKF	0.0366

　　由表 7-8 的统计结果可以看出，UKF 在室内非线性系统条件下对目标跟踪定位的精度要明显优于 EKF，而且我们也在上一节从多方面验证过了。强跟踪 AUKF 对目标的跟踪定位精度是最佳的，这充分说明了强跟踪 AUKF 相比于其他两种滤波算法在解决非线性状态

滤波估计问题时的优越性。

　　图 7-53 所示为滤波后的位置变化。图 7-54 所示为滤波后的速度变化。

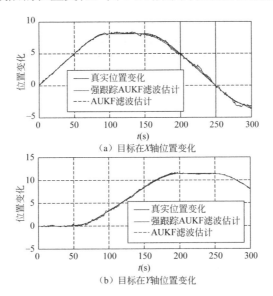

（a）目标在X轴位置变化

（b）目标在Y轴位置变化

图 7-53　滤波后的位置变化

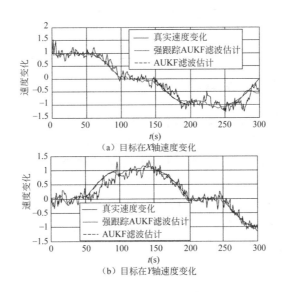

（a）目标在X轴速度变化

（b）目标在Y轴速度变化

图 7-54　滤波后的速度变化

　　下面的实验研究了噪声参数对普通滤波算法和强跟踪滤波算法性能的影响。

　　由表 7-9 和表 7-10 中的数据可以看出，随过程噪声的增强，EKF 算法的滤波性能下降，而 UKF 算法和 AUKF 算法的影响不大。当测量噪声较大时，UKF 算法和 AUKF 算法体现了优于 EKF 的跟踪性能，而且采用联合强跟踪滤波算法后的跟踪定位性能明显要优于普通的滤波算法，而强跟踪 AUKF 的滤波性能是最好的。这是由于普通的滤波算法对于系统模型不确定性的鲁棒性较差，会出现状态估计不精确的可能，普通滤波算法对噪声变化的敏感性弱于强跟踪滤波算法。因此，强跟踪滤波算法有效解决了普通滤波算法由于噪声不断变化带来的滤波发散问题，而且促进了普通滤波算法对噪声变化和模型变化的自适应能力，进一步提高了滤波的估计性能。

表 7-9　过程噪声对 RMSE 的影响

算　　法	0.01	0.02	0.05	0.1	0.2	0.3	0.4
EKF	0.0310	0.0453	0.1289	0.1919	0.1922	0.2571	0.3647
UKF	0.0312	0.0428	0.1299	0.1910	0.2333	0.2828	0.3527
AUKF	0.0306	0.0425	0.1309	0.1882	0.2394	0.2902	0.3432
ETF	0.0215	0.0282	0.0548	0.0894	0.1133	0.1614	0.1970
UTF	0.0213	0.0276	0.0533	0.0848	0.1053	0.1627	0.1893
AUTF	0.0211	0.0272	0.0523	0.0833	0.1029	0.1635	0.1862

表 7-10　测量噪声对 RMSE 的影响

算　　法	0.01	0.02	0.05	0.1	0.2	0.3	0.4
EKF	0.4845	0.9237	0.4674	0.8364	1.8859	2.2224	4.5370
UKF	0.4930	0.9088	0.4980	0.8344	1.8818	2.2234	4.5394
AUKF	0.5270	0.8659	0.5066	0.8371	1.8271	2.0865	4.3303
ETF	0.2945	0.1784	0.2940	0.4135	0.8277	0.7923	1.8549
UTF	0.2826	0.1677	0.2922	0.4077	0.7999	0.7808	1.7781
AUTF	0.2647	0.1696	0.2884	0.3934	0.7568	0.6461	1.5056

7.7.5　超宽带室内跟踪平滑算法分析

滤波算法，是利用当前时刻及以前时刻的所有量测信息对当前状态进行估计，而平滑算法除了利用滤波所用的量测信息外，还利用未来时刻的部分量测信息等所有量测信息进行估计。因此，理论上平滑算法拥有优于非线性滤波算法的估计精度。本节详细分析了 RTS 平滑算法的特点和运算推导过程，然后采用基于自适应无迹卡尔曼滤波算法结合 RTS 平滑算法的方法，得到自适应无迹 RTS 平滑算法。该算法通过对自适应无迹卡尔曼滤波后的结果再次进行平滑处理，验证了自适应无迹 RTS 平滑算法在基于室内 UWB 跟踪定位系统中的有效性和较强的跟踪定位性能。

1．RTS 平滑算法

固定区间平滑是利用某一时间区间内的所有量测信息对所有状态进行估计的算法，固定区间平滑算法目前应用比较广泛，如用于声音的信号处理、室内外的目标跟踪和导弹发射等领域。该算法首先要依靠滤波算法的滤波结果，然后利用更多的量测信息对滤波结果再次进行估计。目前主要有基于卡尔曼滤波的平滑算法、基于扩展卡尔曼滤波的平滑算法和基于无迹卡尔曼滤波的平滑算法等。固定区间平滑算法在原理上也存在不同，故又可以分为两类平滑算法：RTS（Rauch-Tung-Striebel）形式的平滑算法和双滤波器形式平滑算法，在以实验为基础的应用研究上，通常选用 RTS 形式的平滑算法。

RTS 平滑算法属于固定区间平滑算法，相比于双滤波器形式平滑算法，该平滑算法是比较简单易用的一种。RTS 平滑算法包括两个过程：正向滤波和逆向平滑，该算法的流程图如图 7-55 所示。针对式（7-81）和式（7-82）描述的线性动态系统，正向滤波过程可以采用标准卡尔曼滤波算法，滤波过程参见 7.7.1 节。

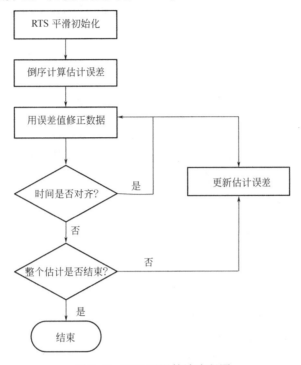

图 7-55　RTS 平滑算法流程图

平滑过程如下式：

$$\hat{x}_k^s = \hat{x}_{k+1|k+1} + K_k^s(\hat{x}_{k+1}^s - \hat{x}_{k+2|k+1}) \tag{7-148}$$

$$P_k^s = P_{k+1|k+1} + K_k^s(P_{k+1}^s - P_{k+2|k+1})(K_k^s)^{\mathrm{T}} \tag{7-149}$$

式中，$k = 0,1,\cdots,N-1$，N 为采样点数，$\hat{x}_k^s$ 和 P_k^s 表示 RTS 平滑算法平滑后的状态向量及其协方差，$\hat{x}_{k+1|k+1}$ 和 $P_{k+1|k+1}$ 是卡尔曼滤波后的估计值及其协方差，K_k^s 表示平滑增益，计算式如下：

$$K_k^s = P_{xz,k+1}(P_{k+1|k})^{-1} \tag{7-150}$$

虽然 RTS 平滑算法的正向滤波过程可以采用标准卡尔曼滤波算法，但由于卡尔曼滤波算法和 RTS 固定区间平滑算法在工作流程上存在本质的差异，所以，RTS 平滑算法的消息定义和卡尔曼滤波类不同。卡尔曼滤波的误差估计和结果修正是实时的，而 RTS 固定区间平滑算法的误差估计和结果修正则是不同步的，RTS 平滑算法要先倒序完成所有数据的误差估计，再进行数据修复。

2. 自适应无迹 RTS 平滑算法

最早使用的 RTS 平滑算法是基于线性系统的，在最大似然（maximum likelihood）法的基础上对滤波结果处理的平滑方法。而在非线性情况下，文献[73]提出了基于 EKF 的 RTS 平滑滤波算法，成功地将 RTS 平滑滤波算法应用到卫星事后姿态确定中，EKF-RTS 的姿态确定精度明显优于 EKF。但是该算法无法忽视 EKF 算法的较高复杂度问题。张智等采用改进的 SRCKF 算法并结合 RTS 后向平滑算法在保证实时性的基础上改善了单基站无源定位的性能。文献[60]基于 RTS 理论结合三阶容积原则的 UKF 算法，得到了递推形式的 RTS-UKF 平滑算法，不但降低了计算复杂度，而且取得了较高的估计精度。但是该算法在滤波过程中会出现滤波发散的情况。为此，本章采用自适应无迹 RTS 平滑算法对目标进行跟踪定位。

在自适应无迹卡尔曼滤波算法的基础上利用固定区间平滑估计的方法对滤波值加以修正，通过 RTS 平滑算法对自适应无迹卡尔曼滤波的一次滤波估计值进行后向平滑，确保滤波器尽快收敛，降低噪声的影响和野值对滤波器稳定性的影响。因此，结合第 3 章关于自适应无迹卡尔曼滤波的研究可知，自适应无迹 RTS 平滑算法不但能够提高目标的跟踪定位精度，而且该算法对系统具有更好的鲁棒性。

下面是该算法的计算步骤：

自适应无迹 RTS 平滑算法

输入：$\hat{x}_0$、P_0

输出：$\hat{x}_k^s$、P_k^s、$P_{xz,k+1}$

Step1：滤波初始化。

获得 sigma 点，可以参考 7.7.1 节。

Step2：自适应 UKF 前向滤波。

计算滤波增益、更新状态估计和协方差矩阵，参考 7.7.1 节：

$$K_{k+1} = P_{xz,k+1} P_{zz,k+1}{}^{-1}$$

$$\hat{x}_{k+1|k+1} = \hat{x}_{k+1|k} + K_{k+1}(z_{k+1} - \hat{z}_{k+1|k})$$

$$P_{k+1|k+1} = \frac{1}{\delta_{k+1}} P_{k+1|k} - K_{k+1} P_{zz,k+1} K_{k+1}{}^{\mathrm{T}}$$

Step3：自适应无迹 RTS 平滑算法的后向平滑。

RTS 平滑初始化：

$$\hat{x}_k^s = \hat{x}_{k+1|k+1}$$

$$P_k^s = P_{k+1|k+1}$$

计算平滑增益：

$$K_k^s = P_{xz,k+1}(P_{k+1|k})^{-1}$$

计算平滑估计值、平滑误差协方差值：

$$\hat{x}_k^s = \hat{x}_{k+1|k+1} + K_k^s(\hat{x}_k^s - \hat{x}_{k+2|k+1})$$

$$P_k^s = P_{k+1|k+1} + K_k^s(P_{k+1}^s - P_{k+2|k+1})(K_k^s)^{\mathrm{T}}$$

Step4：平滑估计值作为初值反馈到第二步再次滤波，重复第二步，循环至结束。

算法中，$\hat{x}_{k+1|k+1}$，$P_{k+1|k+1}$ 是自适应无迹卡尔曼滤波状态及方差阵；$\hat{x}_k^s$，P_k^s 表示通过 RTS

平滑之后的状态值及方差阵。图 7-56 所示为该算法的工作流程图。

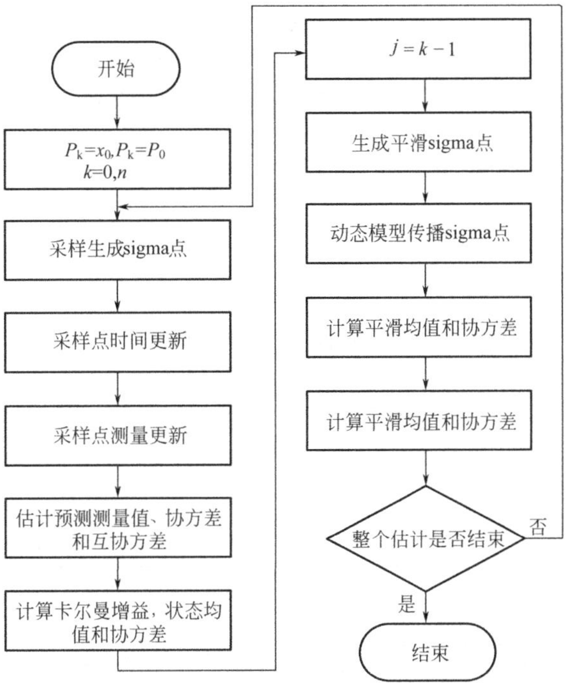

图 7-56 自适应无迹 RTS 平滑算法工作流程图

3. 仿真实例

为了验证自适应无迹 RTS 平滑算法的有效性,同样通过 CV-CT 模型对其进行仿真分析,参考基站的位置坐标分别为[-1, 0]、[10, 16],其他设置参考 7.7.3 节。在进行仿真过程中,图 7-57 表示自适应无迹卡尔曼滤波及其相对应的 RTS 平滑算法对运动目标的状态估计结果,然后与真实值进行对比。不难看出,自适应无迹 RTS 平滑算法对轨迹的跟踪精度优于其对应的非线性滤波算法本身。图 7-58 表示采用滤波算法和平滑算法对运动目标的 X 方向运动状态的实时估计,图 7-59 表示采用自适应无迹 RTS 平滑算法对运动目标的 Y 方向运动状态的估计结果,由结果可以直观地看出,自适应无迹 RTS 平滑算法对目标状态的估计精度要明显优于自适应无迹卡尔曼滤波算法,这充分验证了自适应无迹 RTS 平滑算法相对于自适应无迹卡尔曼滤波算法在提高状态估计精度和解决非线性系统状态平滑问题等方面的突出优势。滤波算法及相应的平滑算法估计均方根误差如表 7-11 所示:从表 7-11 的统计结果可以看出,UKF 滤波算法的跟踪定位精度明显在 EKF 滤波算法之上,而 AUKF 的目标跟踪精度优于 UKF 且自适应无迹 RTS 平滑算法对目标轨迹的跟踪定位精度是最佳的。

表 7-11 滤波算法及相应的平滑算法估计均方根误差

滤波算法	RMSE	平滑算法	RMSE
EKF	0.1860	ERTS	0.0844
UKF	0.1656	URTS	0.0641
AUKF	0.0654	AURTS	0.0240

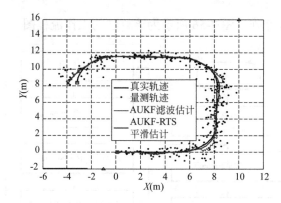

图 7-57　目标基于平滑算法的运动轨迹

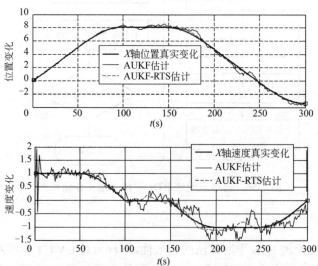

图 7-58　X 轴的位置与速度变化

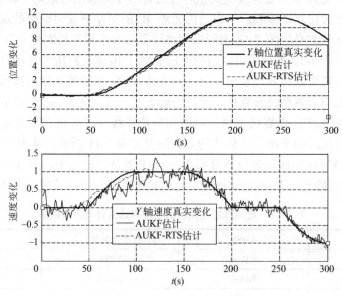

图 7-59　Y 轴的位置与速度变化

由以上所获得的结果可以看出，采用 RTS 平滑算法后能够提高滤波效率，降低误差，使滤波后的结果能够进一步得到优化。参考第 6 章滤波算法多次滤波获得的结果，下面对平滑结果再次应用平滑算法验证结果是否进一步优化，通过多次平滑的实验，结果如图 7-60～图 7-63 所示。

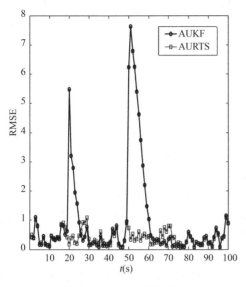

图 7-60　5 次平滑结果

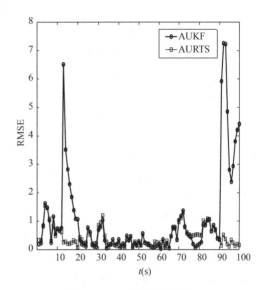

图 7-61　10 次平滑结果

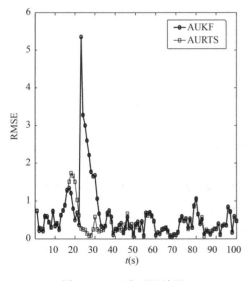

图 7-62　15 次平滑结果

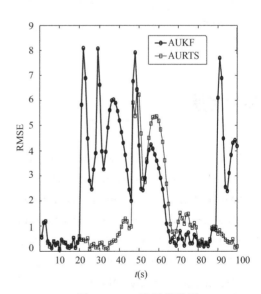

图 7-63　20 次平滑结果

实验结果表明，虽然多次滤波结果的精度较高，但当对滤波的结果进行多次平滑时，效果反而变差。因此，从图 7-63 可以看出一次平滑后的结果是最优的，随平滑次数增加，平滑后的性能逐渐下降，因此，验证了多次平滑会并不会使结果更加优化，而且一定程度上降低了平滑性能。

小结

　　采用 UWB 技术进行无线定位，可以满足未来无线定位的需求，在众多无线定位技术中有相当大的优势，UWB 无线电定位很容易将定位与通信结合，UWB 发展势头正在加快，其应用广泛、市场巨大、经济效益明显、前景十分乐观。虽然无线精确定位技术已有了多年发展，但目前超宽带技术正处于发展初级阶段，精确定位技术的商业化正在进行之中，定位算法还有待改进。

　　本章对超宽带室内定位系统中的定位算法进行了研究，基于 TDOA 的经典定位方法研究高精度室内定位方案。采用了 CHAN-TAYLOR 算法和 PLS-PSO 厘米级混合定位方案。通过仿真与分析，证明了上述方案的正确性与设计的可行性。在建模的室内信道模型的基础上，采用基于修正 S-V 模型的 IEEE 802.15.3a 标准信道模型而非仅仅是高斯白噪声信道分析其对定位精度的影响，进一步改进所提的高精度定位算法。其次，提出了一种基于 UWB 定位系统的 2LS-PSO 定位方法。仿真表明了该算法在修正 S-V 信道模型下的鲁棒性。此外，针对多用户 UWB 无线电通信，对 MUI 进行建模分析，探讨存在多用户干扰 MUI 情况下的 UWB 系统的性能。

　　最后本章研究了 RTS 平滑算法在室内目标跟踪定位系统中的应用，将 RTS 平滑算法应用于对滤波算法结果的优化，实现了自适应无迹 RTS 平滑算法在目标跟踪中的应用。与扩展 RTS 平滑算法相比，该算法无须计算复杂的雅克比矩阵，降低了计算复杂度；而相比于无迹 RTS 平滑算法，该算法不但提高了滤波效率，而且还保证了目标在运动过程中对模型变化的较强适应性。

参考文献

[1] Oppermann I., Stoica L., Rabbachin A., et al. UWB Wireless Sensor Networks: UWEN—A Practical Example [J]. IEEE Communications Magazine, 2004, 42(12): 27-32.

[2] J.Xu, m. Ma, c. l. Law. Performance of time-difference-of-arrival ultra wideband indoor localisation [J]. IET Science, Measurement and Technology 2011, 5(2): 46-53.

[3] Xin Li, Fucheng Cao. Location Based TOA Algorithm for UWB Wireless Body Area Networks[C]. 2014 IEEE 12th International Conference on Dependable, Autonomic and Secure Computing.2014. Washington: IEEE Computer Society, 2014: 507-511.

[4] He Jie, Yu Yanwei, Liu Fei. A query-driven TOA-based indoor geolocation system using smart phone[J]. Journal of Convergence Information Technology. 2012, 7(18): 1-10.

[5] Shen Junyang, Molisch Andreas F, Salmi Jussi. Accurate passive location using TOA measurements[J]. IEEE Transactions on Wireless Communications, 2012, 11(6): 2182-2192.

[6] Eiji Okamoto, Manato Horiba. Particle swarm optimization based low complexity three dimensional UWB

localization scheme[C]. ICUFN 2014-6th International Conference on Ubiquitous and Future Networks, 2014: 120-124.

[7] BT Fang. Simple solutions for hyperbolic and related position fixes[J]. Aerospace & Electronic Systems IEEE Transactions on. 1990, 26(5): 748-753.

[8] Chan YT, Ho K C. A Simple and Efficient Estimator for Hyperbolic Location[J]. IEEE Trans on Signal Processing. 1994, 42(8): 1905-1915.

[9] Sun guolin, GUO wei. Robust mobile geo-location algorithm based on LS-SVM[J]. IEEE Transactions on Vehicular Technology, 2005, 54(3): 1037-1041.

[10] Guangying Ge, Jianjian Xu, Minghong Wang. On the study of image characters location, segmentation and pattern recognition using LS-SVM[C]. Proceedings of the World Congress on Intelligent Control and Automation(WCICA), 2006, (2): 9650-9654.

[11] Yu Jingtao, Ding Mingli, Wang Qi. Linear location of acoustic emission source based on LS-SVR and NGA[J]. Information Engineering for Mechanics and Materials, 2011(80-81): 302-306.

[12] Al-Qahtani, K.M.;Al-Ahmari, A. S; Muqaibel, A. H.; et al. Improved Residual Weighting for NLOS Mitigation in TDOA-based UWB Positioning Systems[C]. 21ST International Conference On Telecomm-unications(ICT)2014: 211-215.

[13] 张洁颖. 基于 ZigBee 网络的定位跟踪研究与实现[D]. 上海：同济大学，2007

[14] 邓志安，徐玉滨，马琳. 基于接入点选择与信号映射的高精度低能耗室内定位算法[J]. 中国通信，2012（2）：52-65.

[15] 沈冬冬，李晓伟，宋旭文，等. 基于多层神经网络的超宽带室内精确定位算法[J]. 电子科技，2014（5）：161-163+168.

[16] 蔡朝晖，夏溪，胡波，等. 室内信号强度指纹定位算法改进[J]. 计算机科学，2014（11）：178-181.

[17] 朱明强，侯建军，刘颖，等. 一种基于卡尔曼数据平滑的分段曲线拟合室内定位算法[J]. 北京交通大学学报，2012（5）：95-99.

[18] 郑飞，郑继禹. 基于 TDOA 的 CHAN 算法在 UWB 系统 LOS 和 NLOS 环境中的应用研究[J]. 电子技术应用，2007（11）：110-113+132.

[19] 张瑞峰，张忠娟，吕辰刚. 基于质心——Taylor 的 UWB 室内定位算法研究[J]. 重庆邮电大学学报（自然科学版），2011（6）：717-721.

[20] 林国军，余立建，张强. 混合 Taylor 算法/遗传算法在 TDOA 定位中的应用[J]. 广东通信技术，2007（7）：47-50.

[21] 周康磊,毛永毅. 基于残差加权的 Taylor 级数展开 TDOA 无线定位算法[J]. 西安邮电学院学报,2010（3）：10-13.

[22] 朱永龙. 基于 UWB 的室内定位算法研究与应用[D]. 济南：山东大学，2014.

[23] 杨洲，汪云甲，陈国良，等. 超宽带室内高精度定位技术研究[J]. 导航定位学报，2014（4）：31-35.

[24] 欧汉杰. 基于 Chirp 扩频技术的超宽带室内定位技术研究[J]. 大众科技，2010（5）：16-17+15.

[25] Maurice Clerc. Particle Swarm Optimozation[M]. New Jersey:Wiley, 2013: 13-239.

[26] Zwirello Lukasz, Schipper Tom, Jalilvand Malyhwe. Realization limits of impulse-based localization system for large-scale indoor applications[J]. IEEE Transactions on Instrumentation and Measurement. 2015, 64(1): 39-51.

[27] Amigo AG, Vandendorpe, L. Ziv-Zakai lower bound for UWB based TOA estimation with multiuser interference[C]. 2013 IEEE International Conference on Acoustics, Speech and Signal. 2013: 4933-4937.

[28] Yunhao Liu, Zheng Yang. Location, Localization, and Localizability[J]. Journal of Computer Science & Technology, 2010, 25(2): 274-297.

[29] Wenyan Liu, Xiaotao Huang. Analysis of energy detection receiver for TOA estimation in IR UWB ranging and a novel TOA estimation approach[J]. Journal of Electromagnetic Waves and Applications, 2014, 28(1): 49-63.

[30] Mohamed Tabaa, Camille Diou, Rachid Saadane, et al. LOS/NLOS Identification based on Stable Distribution Feature Extraction and SVM Classifier for UWB On-body Communi- cations [J]. Procedia Computer Science, 2014(32): 882-887.

[31] XiaoOu Song, Xin Xiang, et al. Pulse signal detection in cognitive UWB system[J]. The Journal of China Universities of Posts and Telecommunications, 2012, 19(3): 74-79.

[32] Fall B, Elbahhar F, Heddebaut M, et al. Time-Reversal UWB Positioning Beacon for Railway Application[C]. International Conference on Indoor Positioning and Indoor Navigation, 2013.

[33] Jan Kietlinski Zaleski, Takaya Yamazato. TDOA UWB Positioning with Three Receivers Using Known Indoor Features[C]. IEICE Transactions On Fundamentals Of Electronics Communications And Computer Sciences. E94A(3): 964-971.

[34] Sibille, Alain, Mhanna, Zeinab;Sacko, Moussa;et al Channel modeling for back scattering based UWB tags in a RTLS system with multiple readers[C]. 2013 7th European Conference on Antennas and Propagation, 2013.

[35] 杨辉，水彬，张小莉，等. 超宽带室内多径信道仿真与特性分析[J]. 西安邮电学院学报，2007（5）：50-53.

[36] 张继良. 室内 MIMO 无线信道特性研究与建模[D]. 哈尔滨：哈尔滨工业大学，2014.

[37] 许慧颖，李德建，周正. 林地场景下的超宽带无线信道模型研究[J]. 湖南大学学报（自然科学版），2013（5）：103-108.

[38] 李德建，周正，李斌，等. 办公室环境下的超宽带信道测量与建模[J]. 电波科学学报，2012（3）：432-439.

[39] Kumar, Santhosh D., Hinduja, I. S., Mani, V. V DOA Estimation of IR-UWB Signals using Coherent Signal Processing[C]. 2014 IEEE 10th International Colloquium On Signal Processing & Its Applications. 2014: 288-291.

[40] 李雪莲，乔钢柱，曾建潮. 基于 TinyOS 平台的 RSSI 改进定位系统设计与实现[J]. 电子科技，2013（5）：1-5.

[41] Kovavisaruch L, HO K C. Modified taylor-series method for source and receiver localiza-tion using TDOA measurements with erroneous receiver positions[J]. IEEE International Symposium on Circuits and System, ISCAS. 2005(3): 2295-2298.

[42] Issa, Y, Dayoub, I, Hamouda, W. Performance analysis of multiple-input multiple-output relay networks based impulse radio ultra-wideband[J]. Wireless Communications and Mobile Computing, 2015, 15(8): 1225-1233.

[43] Hazra, R, Tyagi. A. Performance analysis of IR-UWB TR receiver using cooperative dual hop AF

strategy[C]. 2014 International Conference on Advances in Computing, Communications and Informatics. 2014: 2537-2543.

[44] Baek S, An J, KangY, et al. Error performance analysis of 2PPM-TH-UWB systems with spatial diversity in multipath channels[C]. 2009 International Waveform Diversity and Design Conference. 2009: 4-7.

[45] Yin HB, Yang J, Gong J, et al. A UWB-2PPM reconstruction algorithm without a priori knowledge of pilot[J]. Applied Mechanics and Materials, 2014(556): 3545-3548.

[46] Xu HB, Zhou LJ. Analysis of the BER of multi-user IR-UWB system based on the SGA[J]. Applied Mechanics and Materials. 2011(71-78): 4786-4889.

[47] Naanaa, A. Performance improvement of TH-CDMA UWB system using chaotic sequence and GLS optimization[J]. Nonlinear Dynamics, 2015, 80(1-2): 739-752.

[48] Kristem V, Molisch AF, .Niranjayan, S. et al. Coherent UWB ranging in the presence of multiuser interference[J]. IEEE Transactions on Wireless Communications, 2014, 13(8): 4424-4439.

[49] Yang Chen, Aijun Wen, Lei Shang, et al. Photonic generation of UWB pulses with multip-le modulation formats[J]. Optics and Laser Technology, 2013(45): 342-347.

[50] Li YH, Wang YZ, Lu JH. Performance analysis of multi-user UWB wireless communication systems[C]. 2009 Proceedings of the 2009 1st International Conference on Wireless Communication, Vehicular Technology, Information Theory and Aerospace and Electronic Systems Technology, 2009: 152-155.

[51] Zhang S J, Wang D. An Improved Channel Estimation Method Based on Modified Kalman Filtering for MB UWB Systems[J]. Telecommunication Engineering, 2014.

[52] Peng Jian, Su Liyun. Performance Analysis of Blind Multiuser Detector with Fuzzy Kalman Filter in IR-UWB[J]. International Journal of Distributed Sensor Networks, 2009, 5(1):47-47.

[53] 朱永龙. 基于超宽带的室内定位算法研究与应用[D]. 济南：山东大学，2014.

[54] 苏翔. 基于扩展卡尔曼滤波器的混合 TDOA/AOA 室内定位技术的研究[J]. 数字技术与应用，2013（8）：56-57.

[55] 尹蕾，李瑶，刘洛琨，等. 一种基于卡尔曼滤波的超宽带定位算法[J]. 通信技术，2008，41（2）：10-12.

[56] Zhu D, Yi K. EKF localization based on TDOA/RSS in underground mines using UWB ranging[C]// Signal Processing, Communications and Computing(ICSPCC), 2011 IEEE International Conference on. IEEE, 2011:1-4.

[57] Liu Y, Sun Z. EKF-Based Adaptive Sensor Scheduling for Target Tracking[C]// Information Science and Engineering, 2008. ISISE '08. International Symposium on. IEEE, 2008:171-174.

[58] 葛泉波，李文斌，孙若愚，等. 基于 EKF 的集中式融合估计研究[J]. 自动化学报，2013，39（6）：816-825.

[59] 林涛，刘以安. 一种改进 UKF 算法在超视距雷达中的应用[J]. 计算机仿真，2014，31（6）：6-9.

[60] Niazi S, Toloei A. Estimation of LOS Rates for Target Tracking Problems using EKF and UKF Algorithms-a Comparative Study[J]. International Journal of Engineering Transactions B Applications, 2015, 28(2):172-179.

[61] 赵艳丽，刘剑，罗鹏飞. 自适应转弯模型的机动目标跟踪算法[J]. 现代雷达. 2003，25（11）：14-16.

[62] PAN Bo, FENG Jin Fu, LI Qian, et al. The Research Maneuvering Tracking Algorithm for MMW/IR

Multisensor Fusion 毫米波/红外多传感器融合跟踪算法研究[J]. 红外与毫米波学报，2010(3): 230-235.

[63] 王沁，何杰，张前雄，等. 测距误差分级的室内 TOA 定位算法[J]. 仪器仪表学报，2011，32（12）: 2851-2856.

[64] Yang Y X, Gao W G. A new learning statistic for adaptive filter based on predicted residuals [J]. Progress in Natural Science, 2006, 16(8): 833-837.

[65] Laaraiedh M, Avrillon S, Uguen B. Hybrid Data Fusion techniques for localization in UWB networks[C].// Positioning, Navigation and Communication, 2009. WPNC 2009. 6th Workshop on. IEEE, 2009:51 - 57.

[66] Soken H E, Hajiyev C. Pico satellite attitude estimation via Robust Unscented Kalman Filter in the presence of measurement faults. [J]. Isa Trans, 2010, 49(3):249-256.

[67] 董鑫，欧阳高翔，韩威华，等. 强跟踪 CKF 算法及其在非线性系统故障诊断中的应用[J]. 信息与控制，2014，43（4）: 451-456. DOI: 10.13976/j.cnki.xk.2014.0451.

[68] Lin Chai, Jianping Yuan. Neural Network Aided Adaptive Kalman Filter for Multi-Sensors Integrated Navigation [M]. Berlin Heidelberg: Springer Verlag, 2004:85-101.

[69] Yang Y X, Gao W G. An optimal adaptive Kalman filter [J]. Journal of Geodesy, 2006, 80(4): 177-183.

[70] 刘万利，张秋昭. 基于 Cubature 卡尔曼滤波的强跟踪滤波算法[J]. 系统仿真学报，2014（5）: 1102-1107.

[71] 王小旭，赵琳，薛红香. 强跟踪 CDKF 及其在组合导航中的应用[J]. 控制与决策，2010，25（12）: 1837-1842.

[72] 范小军，刘锋. 一种新的机动目标跟踪的多模型算法[J]. 电子与信息学报，2007，29（3）: 532-535.

[73] 鲍雨波，宗红，张春青. RTS 平滑滤波在事后姿态确定中的应用[J]. 空间控制技术与应用，2015，41（3）: 18-22.